新潟県荒川町の佐藤タヘさんは、養豚業を営んでいる（2006年当時）。佐藤さんたち畜産農家は、廃用になった牛や豚を無駄にしたくないという思いから、ソーセージやベーコン作りを始めた。自分で作る燻製品は、「市販のものが食べられなくなるほど」のおいしさだ。（本文24頁参照）

ハム作り

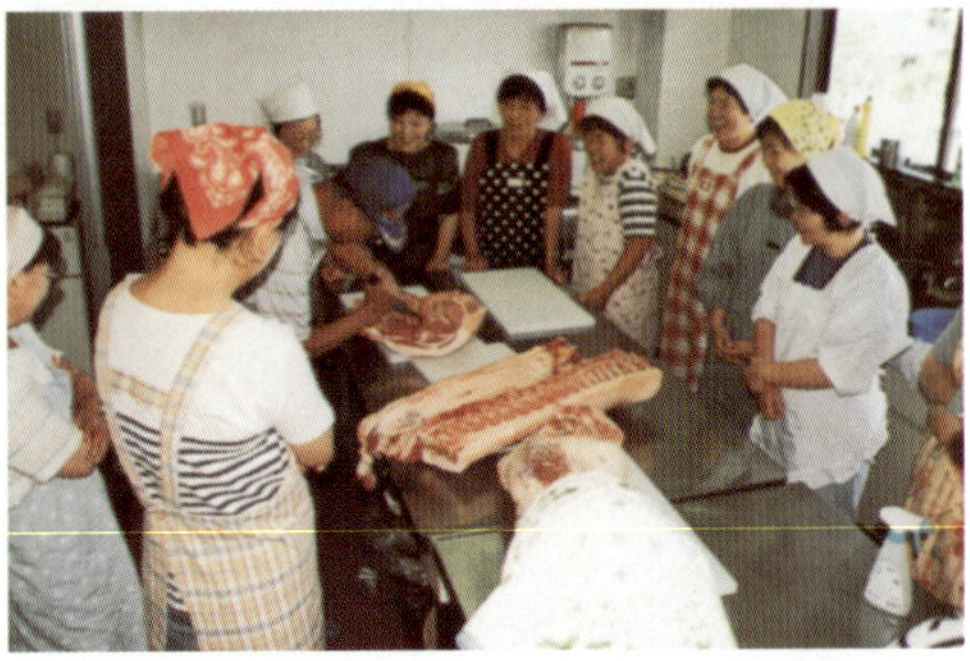

①**肉の解体・整形**　半丸枝肉を骨抜き整形して、肩、もも、背、脇腹に分ける。

②**塩漬**　塩や香辛料などをすり込む乾塩法（上）と塩漬剤に漬け込む湿塩法（下）がある。塩漬は、味、保存、発色、保水性などに影響する重要な工程。

③**整形**　塩漬した肉をハムの形に整形する。

④**巻き締め**　押さえるように綿糸で巻く。

⑤**蒸煮**　殺菌のために行なう。中心温度63～70℃で30分が目安。

⑥**乾燥・燻煙**　40℃以下で2時間乾燥させ、光沢を出す。次に、75℃以内で1.5時間燻煙する。

ソーセージ作り

①肉挽き　塩漬した肉をチョッパーにかける。配合は赤肉に対して脂肪60％が目安。

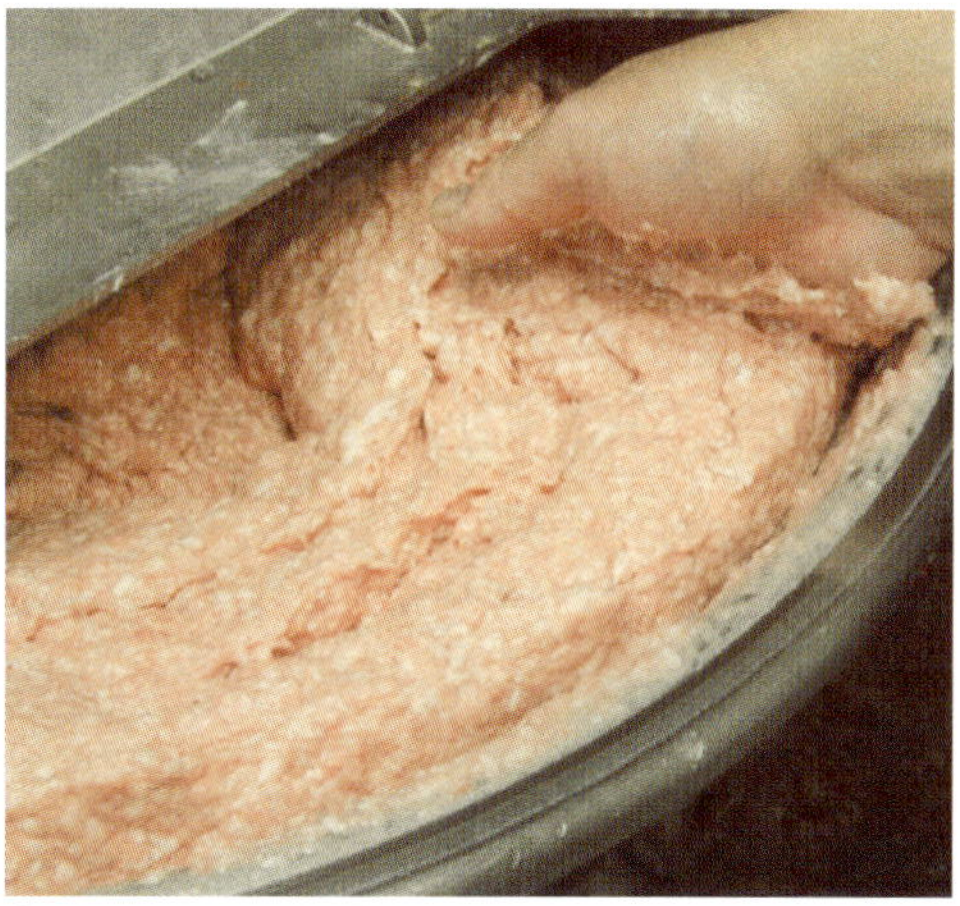

②カッティング（細切・混和）　肉温を上げないよう10～20％の砕氷を加えて、十分に粘りが出るまで練る。

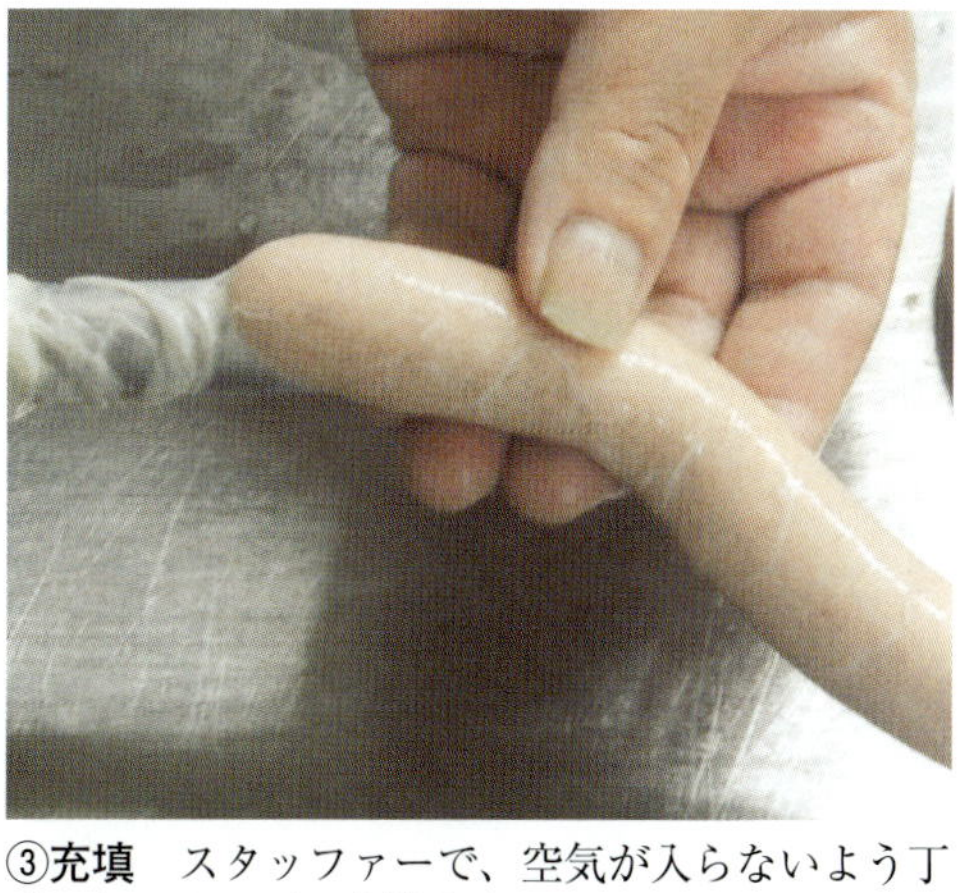

③充填　スタッファーで、空気が入らないよう丁寧にケーシングに充填する。

④燻煙　燻煙機に入れ、50℃で約15分乾燥させる。すぐに55℃で約30分燻煙する。

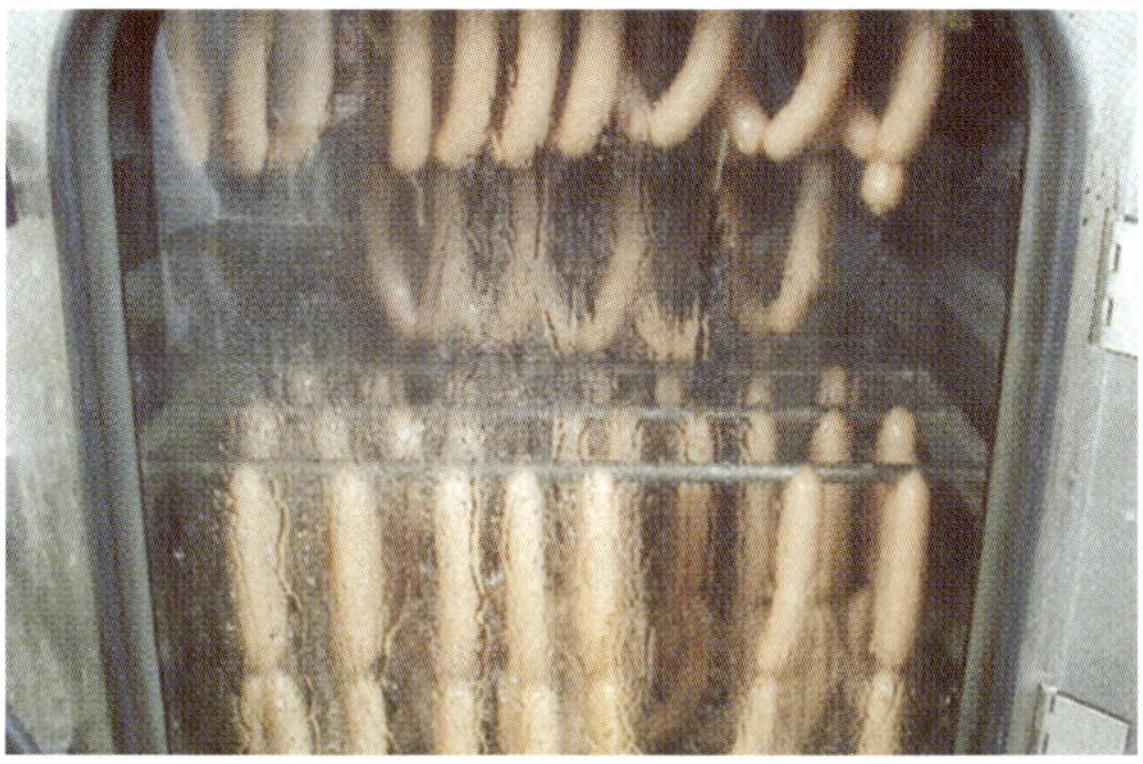

⑤蒸煮・冷却　色が出たら、肉の中心温度が68℃になるまで加熱する。すぐにシャワーをかけて温度を下げる。最低でも1日かけて中心温度を5～10℃まで冷却しパックする。

家庭で行なう場合に便利な電動肉挽き機、手動肉挽き機。

ケーシングは、羊、豚、牛の腸や、人工のものがある。

協力・ミートパラダイスとんとん広場、南アルプスふるさと活性化財団、下妻の食と農を考える女性の会　撮影　小倉隆人

魚の保存食

『聞き書　日本の食生活全集』より

アタッ（干し鮭）　鮭の背を下にして、腹をさいてチポロ（筋子）をとる。えらにはらわたをつけてとる。めふんに包丁を縦に入れて、頭のほうから手でかきとる。鮭を立てて頭を切り落とす。しっぽを足で押さえ、頭のほうから上身を離し、骨を離す。皮を内側にして乾燥させる。以上のようにして乾燥させたものをアタッ（干し鮭）という。さらに、塩引きしてから乾燥させる場合もある。これは鮭を腹開きにした後、皮面に二つかみ、内側に四つかみの塩をまんべんにまぶして、木箱に入れて塩引きにし、その後洗って水を切ってから乾燥、燻煙する方法である。塩引きにしたほうが美味である。水が切れたら十本くらいずつ束ねて、梁に棒を通してつるしたり、天井に上げて乾燥しておく。一年中煙をあてることになるので虫がつかない。北海道静内郡静内町（撮影　中川　潤『聞き書　アイヌの食事』）

鮭の開きの焼干し　皮一枚を残して身を開き、頭もさらに割って一枚の開きにする。上下のあごからえらのつけ根を切り離して手前に引くと、それにつながるように内臓も離れてくるが、背わただけは左右の腹のへりに付着しているので、指先でかきとってしまう。そのまま焼干し棚の上にのせて焼いてもよいが、半身がはためくので、二、三本の横串を打つこともある。横串は身の中を通さず、両端だけにさすほうがよい。身の中に打つと、焼きあがってから容易に串は抜けないし、抜き出そうとすると身が大きく割れたりくずれたりして運びにくい。背開きにしてから、さらに干しあがりを早くするために、中骨をとり除いて串を打つこともある。焼干し棚に身を下にしてのせ、焦げ目がつくころにひっくり返して皮側を焼く。必要に応じて二度、三度と反転させ、十分火が通ると、ひもで二枚の尾のつけ根を結び、物干しにかけて風に当てる。その日の晩方か翌日には、燻製小屋でさらにいぶしにかける。頭や中骨、えらなども同じようにして焼干しにする。北海道札幌市（撮影　中川　潤『聞き書　アイヌの食事』）

やまべといわなの焼干し　やまべなどの小魚は一度焼いてから干す。北海道静内郡静内町（撮影　中川　潤『聞き書　アイヌの食事』）

かつお節　生かつおの頭をとり、縦四つ割りにする。次に手早く魚を洗ってせいろで蒸す。よく蒸した魚を細く編んだわら縄二本でしばり、いろりのかぎづるし（自在かぎ）の近くにつるし、乾燥させる。自分の家でつくったかつお節は、一年中いろいろと利用する。たとえば、晴れ食としてかんぴょう大根と煮たり、病人や産婦の食事として、けずって醤油をかけ、おかゆと一緒に食べさせたりする。また、かつお節味噌としてふだんよく食べる。栃木県那須郡馬頭町（撮影　千葉　寛『聞き書　栃木の食事』）

あさりの目刺し干し　目刺し干しをつくるには、竹串、縄を用意する。あさりの大きさによって数はちがってくるが、あさり五十個に竹串五本、縄一尋が、目刺し干し一さげ分の目安である。目刺しむき用の小さい包丁であさりをむき、十個ぐらいずつあさりのむき身の目（水管。海水を出し入れする部分）に竹串を通す。縄を輪にし、目刺しした竹串を十段ほどに並べて縄目に通し、竹竿につるして干す。日和がよければじきに乾く。あめ色に干しあがった目刺しは、缶に入れて保存する。そのまま焼いてつまみにしたり、おやつにもする。水でもどして野菜と一緒に煮ても食べる。千葉県富津市（撮影　小倉隆人『聞き書　千葉の食事』）

あゆの焼干し　初夏、あゆがたくさんとれたときは、一ぴきずつ竹串にさし、炭をたっぷりおこしたいろりのまわりに立てて焼く。これを串のまま、わらを束ねたべんけいにさし、いろりの上につるして、からからに乾かす。こうしてつくった焼干しは、翌年の五月ごろまで貯蔵がきき、正月の雑煮やうどん、そば、はっとなど、汁もののだしとして重宝することになる。だしをとるときは、焼干しをむしって水から煮る。だしをとったあとの身も、汁の実として食べる。宮城県登米郡東和町（撮影　千葉　寛『聞き書　宮城の食事』）

いわしの塩辛　えたれいわし（かたくちいわし）は、塩水できれいに洗って水切りしておく。楕円か四角でふたのついた専用のさかな桶にいわしを一並べずつ並べ、塩をたっぷり（いわしの三割ほど）ふりながら段々に漬けこむ。漬け終わったら、落としぶたまたはわらをかぶせて重石をのせ、涼しいところで二週間ほどねかせておき、その後はぼちぼち食べる。そのまま酢をつけて頭から食べたり、ぬたあえにしたり、また、しばらく酢につけてしめて食べたり、大根なますに入れたり、そのまま焼いて食べるなど、そのときの好みで料理する。山仕事の弁当の菜に持ってゆき、焚き火で焼き焼き丸ごとかじるのは、なによりのごちそうである。熊本県天草郡苓北町（撮影　千葉　寛『聞き書　熊本の食事』）

かつおのだぶ漬　親潮の南下にともない、黒潮にのって岸寄りに南下するもどりがつおは脂がのり、丸々と太っている。初夏北上する初がつおと同じように刺身でも食べるが、冬場用としてだぶ漬に加工する。　かつおを四つ身におろし、魚と塩を交互に積み、五段くらい重ねて重石をする。こうして樽に数十本のかつおを漬けこみ、翌年の春まで食べる。だぶ漬はふつうは切身にして焼いて食べるが、水出しして刺身にしても食べられる。宮城県桃生郡雄勝町（撮影　千葉　寛『聞き書　宮城の食事』）

いわしのおから漬　いわしは秋から冬にかけて、地引網でたくさんとれる。ひこいわし（背黒いわし）は塩ゆでにして干して、だし用にする。まいわしは煮たり焼いたりして食べる。まいわしが食べきれないときなどは、おから漬にしておき、少しずつ出して毎日のおかずの足しにする。冬には欠かすことのできないおかずである。お正月などお客料理にもする。おからは正月用の豆腐をつくったときのものを使う。自家製のおからは大豆の味がまだ残っていておいしい。いわしは頭をとり、腹開きにして一昼夜塩漬にしておく。酢、砂糖を煮たて、おからを入れて火を通す。おからが冷めたら、おからといわしを交互にかめに漬けこんでいく。とうがらしをところどころに入れるとぴりっと味がしまる。三、四日すると、いわしの脂とおからの酸味がなれて味がよくなる。おからにもうまみがしみこんでいるので、おからもいわしと一緒におかずとして食べる。いわしのかわりに、きんかわ、このしろでつくると脂がなくてさっぱりとしたおから漬になる。愛知県渥美郡渥美町（撮影　赤松富仁『聞き書　愛知の食事』）

くさりずし　飯ずし、なれずしともいい、中羽いわしか、さば、あじ、さんまなどを使う。生きのよい魚を背開きにし、はらわたをとり、よく水洗いをする。魚五百匁に塩百匁くらいふって一晩おき、水で洗って骨抜きをする。米二合ですし飯をつくる。すし飯には、しその実、せん切りしょうがを入れてもよい。飯が冷めてから魚の腹に詰め、元の魚の姿にして、すし桶にすき間のないように並べ、しょうがのせん切りとゆずの皮のせん切り、いろどりのとうがらしの小口切りをふる。これをくり返して漬けこみ、一番上にゆずの葉またははらんを広げ、ごみが入らないように、わら二十本くらいを三つ編みにしたものをまわりに詰め、押しぶたをし、重石をする。半月から二十日くらいで、魚の腹に詰めたすし飯の米粒の形がなくなり、べっとりとなって、おいしくなる。また早ずしといって、魚を十時間くらい塩漬にしたのち、酢に十時間くらい漬けこんで、すし飯を詰めて漬けると、二日くらいで魚とすし飯がなれてきて、食べられるようになる。くさりずしも早ずしも寒い時期につくる保存食で、日常のおかずにもするが、もの日の前や正月料理には必ずつくって用意する。まぶりずしやくさりずしは昔、岩つばめが岩のくぼみに蓄えておいたいわしを、漂流してきた漁師が見つけ、空腹をしのいだことからつくられるようになったといわれる。千葉県山武郡九十九里町（撮影　千葉　寛『聞き書　千葉の食事』）

あゆのなれずし　あゆは頭をつけたまま背割りにして、二割以上の塩で漬け、しっかり重石をかけて漬けておいたものを使う。十一月下旬か十二月に入ると、なれずしの準備にかかる。あゆは水につけて塩出しをしておく。米一升で炊いたごはんに米こうじ一升準備する。ごはんが人肌ぐらいに冷めたら、米こうじと合わせてすし飯ぐらいの塩加減にする。これが秘訣である。あゆの腹に、このごはんをはさみこみ、あゆとあゆの間にもごはんをはさみながら桶に漬けこんでいき、しっかり重石をかける。途中、上がってきた水を二、三回はすてる。正月ごろから出して、食べやすい大きさに包丁を入れ、姿のまま皿に盛って出す。「お日待ち」には、神主さんにあゆのなれずしを出してもてなすしきたりである。鳥取県八頭郡智頭町（撮影　小倉隆人『聞き書　鳥取の食事』）

いかの赤づくり　まいかの胴に指を入れて足のつけ根をはずし、わた袋（肝臓の部分）を破らないように足を上手に引き抜く。胴は軟骨の残りと内臓をとり出し、皮をむいて横に三等分し、幅二分ほどのせん切りにする。耳も皮をむき、胴と同様にせん切りにする。足は吸盤をとり、皮をむいて胴と同じくらいの長さに切る。先にとり出したわた袋の薄皮をとり除き、酒、塩を加え、いかのせん切りと混ぜてかめに入れて保存する。塩はいか一ぱいに対し、大さじ一杯ほど入れる。漬けてから一日一回、天地をかえるようにかき混ぜる。これを一週間ほどくり返すと、十日ほどでよくなれる。こうじを少し入れてなれさせることもある。

いかの黒づくり　まいかの下ごしらえは赤づくりと同じだが、いかの皮をむいてせん切りにするとき、水気を十分とるか、あるいは一日陰干しにする。とり出したわた袋の片側についている墨袋をそっとはずしてざるにのせ、軽く塩をふる。いかの下ごしらえが終わると、墨袋をさっと水洗いして先端を切り、薄皮をとったわたと一緒にかめに入れ、塩と酒を加えてよくかき混ぜる。これにせん切りしたいかを入れて、再びかき混ぜて保存する。手入れは赤づくりと一緒で、一週間たつとよくなれてうまみが出る。黒づくりは、赤づくりより長期保存できる。黒づくりはいかのしこしことした歯ざわりを楽しみ、赤づくりは、わたのとろみがつくので、そのうまみで食べる。富山県魚津市諏訪町（撮影　千葉　寛『聞き書　富山の食事』）

梅の活用法

和歌山県みなべ町　梅料理研究会

撮影　松村昭宏

青梅味噌

材料　青梅または熟梅500g、味噌500g、砂糖500g

①びんの中に梅、味噌、砂糖の順に入れて冷暗所に保存。3〜5か月してエキスが出てドロドロになってきたら梅を取り出す。

何にでもあうが、ゆで豚や焼きナス、きゅうりなど、油が多いものや食欲がないときによい。おろしにんにくや生姜、ゴマを混ぜてもよい。実は刻んで薬味にする。

ハニープラム

材料　完熟梅800g〜1kg、蜂蜜400cc、米酢400cc

①梅を1時間以上水に浸けて、あく抜きする。

②あく抜きした梅をびんに入れ、酢を半量注ぎ、梅全体にまぶす。蜂蜜半量、残りの酢、蜂蜜の順に、梅がかぶるまで入れる。

③冷暗所に保存。梅が浮いてくるのでときどき逆さにする。小梅は約5か月、南高梅は8か月〜1年ぐらいで飲める。

実はそのまま食べてもおいしいが、寒天やジュースに浮かべたり、刻んでドレッシングに混ぜたりケーキやクッキーに入れてもよい。エキスは水や炭酸水で割ってドリンクにしたり、レッシングや三杯酢などの料理酢としても美味。

青梅醤油

材料　青梅500g、醤油500g

①びんに青梅を入れて、ヒタヒタになるまで醤油（薄口でも濃口でもよい）を注ぐ。

②冷暗所で保存。ときどき上下を返したりして、均一に漬かるようにする。半年後から使える。実を取り出して、もそのままでもよい。

梅の風味が生魚と相性がよく、刺身醤油に好まれる。実を刻んで焼き飯などに入れると美味。

梅の調味料の作り方を教えてくれた、（写真右から）中家いち子さん、谷本さえ子さん、西川みや子さん。

梅びしお

材料　梅干1kg、砂糖300g（梅肉の3割）、みりん大さじ1～2杯

①梅干を水に浸けて塩抜きする。水を取りかえながら、18％前後の塩分が14～15％になるまで6～8時間。
②ざるの上ですりつぶし、種を取り除く。
③土鍋かホーロー鍋に移して、弱火で混ぜながら、20分ほど煮る。
④途中で砂糖を2回にわけて入れる。
⑤テリが出てプツプツと沸いてきたらみりんを入れて出来上がり。冷めたらびんに移し、冷蔵庫で保存。

納豆や長芋にかけたり、マヨネーズやドレッシングに加えたりして食す。1年でも2年でももつが、汚れたスプーンですくうとカビがつきやすい。

青梅味噌や梅シロップは、一度冷凍した梅を使うと失敗が少ない。冷凍梅が融けるときに、味噌や砂糖の味が実の中までしみ込みやすい。果肉に塩分や糖分がよく浸透するので、発酵しにくい。

生のまま冷凍保存

洗って水気をふいた生の梅を、ビニール袋に入れて冷凍する。「梅の収穫で忙しいから、とりあえず冷凍して、時間ができたら作るんよ」と岩本直子さん。

梅を使った料理の数々

桃のアイスクリーム

静岡県掛川市　金原ようこさん

①皮をむき、ひと口大に切った桃（3個分）をミキサーに入れる。

②砂糖（お好み）、牛乳（1／2カップ）を加え、ミキサーで混ぜる。よくつぶれたら、レモン汁（酢、クエン酸でもよい）を少々入れて、また混ぜる。

③ポリエチレンなどの小袋に、②をおたま1杯半入れ、空気を抜くようにして口を縛る。

④冷凍庫に入れて保存。

⑤出来上がり。袋から出して食べてもよいし、袋の角を切って口で吸いながら食べてもよい。（撮影　小倉隆人）

金原ようこさん。（本文130頁参照）

いちごのアイスクリーム

静岡県掛川市　金原ようこさん

①イチゴを1／2～1／4に切って凍らせておく。食べるときに取り出して、フードプロセッサーに入るだけ入れる。

②生クリーム（100cc）、砂糖（1／2カップ）を入れる。

③ガリガリとフードプロセッサーをまわす。

④出来上がり。このまま冷凍庫に入れておき、好きなときに食べてもよい。（撮影　小倉隆人）

メロンのアイスクリーム

島根県出雲市 三浦美代子さん

アイスクリームの食感とメロンのさわやかな風味がおいしい。（本文164頁参照。撮影・調理　小倉かよ）

①メロンをひと口大に切って冷凍保存しておく。食べるときは、3～5分くらい常温において、少し軟らかくしてから、フードプロセッサーにかける。

②生クリーム、練乳、バニラエッセンスを加えて、さらに混ぜ合わせる。

農家が作るトマトジュース

北海道北村　廣川丈夫さん、廣川秀子さん

廣川さんは、豆腐、漬物、パン、アイスクリームなど何でも自分で作って楽しんでいる。栽培しているトマトでジュースを作り、ご近所に配ったところ大好評。「売ってくれなきゃ、もらいづらくて困る」といわれたのがきっかけで、缶入りのトマトジュースを製造するようになった。

真っ赤に完熟したトマトだけを、ジュースにする。

もともとはトマトジュースをペットボトルに詰めて保存し、自家用に利用していた。

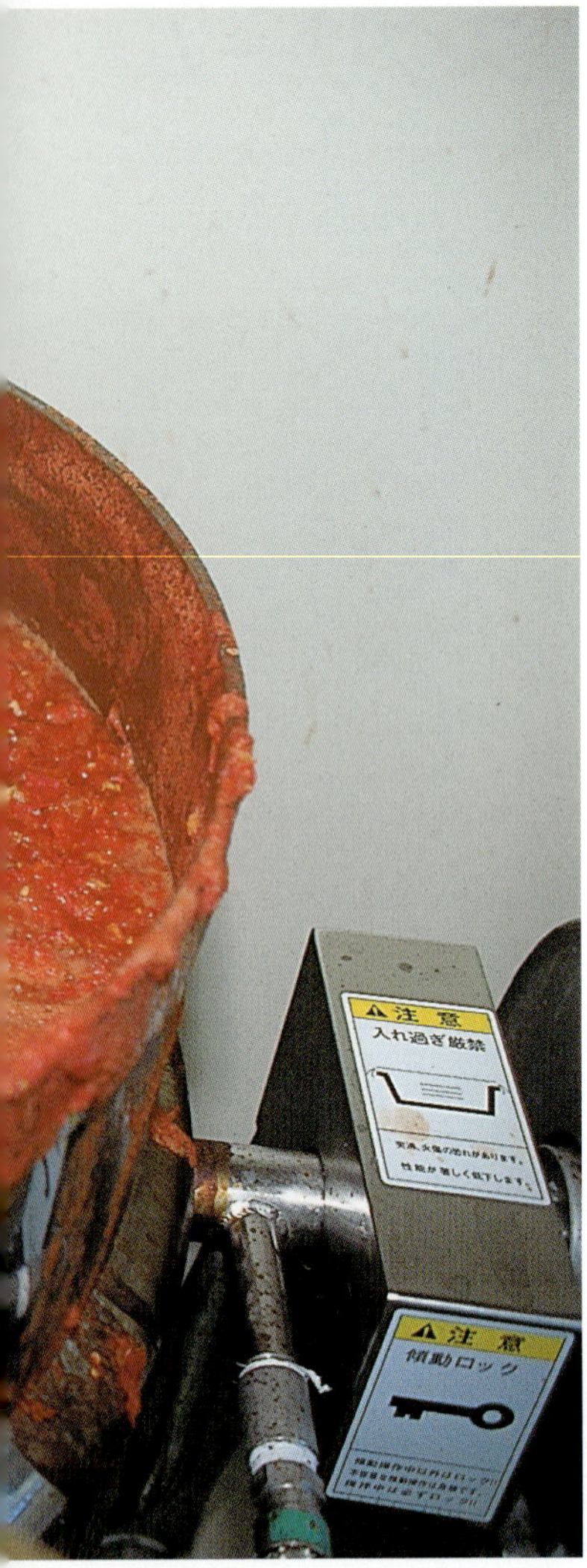

撮影　小倉かよ

稲わら、麦わらを積んで堆肥を作り、米ぬか、脱脂ぬか、大豆かす、菜種かす、魚かす、ホタテガラなどを肥料にする。

栗沢クラインガルテン土里夢の中にある、加工施設を借りて製造している。トマトを洗浄しているところ。

作業の流れ　缶を洗浄して蒸し機で殺菌（95℃ 20分）しておく→トマトの洗浄→傷の部分を除いてさいの目にカット→鍋に移して加熱（85℃ 10分）→パルパーフィニッシャーで粗く裏ごし→100ℓに10gの割合で塩を加えて鍋で加熱（90℃ 20分）→充填機で充填→蓋をして蒸し機で殺菌（95℃ 20分）→ラベルを手で貼る。

「ひろかわさんちの桃子ちゃんトマトジュース」として注文販売。廣川さんご夫婦は、トマトのほか、稲、長ねぎ、白菜などを栽培している。

充填機でジュースを缶に詰める。

町の搾油所

あぶら工房協同製油

福島県浅川町

福島県浅川町の関根守さんは、それまで経営していた電子部品工場を閉めて、搾油所を開業した。精製は和紙でろ過するだけで、素材の栄養や風味を活かした食用油を製造している。

撮影　倉持正実

①北海道、青森、秋田産の菜種。赤い種は未熟種子で、少ないほど高品質。種の中の水分が多いと傷みやすいので、よく乾燥させることが大切。

②50kgの原材料に対し、3～4ℓの水をジョウロで加えながら煎る（80℃ 30分）。この釜は薪焚き。

③釜の中は、モーターと連動した羽で常時攪拌されている。へらで押すとパチパチとつぶれる程度まで煎る。

④スクリュー圧搾式の搾油機

⑤搾った油を2～3日静置して（手前の1斗缶）、沈んだオリを除く。油を釜に移して温める（菜種150℃、エゴマ40℃）。水分を飛ばし、粘度を下げる。

⑥温めた油を、和紙でろ過して精製する。下部のタンク内を、ポンプで減圧する。

協同製油　福島県石川郡浅川町大字浅川字背戸谷地98－5　TEL/FAX 0247-36-3208

搾りたての菜種油

ニホングリは、形は大きいが渋皮が剥けにくい。そのために、焼き栗にするのが困難だった。兵庫県の小仲教示さんは、自分が栽培するニホングリで、焼き栗の製造と販売に取り組んでいる。（本文128頁参照。撮影　赤松富仁）

はじめに

今から五十年ほど前は、子どもたちのごちそうといえば、ぼたもち、団子、羊羹、おやき、あんこもち、はったい粉など、祖母や母の手作りのおやつであった。おやつだけでなく、味噌、醤油、餅、漬物、干物、梅干など、ほとんどの加工品が、家庭で手作りされていた。

それらは、忙しい農作業の合間や夜なべ仕事で作られたもので、素朴な味の食べ物であった。そのため、家庭で手作りされた加工品よりも、専門の業者が手間をかけて作り、商品として売られている加工品のほうがはるかに上等とされていたし、実際に美味であった。

高度経済成長が始まると、家庭で加工食品を作る人はほとんどいなくなり、スーパーマーケットに大量の食料品が並ぶようになった。女性たちは、夜なべをする必要も無くなり、これを時代の進歩というのであろう。

しかしながら、現在では、「上等」であったはずの、商品として売られている食品に対する信頼が、大きく揺らいでいる。賞味期限の偽装表示や、禁止されている原料の不正使用などが相次いだことが大きな原因であるが、実際にスーパーに並ぶ量産品を食べてみても、あまりおいしくない。さらに、加工食品のみならず、加工品の原料となる農産物自体も、昔の米や野菜ほどおいしくない。

食品の品質や信頼が低下した背景には、市場での激しい競争がある。市場が成熟して需給量が拮抗してくると、類似商品との激しい価格競争が始まる。食料品というのは、昔から人が食べてきたものを基本としているので、パソコンや携帯電話など工業製品の市場のように、まったく新しい需要を生み出すことは容易ではない。

商品価格が恒常的に低く抑えられるので、食品企業の経営者たちは、利潤を確保するために、生産コストの削減に向かわざるを得ない。すなわち、製造コストの削減と、原材料である農産物の価格低下が、生産現場に強く要求されるようになる。「安かろう悪かろう」の商品ばかりになってしまうわけだ。

量産品に飽き足らない人々の多くは、オーガニック食品や有名店の銘柄商品を買い求めている。腕を磨いた職人が、厳選した素材を使い、手間をかけて作った加工品は確かに美味であるが、当然、価格も高い。一般の庶民が、ごまかしがない本物の加工品を、手ごろな値段で手に入れるには、自分で作るほかない。今日では、パン、ケーキ、燻製、味噌などを自分で手作りすることが見直され、さらに、菜園を借りたりベランダにコンテナを並べたりして、自分で野菜や果樹を栽培することが盛んになっている。

本書では、素材の味の薄さをごまかすような製造技術ではなくて、おいしい素材を使い、その素材の味や風味を活かすような、農産加工の知恵や技を収集しました。

目次

農家が教えるわが家の農産加工

レイアウト・組版　ニシ工芸株式会社

たいとあじの火干かし　たいの火干かしは、行事食の「枕魚」に使う。宮崎県日南市（撮影　岩下　守『聞き書　宮崎の食事』）

火干かし　小魚を素焼きにして干しあげたもので、しめもん（炒り煮）やおすし、ずし（ぞうすい）、煮しめなどのだしにする。また小さくむしって、漬けもんや豆腐にかけて食べてもおいしい。魚は、いわしやあじ、はねもんの小魚を使う。

いろりや火鉢の灰の中に、魚串（竹串）にさした魚を立て、遠火の弱火で気長に干しあげる。裏返しては干し、また裏返しては干し、からからになるまで干しあげる。これをおかもちかご（柄のついたふたつきのかご）に入れて天井からつるして保存する。保存する途中でも、何度もあぶって干しあげる。夏にはつくらない。火干かしでも、びる（あまだい）やたいを使ったものは「枕魚（まくらいお）」といい、祝い膳のてびき皿（一番大きな、ごちそうの中心になる盛り皿）につける。

干しもん　はねもんや小魚は干しもんにする。方法は二通りある。

魚に直接塩をして干す方法―魚に塩をして一晩おき、翌朝、魚のつやを出すため、塩を水で洗い流して干す。この方法は、あじの開き、まびきの切身、小魚などを干すときや、魚が少量のときにする。

魚をたて塩に漬けて干す方法―たて塩とは、桶の中に濃い塩水をつくり、その中に魚を漬けこむことをいう。うるめなどの丸ごとの魚や大きい魚、多くの魚を干しもんにするときにする方法で、行商に行く人や商売人はこの方法でする。一晩たて塩をした魚は水で表面の塩を洗い流してから干す。

生節　かつおは、生節にすると日もちがする。小さいかつおは三枚におろして、大なべにたっぷりのお湯を沸騰させ、笹の葉を底に敷き、かつおを静かに沈めて、十分前後煮る。笹を使うことで、笹の香りが魚の生くささを消すと同時に、魚の身くずれもしない。ころあいは、竹串か金串を魚の中心に静かにさしてみて、すーっと通れば煮えている。火を止めて湯を切り、ざるに上げて冷ます。完全に冷ましてから金網にのせ、遠火の弱火で、焼き目がつくくらい気長に焼きあげる。大きなかつおは三枚におろして、さらに雌節（腹節）、雄節（背節）に分けて同様の処理をする。

（文・『聞き書　宮崎の食事』より）

ベーコン、ソーセージは、自分で作るに限る

新潟県荒川町　佐藤タヘさん、宮下綾子さん、佐藤キノさん

編集部

市販のが食べられなくなるほどうまい

新潟県荒川町の金屋地区に住む畜産農家のひそかな楽しみは、肉の燻製《くんせい》だ。廃用になった牛や豚を無駄にしたくないという思いから始まった燻製は、「市販のものが食べられなくなるほど」のうまさ。

今回のソーセージ作りに集まっていただいたのは、佐藤タヘさん、宮下綾子さん、佐藤キノさんだ。

塩漬《えんせき》のこつ

今回、使う肉は養豚の一貫経営をする（二〇〇六年当時）佐藤タヘさんの豚肉。三日前からしっかりと塩漬しておいたものだ。塩漬は、素材の水分を抜き、雑菌の繁殖を防いで保存性を高めるのが目的。肉に塩を直接すり込む「乾塩法」と、塩水（ピクルス液）に肉を漬ける「湿塩法」とがある。

ベーコンなら肉の重量の三〜四％の塩と、同一％の砂糖をすり込み、重石をして四〜五日漬ける。香辛料、調味料もここですり込む。スパイスやハーブ類、すりおろした玉ねぎやりんごを入れると独特のうま味・甘味が出る。日本酒や果実酒などの酒を入れる人も。

タヘさんの塩漬の調味料は、塩・砂糖が入った専用調味料、ローレル、セージ、ナツメグ、スイートマジョラム、カルダモンなど十数種類。分量は「うーん。ちゃんと量ったことないなあ」。タヘさんは「獣くさいのがいや」なので香辛料を多めに使っている。肉のかたまりが大きいときは、漬ける期間は一〇日〜二週間、途中、天地返ししながら漬ける。

塩漬後、ベーコンを作るなら塩抜きする。流水に肉一kg当たり二〜二時間半（味の加減により調整）さらす。余分な塩分を抜いて味を調えるほか、においやぬめり、腐敗しやすい成分を流して煙をしみ込みやすくする。ま

１〜３日下漬けした豚肉。肉の色が変わるのでラップなどで肉が空気に触れないようにして、5℃以下で漬ける

佐藤タヘさんの作ったベーコンとソーセージ。ソーセージは唐辛子入りの「チョリソータイプ」

た、素材の内側と外側との塩分を均等にする目的もある。

ミンチ、練り込み、腸詰め

ソーセージは、塩漬した肉をミンチにかけて、練り込み、腸詰めする。肉は一〇℃以上になると雑菌が繁殖して、腐敗が始まるので、作業は手際よく。ミンチにした肉と調味料とを練り込む際、粘りが出るまで混ぜる必要があるが、「あんまり練りすぎて肉の温度を上げたらダメ」。温度を上げないために氷水を加える。でも、「練り不足ではパサついたソーセージになるのよね」。その頃合いが微妙。

ミンチにした肉を練ること約一〇分。おおよそ混ざったところで、ちょっと味見。肉を少し取り出し、ラップでクルクルと巻いてから、沸かした湯の中でゆでたものをいただくと…。うまい！　途端にビールが飲みたくなってしまうような味。

次は腸詰め。挽き肉を豚腸に詰めるダンパーをタヘさんがあやつり、その横で、キノさんが肉の詰まった豚腸をひねって鎖状にする。「腸詰めは初めて」というキノさんもすぐに慣れて、クルッ、クルッとねじる。

豚腸を肉詰め器（ダンパー）の先端部にはめる。豚腸は水だと固くなるので、ぬるま湯で解凍しておく

ミンチにした肉に、調味料と水（温度を上げないために氷水）を入れて練る。今回は唐辛子と黒コショウをきかせた２種類を作った。唐辛子は入れすぎると肉の脂肪が溶出して、腸の上に白くあとが付く

乾燥・燻製

親戚の大工さんにコンパネで作ってもらったタヘさんの燻製器は、バラ肉が一五枚も入る。

鎖状につながったソーセージを上から吊るし、まず、表面を乾燥させる。乾燥は、あらかじめ五〇℃ぐらいまで温めておいた庫内に入れて、約四〇分。こうすると煙の成分が付着しやすくなるのだ。風通しのよい日陰で「風乾」させるやり方もある（材料によるが二時間程度）。タヘさんのように燻製する前に、急速に乾燥（速乾）させるときは、材料により二〇～四〇分間、三〇～四〇℃にした燻製器の庫内に入れる（チップは入れず、燻煙はしない）。

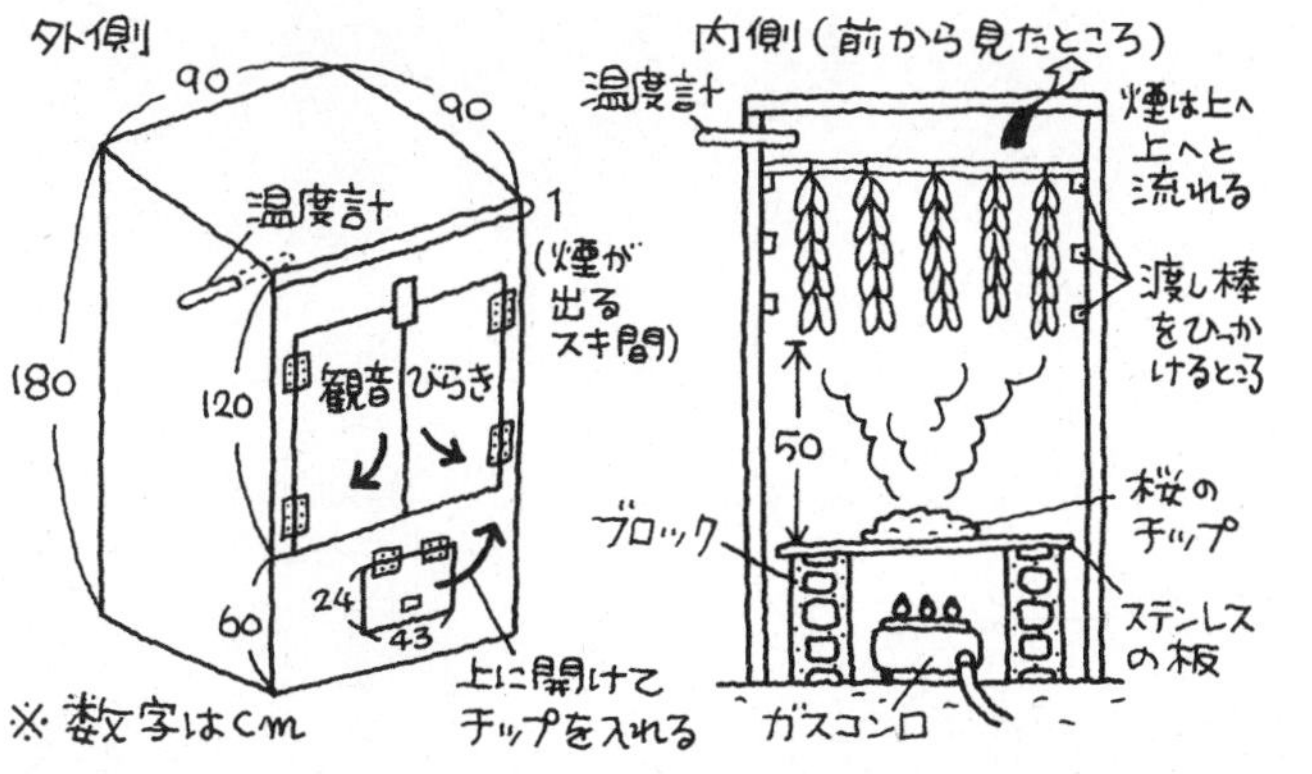

素材はコンパネ。中は70℃を超えるので内側に断熱材を貼ってある。豚舎の隣の物置小屋（床はコンクリ）の中に設置してあるので、風で飛ばされることはない。火元と食材は50cm以上離したほうがよい

ソーセージの色が少し茶色くなって、表面が少ししなびたら、庫内の温度を六〇℃まで上げて、いよいよ燻煙スタート。タヘさんは火元となるガスバーナーの火力を少し強め、チップを投入。

たちまち、上から白い煙がもれてくる。「中で煙がこもってしまうと味が悪くなるのよね」とタヘさん。煙は常に一定方向に流れているほうが乾燥が早く、煙の成分も付きやすい。

燻煙中、熱によってにじみ出た素材の油が火の中に落ちて燃えると油くさくなるので注意。チップの種類は、香りがまろやかで仕上がりのツヤがよいサクラがどんな材料とも相性がよいが、ナラ、ブナ、クルミなどを使う人も。果樹もOK。りんごを使うと独特の甘味が、みかんを使うとさわやかさが出る。材料や好みにより調合しても。

燻煙中は六五～七〇℃を維持するのも重要。これより低いとチップの香りがつかないし、七〇℃以上ではソーセージが真っ黒になってしまうので、こまめに温度をチェックする。タヘさんは、ベーコンの場合は、五〇～五五℃で八時間（乾燥・熟成）、七〇～八〇℃にして四～六時間燻煙する。

途中、煙が弱くなったらチップを注ぎ足しながら、待つこと二時間。戸を開けると、いい色にいぶされてる。

腸詰めしたソーセージを燻製器へ

燻煙したソーセージをゆでて殺菌する。お湯の温度は約70℃。あまり高くすると破れる

慎重に鍋に移して七〇℃のお湯で四〇分ゆでる。これは、肉の中の雑菌を死滅させて保存性を高めるのが目的。お湯でゆでる湯煮法とオーブンで焼き上げる方法がある。タヘさんは湯煮法だが、温度が上がりすぎると肉が固くなったり、ソーセージだと破裂するおそれがあるので、水を足して七〇℃を維持するようにする。

タヘさんは、まとめて作ったら、食べたいときにすぐ食べられるよう冷凍保存している。

以前は「一晩で一〇〇kgの肉からソーセージを作った」こともあるタヘさん。「豚の世話が終わってから作るから、夜一〇時ぐらいから始めて、明け方までかかったわよ。周りからは『そんなに働いてばっかりで』って思われるかもしれないけど、そうでもないのよ。ものを作るってのは面白いのよ」と、ソーセージを前に満足げ。

二〇〇六年一月号　燻製は、自分で作るに限る

あっちの話こっちの話

味噌味の塩でおいしい浅漬け

鳴谷幸彦

和歌山県橋本市の芋生ヨシ子さんは、おいしい漬物の工夫をしたりするのが大好きです。

自家製の大豆で味噌も仕込むヨシ子さん、味噌に雑菌が入るのを防ぐため、重しに透明なナイロン袋に入れた塩を使っています。すると、味噌が発酵するときに出るうまみの汁がどこからかじわじわ浸み込み、味噌ができるころには、塩がすっかり味噌味に染まってしまうのです。

捨てるのももったいないので、あるときこの塩をきゅうりやナスの塩もみに使ってみたら驚きのおいしさの浅漬けになり、家族からも大好評。味噌のうまみがそのまま生きているようで、市販の浅漬けの素では絶対に出せない深い味になるのだとか。

それ以来ヨシ子さんの家では、浅漬けには必ずこの味噌味の塩を使っています。「もったいない」が「うまい」を生み出す、日本の食文化の秘奥義を見ました。

二〇〇七年一月号　あっちの話こっちの話

おやつにピッタリ素朴なおいしさ「けいもち」

川崎大地

熊本県大牟田市のSさんに、大牟田に古くから伝わる「けいもち」という芋を使った郷土食を教えてもらいました。作り方は次のとおり。

じゃがいも（またはさつまいも）を適当な大きさに切ってゆでて（またはふかして）、つぶします。そこに小麦粉と片栗粉、それから塩を少々投入。二種類の粉の割合はお好みで、芋がまとまるくらいの量を加えます。それをよく練り、適当な大きさに手でまとめ、平べったい形にします。ここで、ゆでたエンドウマメをトッピングするときれいです。

食べ方は、焼いてもよし、揚げてもよし。砂糖醤油をつけてもいいし、他の味でもOK。いろいろにアレンジできます。昔は農作業の合間のこびるに決まって食べていたといいますが、じつに素朴なおいしさなんだそうです。

二〇〇五年四月号　あっちの話こっちの話

ねぎ坊主の酢味噌あえ

村田喜重

新潟県湯沢町の腰越三重子さんに、おいしいねぎ坊主の食べ方を教わりましたので報告します。

五月ごろ、親指の先くらいの小さなねぎ坊主を、坊主の下二〜三cmのところで摘みます。これを湯がいて、酢と味噌と砂糖であえるだけ。市販のドレッシングも合います。

ねぎ坊主は大きいものより小さいものを使うほうがおいしいそうです。シャキシャキとした食感を楽しみたいならゆで時間はサッと二分くらい。軟らかくしたほうが食べやすいという方はもう少し長くゆでてください。

毎年ねぎ坊主の季節が楽しみだという三重子さんです。

二〇〇九年五月号　あっちの話こっちの話

燻《くん》煙《えん》・スモークの方法

太田静行　元北里大学

燻製品の分類

燻製品の一般的製法を図1に示す。いずれもだいたい同じ要領であるが、原料の性質や製品の目的によって、それぞれ適当な燻製法を適用する。燻製法の相違によって、製品の品質や保存性には大きな開きがある。

燻製法を大別すると、冷燻法（Cold smoking）と称し貯蔵を主目的とするものと、温燻法（Hot smoking）と称し調味を主目的とするものがある。温燻法をさらに狭義の温燻法と熱燻法とに分類することもある。このほか、即製の目的で行なう速燻法、あるいは液体燻製法などがある。

冷燻法　冷燻法は原料魚を長時間塩漬し、塩味をやや強くして火床からやや離れたところに吊し、低温度（一五～三〇℃、平均二五℃）で長時間（一～三週間）燻乾を行なうものである。冷燻法は食品の貯蔵性に優れ一か月以上保存できるが、風味は温燻品に及ばない。冷燻法は燻乾温度が二五℃前後であるから、これより高い気温の夏では製造が困難である。水産物ではニシン、サケ、ブリ、タラ、サバなどが冷燻品にされている。冷燻品は一般に水分含有量が低く四〇％程度である。

温燻法　温燻法は燻製材料に食塩を適量添加した調味液に短時間浸漬し、次に火床にやや接近して、やや高温度（五〇～八〇℃、時には九〇℃にも及ぶ）で短時間（二～一二時間）いぶす。したがって乾燥度はわずかで、水分は五〇％以上を含むものとなるから貯蔵性は大きくなく、安全性をみると四～五日である。味はきわめて良好である。燻乾温度が高いので四季を通じて行なわれる。温燻品の水分含有量は四五～六〇％、食塩含有量は二・五～三％程度であるから、この数値をみても、貯蔵性はあまりないことが推察される。温燻品は保存性はよくないが、軟らかく、味はきわめて良好である。

図1　燻製品の製造法

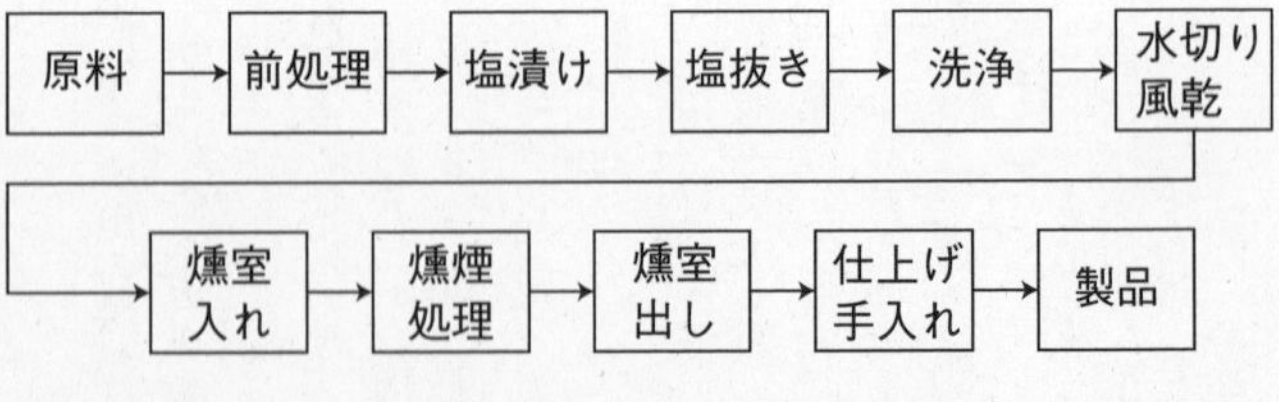
原料
前処理
塩漬け
塩抜き
洗浄
水切り風乾
燻室入れ
燻煙処理
燻室出し
仕上げ手入れ
製品

熱燻法　熱燻法はドイツにおいてよく行なわれる方式で、相当高温度（一二〇～一四〇℃）で短時間（二～四時間）燻煙するもので、それゆえたんぱく質は凝固し、食品が全体として蒸煮されることとなる。換言すればこれは即席料理式のものである。熱燻法は温度が高いため、燻煙は二～四時間程度で終わる。製品の水分量も多いので製品の貯蔵性はよくない。製造後すみやかに消費するのがふつうである。熱燻法を行なうときは燻煙材の木も多量に使用し、温度の調節が難しいので、燻製は一般に昼間行ない、夜間作業するのはまれである。

速燻法　速燻法（Quick smoking）は短時間で燻煙法のような効果をあげようとする方法で、人工的に煙を作りいぶす方法である。すなわち煙中の成分であるクレオソートなどを混ぜ、これを燻煙室にて蒸発させるか、上記のような混合物の液体を肉に塗りつけるか、または混合液中に肉を浸した後、これを燻乾するのである。しかし、この方法は実際の燻煙法に比べてその製品が劣り、かつ保存力も弱い。なお液体燻製法は木酢液に材料を浸漬し、後乾燥して仕上げる速燻的な方法である。

液体燻製法　燻煙の効果は種々あるが、このなかで食品に燻煙臭を付与するためには、食品に何らかの形で燻液を添加することで、実際に燻煙処理を行なわなくても、その目的を達することができる。これが液体燻製法と呼ばれるものである。これは一九四二（昭和十七）年に、戦時下の塩不足を契機に、岩垂荘二氏が開発した。ここに使用される燻液は木炭製造の際に生じる木酢液を、あるいは木材から燻煙を生成させ、これを回収した液を精製したものである。この燻液を食品に適用する方法として、直接添加法、浸漬法、塗布法、噴霧あるいはアトマイジング法があげられている。

燻煙室の条件

燻製食品を作るには、燻煙室が必要である。その規模や機能はさまざまで、石油缶やリンゴ箱を改造した簡単なものや、燻煙条件をあらかじめ設定できるもの、また加熱、乾燥、冷却などまでできるもの、などがある。

手動、自動にかかわらず、燻煙室としては次の条件が必要とされる。①温度と発煙を調節できる、②燻煙室内に燻煙が、ほぼ一様に拡散し得る、③失火のおそれがない、④通風が調節できる、⑤燻材の使用量がなるべく少なくてすむ、⑥建設費、購入費がなるべくかからない、⑦作業がしやすい、⑧できれば湿度の調節ができる、⑨衛生的で、掃除しやすい。

小規模に燻製を行なう燻室はスモーカーと呼ばれることが多い。小型のスモーカーとして紹介するものは主に家庭用、あるいは燻製品を市販する企業の試作用のものである。最近では小規模の燻製器が数多く市販されている（例、図2）。国産のものが多いが、輸入品も種々販売されている。

自家製小型の燻製装置

小規模に燻製を作るつもりならば、日曜大工で燻製箱を作ることができる。燻製箱は煙が著しくもれなければよいので、完全に気密である必要はない。煙がもれて困るときはガムテープなどで穴をふさげばよい。体裁を問題にしなければ、自分で作ったものでも後述のように、種々の容器を利用して、燻製箱を作ることができる。木箱は素人でも燻製箱に改造しやすい。

図2　くんちゃんの使い方

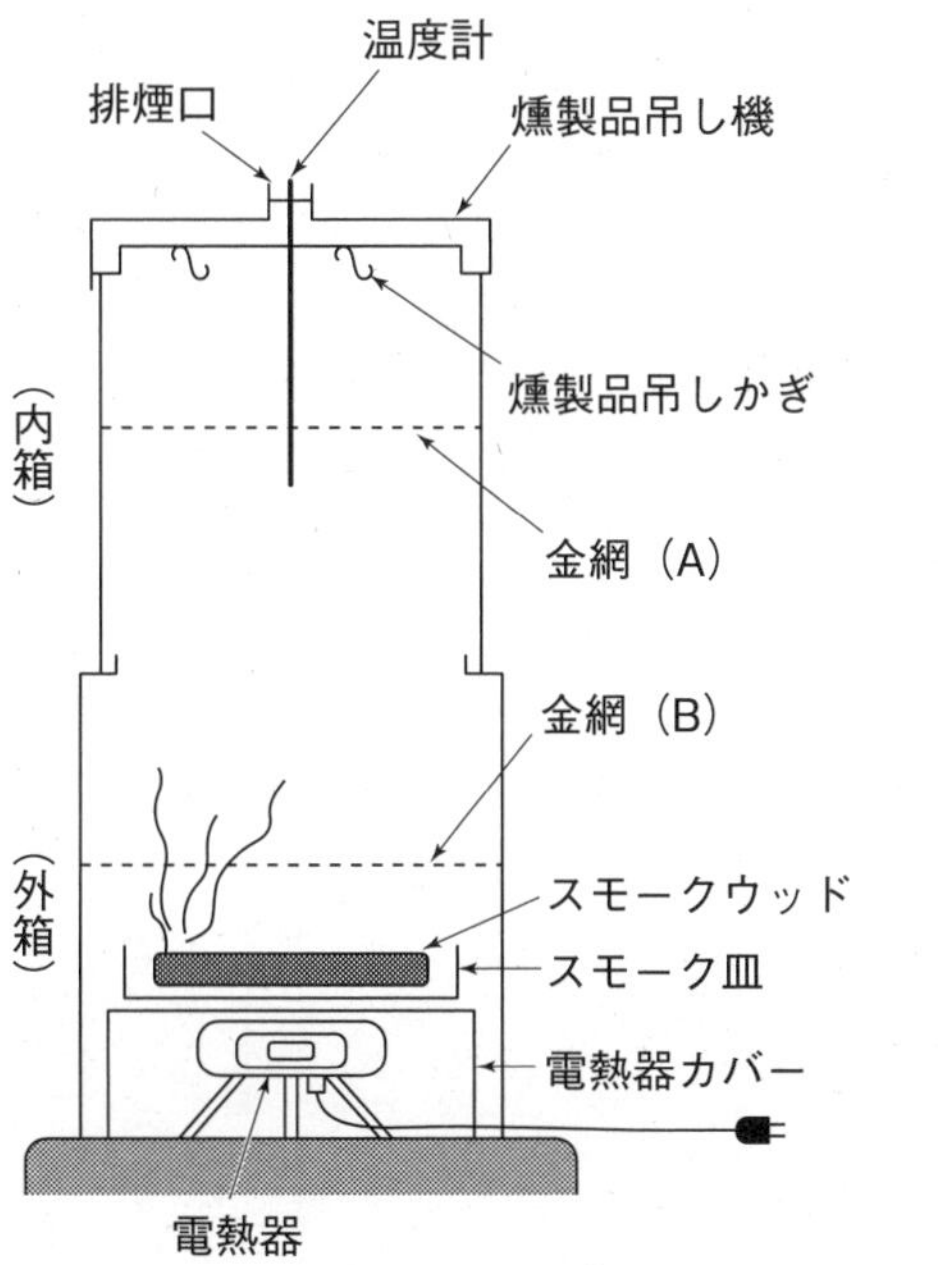
温度計
排煙口
燻製品吊し機
燻製品吊しかぎ
（内箱）
金網（A）
金網（B）
（外箱）
スモークウッド
スモーク皿
電熱器カバー
電熱器

上背があり、かなり大きな魚でもスモークすることができる。進誠産業（株）：03-3344-3364

リンゴ箱　村上尚文氏は図3のようなリンゴ箱を利用した簡易燻煙装置の作り方と使用法を紹介している。材料としてはリンゴ箱一個、古石油缶一個、温度計一本を用意しておく。

石油缶を三分の一くらいのところで切り、切り口は、けがをしないように折り曲げておく。石油缶の上部を切り抜き、その面に多数の穴をあけ、隅の部分を折り曲げロストル（種火を設置する場所）とする。これに改造したリンゴ箱をかぶせる。木と木との間に隙間ができていれば紙やガムテープで隙間をふさぐ。

乾燥には炭火、電熱器（二〇〇W）、ガスなどを用い四〇～五〇℃に調節する。この装置は比較的使いやすい。

茶箱　布川氏は茶箱を改造して燻煙箱としている。茶箱には中に金属板が貼ってあるので、一般の木箱よりも火災の心配が少ないし、木箱の大きさも小規模の燻煙装置に手ごろである。

石油缶　石油缶は穴があいているのでそのまま煙の出口に使える。ブリキバサミで切ったところで、手を切りやすいのでこの点注意を要する。村上尚文氏は石油缶を利用した燻煙装置の作り方を図4のように紹介している。材料として古石油缶を三個（植物油を入れた缶でもよい。内部はよく洗浄する）用意する。石油缶を平行に作っておかないと、倒れるおそれがあるので注意を要する。

ツール・ボックス　市販されている金属製のツール・ボックスのなかから深めのものを選び、スモーカーに利用する（図5）。底にアルミホイルを敷きチップを入れる。その上にコの字形に曲げた金網を二段重ねる。ボックスごとガスコンロの上に載せ、チップに火がつくまで中火にして熱し、煙が出始めたらできるかぎり火を弱くする。小型のスモー

図3　リンゴ箱を利用した燻製箱の作り方

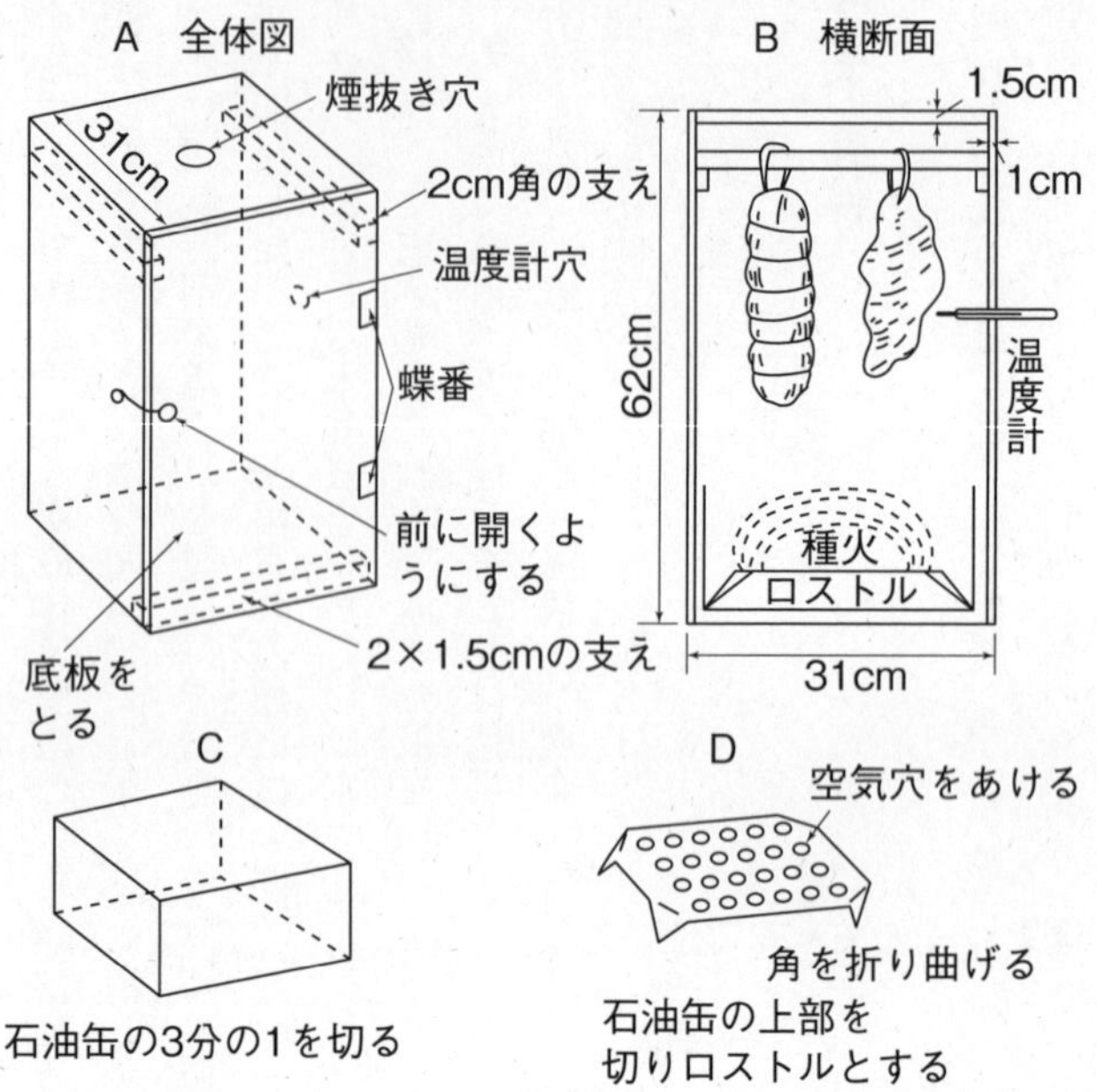
A　全体図
31cm
煙抜き穴
2cm角の支え
温度計穴
蝶番
前に開くようにする
底板をとる
2×1.5cmの支え
B　横断面
1.5cm
1cm
62cm
温度計
種火
ロストル
31cm
C
石油缶の3分の1を切る
D
空気穴をあける
角を折り曲げる
石油缶の上部を切りロストルとする

図4　石油缶を利用した燻製箱の作り方

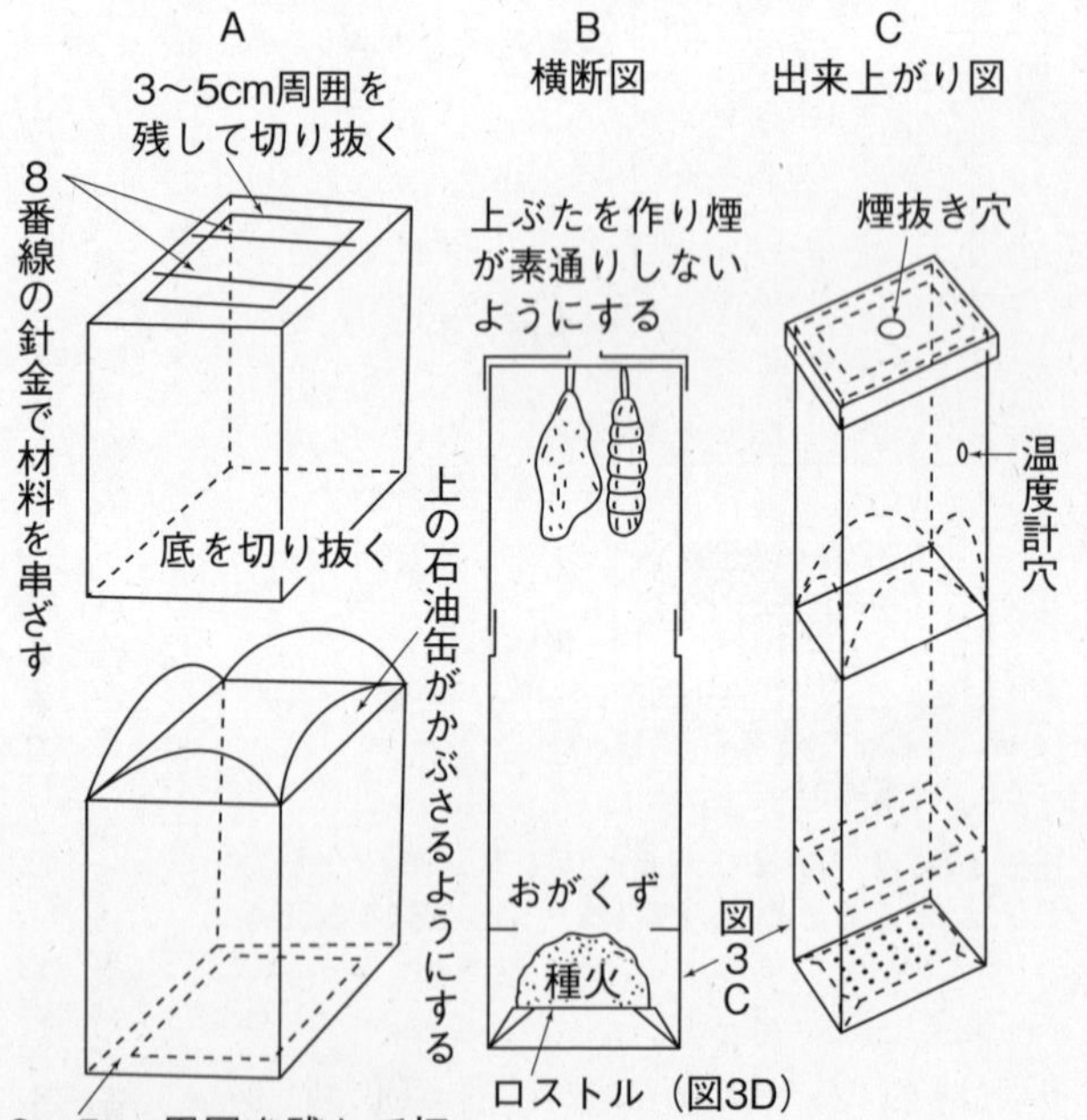
A
3～5cm周囲を残して切り抜く
8番線の針金で材料を串ざす
底を切り抜く
上の石油缶がかぶさるようにする
3～5cm周囲を残して切り抜き、図3Cの石油缶を切ったものと接合できるようにする
B
横断図
上ぶたを作り煙が素通りしないようにする
おがくず
種火
ロストル（図3D）
図3C
C
出来上がり図
煙抜き穴
温度計穴

カーなので、中はかなり高温になる。

アルミ製キッチンパネル　住軽アルミ箔（株）の考案になるもので、台所用のアルミニウム箔製キッチンパネル（てんぷらガードなどと呼ばれる）を図6のように二枚組み合わせ、これをクリップでとめると、スモーカーの側壁が出来上がる。燻材はスモークウッドを用い、これをアルミニウム製皿の上に置く。実施例では、外気温六℃でも、内部温度は五〇℃となり、六時間程度でサバ、サケなどの温燻ができ、味はよい。

燻煙中、下部の空気供給は容易で上部アルミ箔はあまりきっちりすると具合が悪く、わずかな隙間をあけてやるほうがよい。

段ボール箱　段ボール箱の上部の空気抜きの窓をあける。バーベキュー用の串を、箱の上部に水平につきさし、先端を反対側に抜く。熱源は電熱器を使用する。温度が高くなるときは、箱内部にアルミホイルを貼っておく。燻材は図7にはチップの例が示されているが、スモークウッドも利用できる。短所としては火災の危険があることである。風で倒れないように、また、チップやスモークウッドを箱に近づけないように注意を要する。

ドラム缶　まずドラム缶の上部をくり抜く。板金屋などに頼むこともできるが、自分でも鉄工用ドリルと金のこぎりなどで切断することもできる。図8に示すように、燻材を出し入れする扉を作る。ドラム缶の下から三分の一のところに網をセットして、燻煙処理中に魚や肉などが落下してもここで止まり、汚れないように工夫してある。

古い鍋などを利用してチップを入れ、アルコールを少量加え着火を容易にする。煙が出始めたところでスモーカーの中に材料を入れる。さらにバスタオルを水で濡らして缶の上にかけ、ふたをする。クリューガー氏はこの上に穴をあけたベニヤ板をのせている。

図9は関口博氏製作のスモーカーで、ドラム缶二個を縦に連結したものである。材料を出し入れする扉二か所と、チップを入れる扉をつけておく。熱源は電熱器を用い、温度を調節するためにスライダックを使用する。

ロッカー利用型　不要になったロッカーをそのまま燻製装置として利用したものである。大型の魚、たとえばサケなどの燻製に手ごろである。コートをぶら下げるところにサケをぶら下げれば、煙のかかり具合もちょうどよい。

食品加工総覧第三巻　燻煙・スモーク　二〇〇二年より抜粋

図5　ツール・ボックスを改造したスモーカー

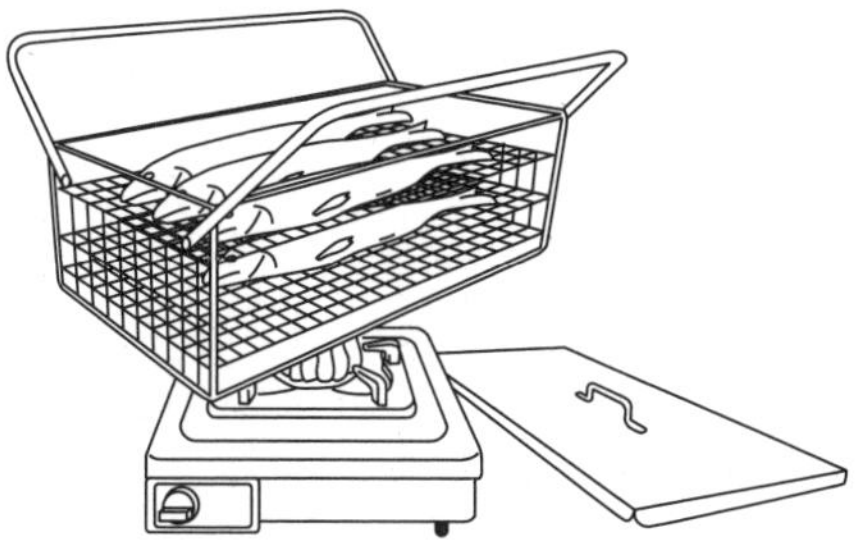

図6　アルミ製キッチンパネルを利用した燻製箱の作り方

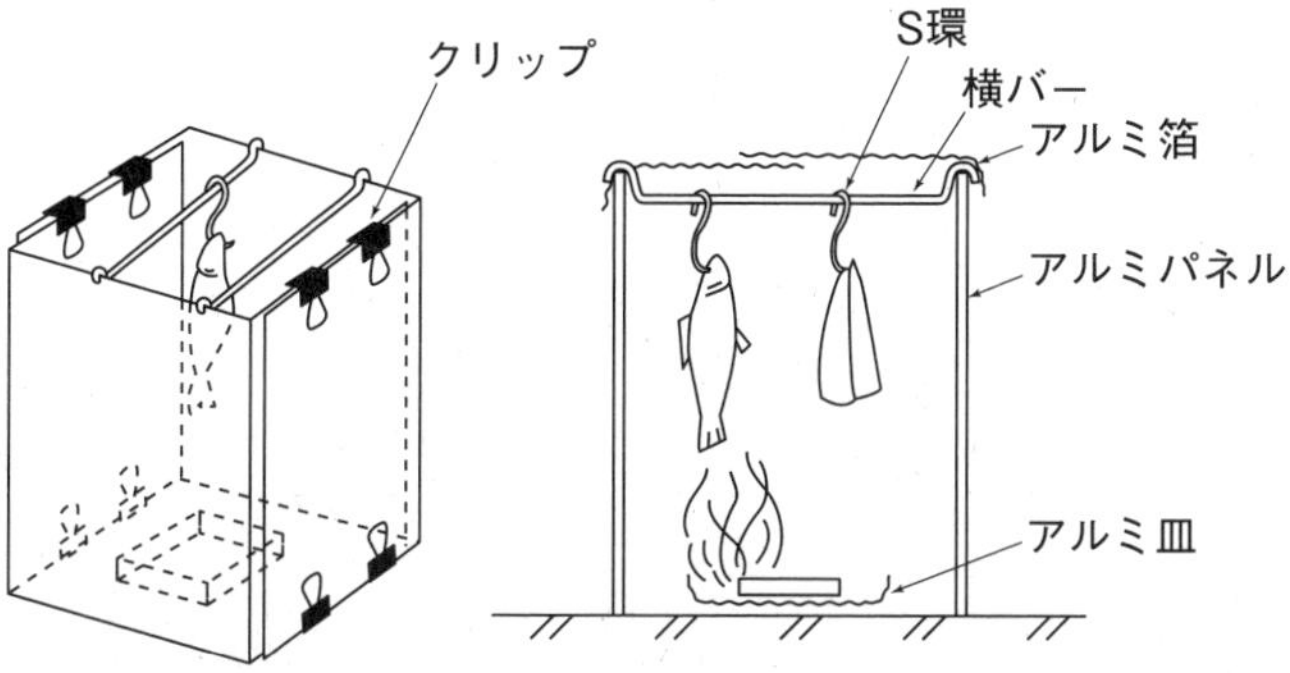

図7　段ボール箱を利用するスモーカー

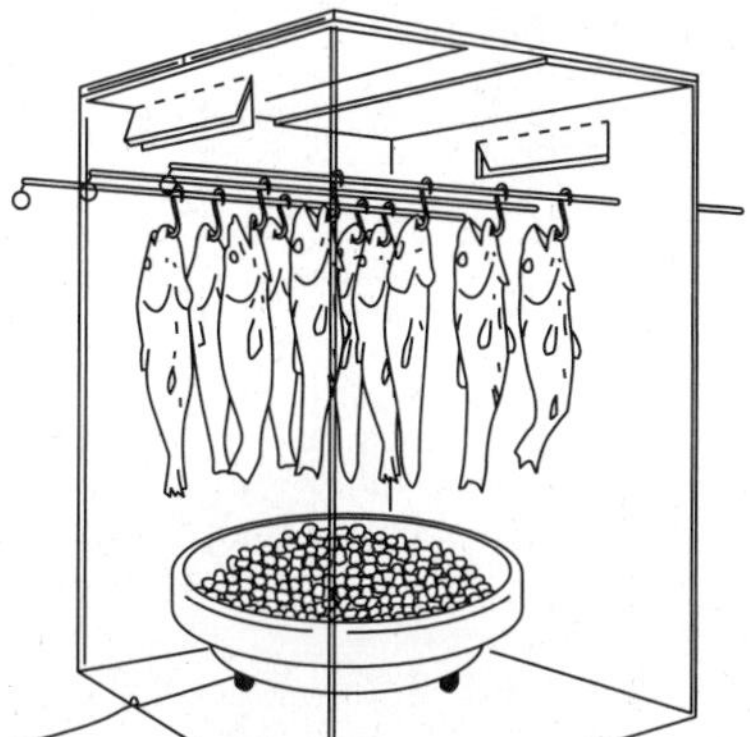

図９　ドラム缶2個を連結したスモーカー

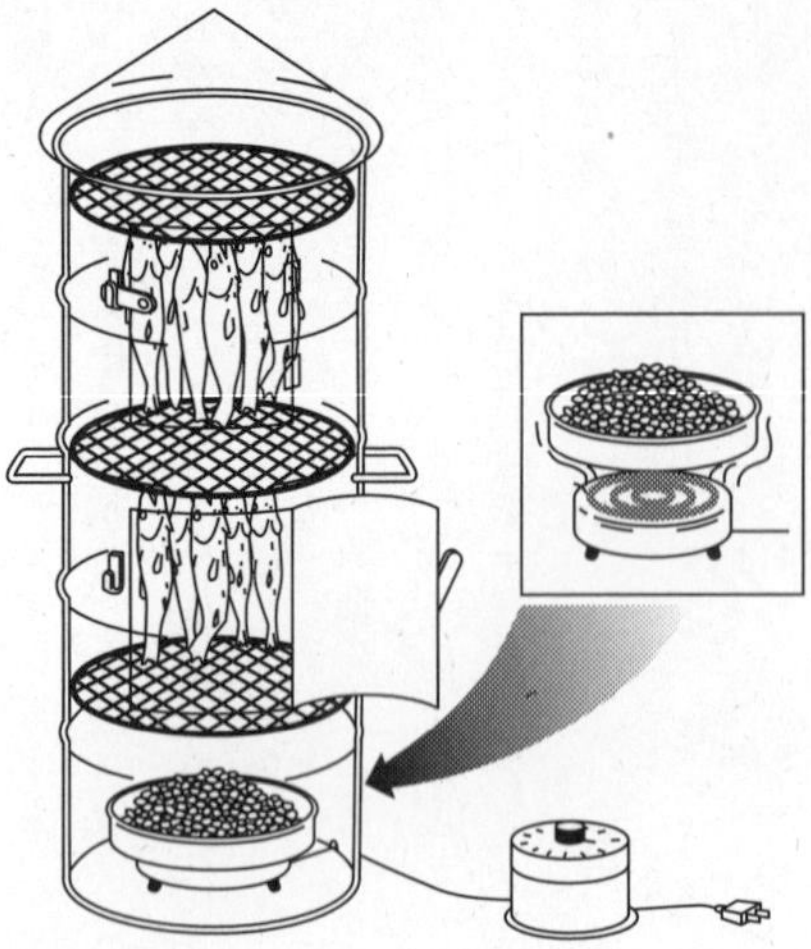

図８　ドラム缶スモーカー

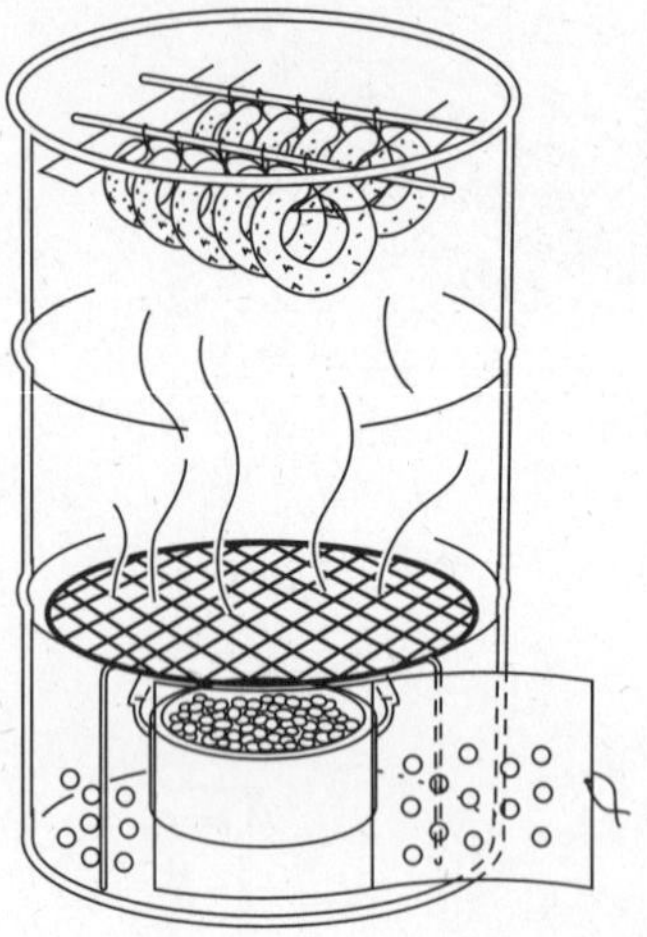

一斗缶スモーカー

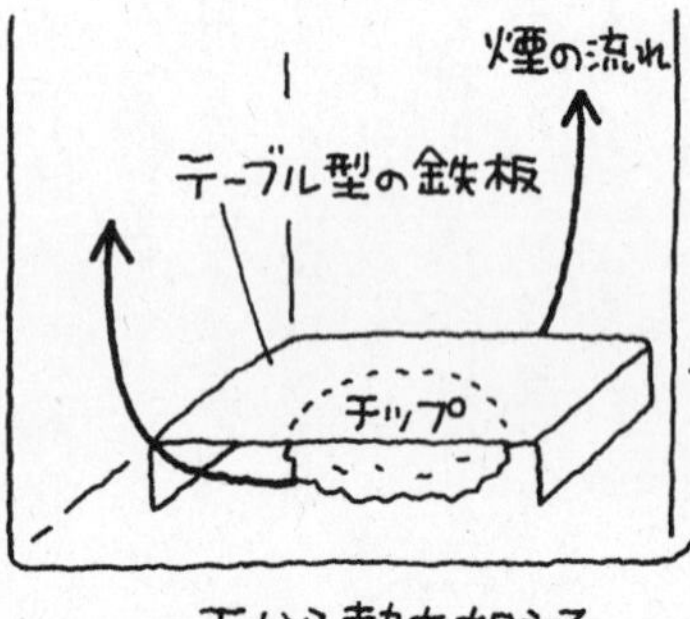
煙の流れ
テーブル型の鉄板
チップ
下から熱を加える

一斗缶の底にチップをひとつかみ入れる。上にテーブル型の鉄板を置くと、煙の流れが均等になる

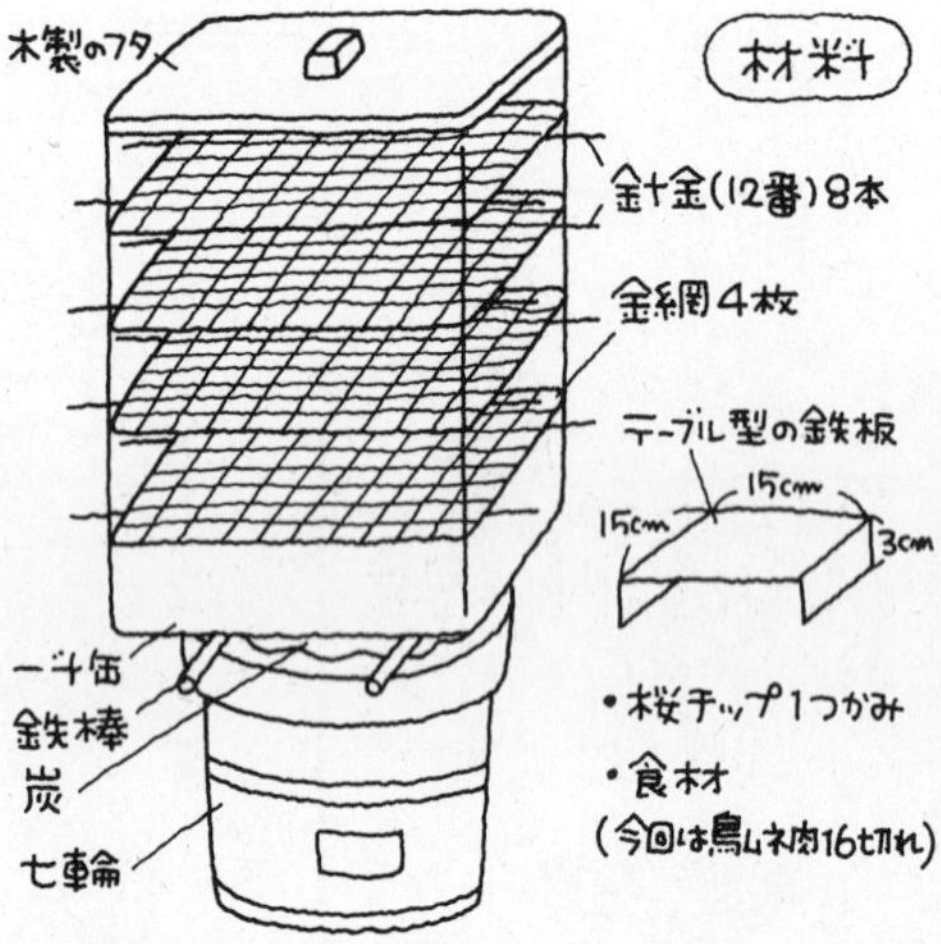
木製のフタ
材料
針金(12番)8本
金網4枚
テーブル型の鉄板
15cm
15cm
3cm
一斗缶
鉄棒
炭
七輪
•桜チップ1つかみ
•食材
(今回は鶏ムネ肉16切れ)

金網に載せたほうがたくさんできて、落ちる心配がない。ゆで卵なら、一度に50個くらい燻製できる

長野市の服部正利さんは、一斗缶スモーカーで、鶏肉、ホタテ、サケ、イカなどを燻製にして楽しんでいる。
①火を起こした七輪の上にスモーカーをのせて、1時間燻製する。
②チップを注ぎ足し、もう1時間燻製。このとき、網の上下を入れ替える。さらに肉自体をひっくり返すと、均一になる。

ドライヤーで炭に着火（撮影　岡本　央）

あっちの話こっちの話

やかんで石焼き芋

中村安里

宮崎県串間市の大束では、おいしいさつまいも「宮崎紅」を一年中出荷しています。冬でも朝から芋洗いで忙しいのですが、江藤朝子さんの家では十時になると必ず石焼き芋を作ります。誰でもどこでも真似できる、簡単な石焼き芋の作り方を教えてもらいました。

使い古しのアルミ製のやかんの底に直径五㎝ほどの石を敷き詰め、その上に洗ったさつまいもを入れてふたをします。ふたさえできれば何本でも一度に焼けます。これをストーブにのせれば、一五～二〇分できれいに焼き上がります。

やかんはどんなに古くても大丈夫で、穴があいてお湯を入れられなくなったものでも使えます。ほくほくの石焼き芋は、寒い日の小昼にぴったりです。

二〇〇九年三月号　あっちの話こっちの話

サクサクおいしい長芋の中華風漬け

林琢磨

ニューヨークまで講習に出かけたこともあるという漬物名人・青森市の工藤ヌイさんに、長芋のちょっと変わった中華風の漬け方を教えてもらいました。

まず長芋とにんじんを短冊に切ります。長芋を、なめるとちょっと酸っぱいくらいの酢水に一時間以上浸けて、ぬめりをとります。

次に醤油・砂糖・酢を混ぜ、砂糖が溶けるまで火にかけます。冷めたところでごま油と一味唐辛子を入れて漬け汁にします。

ざるで水切りした長芋とにんじんを、ボウルやプラスチック容器に入れて漬け汁をかけ、うま味を出すために乾煎りして細かく刻んだ根昆布を入れます。野菜が浸るくらいに軽く重石をのせて、一日置けば漬けあがり。

長芋のサクサクした食感にピリッとした辛さとごま油の香りが芳しく、酒の肴にもおかずにもいいですよ。

二〇〇九年三月号　あっちの話こっちの話

野菜が漬け汁に浸るくらいの軽い重石
漬け汁
しょう油…3カップ
酢……1.5カップ
砂糖……大さじ6杯
ゴマ油…大さじ1.5杯
一味唐辛子…適量
刻んで乾煎りした根昆布 約15cm
・ナガイモ(中)2本
・ニンジン(小)1本
やや薄めに切る

簡単手作りソーセージ

瀧田　勉さん　ハーブインストラクター

ラップを使って、ソーセージが簡単にできる。さらに、ドライハーブの失敗作や、乾燥させた木の葉、果物の皮などを使って、たった五分で燻煙できる。スモーカーの蓋をしっかり締めるので煙も少なく、家庭の台所でも燻製が楽しめる。

■ソーセージの材料

豚挽肉 ……………… 500g（250gずつに分けておく）
玉ねぎ ……………… 50g
塩 …………………… 少々
コショウ ………… 3g
片栗粉 ……………… 20g
スープ ……………… 20cc（コンソメを湯で溶かして冷ましておく）
セージ ……………… 2g（葉っぱ5～6枚）
ローズマリー …… 5g（ほかのハーブでも可）

■燻煙の材料

中華鍋と蓋 ………………………… 1セット
アルミホイル
焼き網 ………………………………… 1
ドライハーブの失敗作など …… ひとつかみ
砂糖 …………………………………… 適量

①玉ねぎとハーブを、フードプロセッサーでみじん切りにする。玉ねぎを一緒に入れると、ハーブの色が変わらない。まな板の上で包丁でたたいて混ぜ合わせてもよい。

②豚挽肉250gを加え、脂が切れて全体が白くなるまでフードプロセッサーにかける。

③ボールに移し、残り半分の豚挽肉を入れる（大きさがちがう挽肉が入ることで、食感がグッとよくなる）。塩、コショウ、片栗粉、スープも入れる。

④しゃもじでよく練り合わせれば、ネタの出来上がり。さらにおいしくしたいときは、ネタを冷蔵庫で一晩ねかすとよい。味と香りが落ち着いてプリプリ感が増す。また、この状態で冷凍保存もできる。

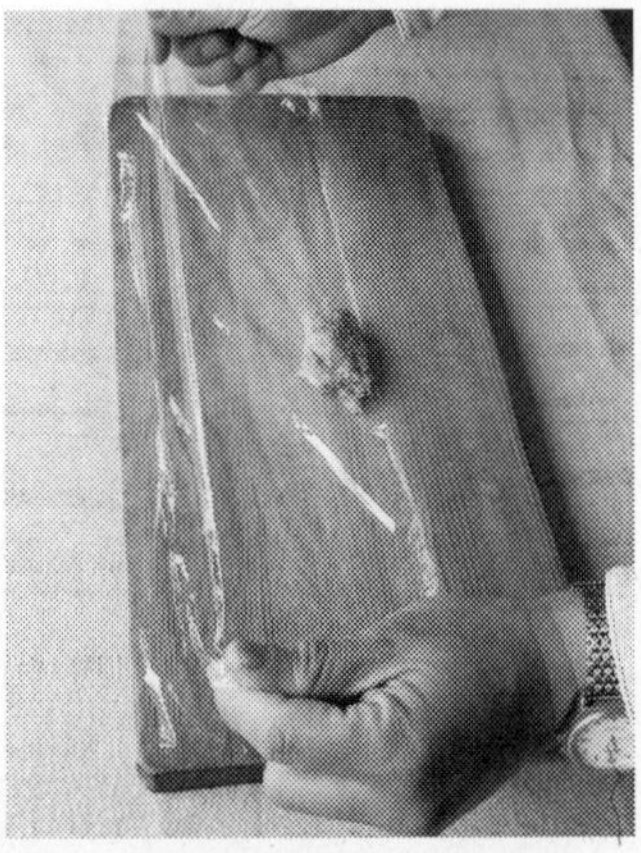

⑤まな板の長さくらいにラップを張り、真ん中にスプーン1杯分のネタを落とす。ラップを二つ折りにする。

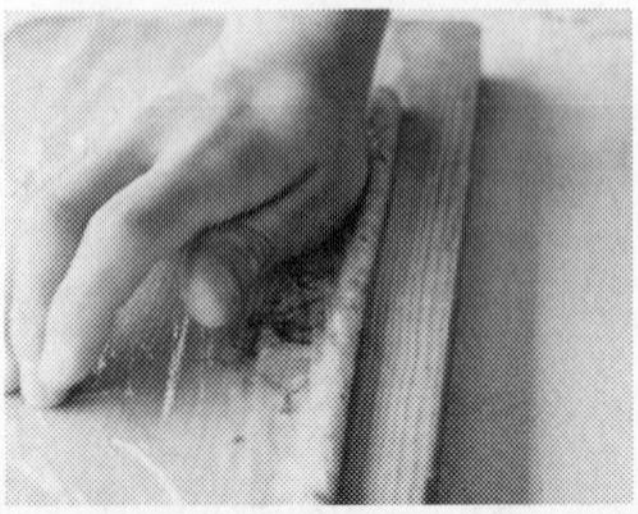

⑥親指のつけ根で、ラップの内側に向けて軽く押さえる。ネタが横に広がり、だんだん細長くなっていく。長さ30cmくらいまで伸ばす。

食農教育 2007年7月号、9月号

⑦ラップを開いて、横にはみでたネタをスプーンで寄せる。再び、ラップを二つ折りにして、くるくる巻く。

⑧片側だけ、たこ糸でしっかり縛る。

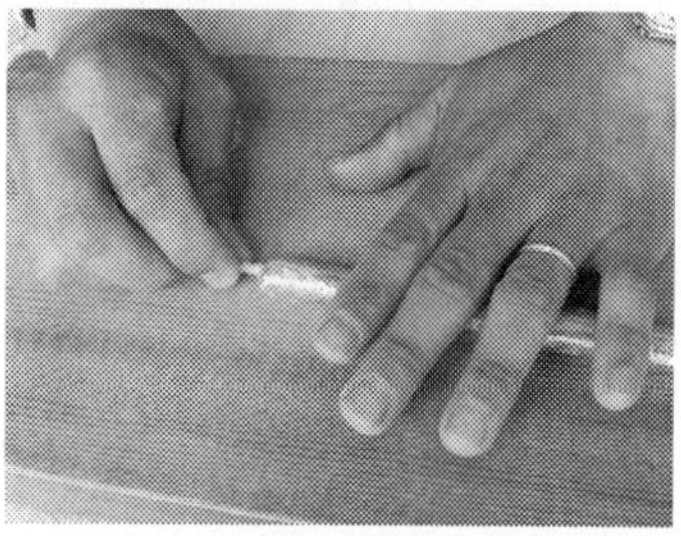

⑨もう片方を指でつまんで、ネタの方をくるくる回していく。30㎝ほどの長さだったものを、15㎝ほどに縮ませる。

⑩もう片方の端も、たこ糸でしっかり縛る。沸騰していないお湯(70～80℃）で、15分間ゆでる。蓋は閉めるが、軽く隙間をあけて、湯気を逃がすとよい。

⑪ゆで上がったら、ラップの端を切って、反対側からしごくように引く。するっとソーセージが出てくる。

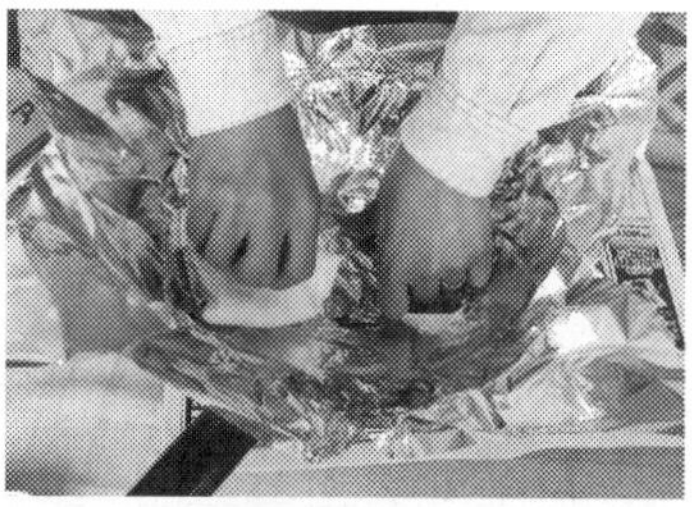

⑫次に、中華鍋をアルミホイルでおおって、鍋底にぴったりつくよう押しあてる(隙間があると熱が伝わりにくい)。

⑬ドライハーブの失敗作や切り残し部分、乾燥させた木の葉や果物の皮などを敷きつめる。写真は、セージ、ベイリーフ、イタリアンパセリを乾燥させた茎葉。もちろん市販の桜チップでもよい。

⑭ハーブに砂糖をまぶしてやると、煙が素材にからみやすくなる。

⑮金網をかぶせ、ゆでたソーセージをのせる。

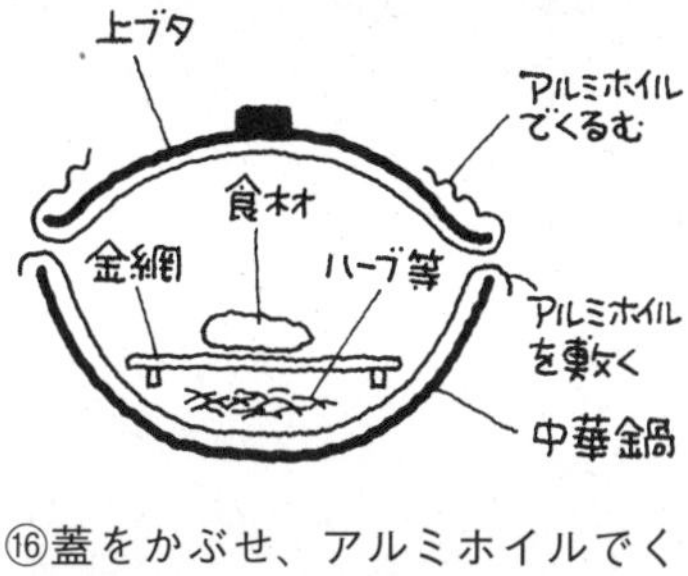

⑯蓋をかぶせ、アルミホイルでくるむ。

⑰強火にかけ、煙がでたら弱火で1分間燻煙する。火を止めてさらに2分ほど置けば、出来上がり。

燻《くん》製《せい》作りの基本技術

佐多正行、矢住ハツノ

燻製加工の仕方

燻製品の保存と調味のためにまず塩漬《えんせき》をする。塩漬を行なうことで燻煙効果が倍増されるので、塩漬は必要不可欠の作業である。

血絞り　畜肉類の塩漬は、まず原料肉を燻煙に適するように整形した後、五％量の食塩を肉の表面にすり込み、血絞りを行なう。肉中に残る血液を除き、肉色をよくする。冷蔵庫内で一〇～二四時間（肉の大きさ、重量による）おく。

塩漬　塩漬の方法には、材料の肉に直接食塩をふりかける方法（乾塩法＝ふり塩）と、塩漬液を作り、その中に材料の肉を漬ける方法（湿塩法＝たて塩）がある。使用する材料の形状や加工品の種類によって塩漬法が異なる。

乾塩法は、ベーコン、ハム、ソーセージに用いる。使用する食塩は肉の重量の一〇～一五％量で、全面にすり込み軽く重石をする。約三～七日間漬ける。香辛料、調味料も同時にすり込む。

湿塩法は、ハム、燻鶏、燻卵などに用いる。塩漬液はピクルスともいう。食塩水の濃度は一五～二〇％程度で、香辛料、砂糖などを溶かし入れ、必ず煮沸殺菌した後、ろ過して使う。材料がたっぷり入る量だけ準備する。

容器に材料を入れ、押し蓋をして浮き上がらないよう軽く重石をし、冷蔵庫内で三～七日間塩漬する。

塩抜き　塩漬の後、必ず水洗いして塩抜きをする。塩抜きは余分の食塩を取り除き、味を整えるほか、においや腐敗しやすい成分などを除去するために行なうものである。

塩抜きの程度の決め方は、残存する食塩の量をどれだけにするかによって決まるわけだが、肉片を軽く焼いて食べてみて、強い塩味を感じなくなれば、塩抜きの終了とする。時間では、流水中で材料一kg当たり二～二・五時間を目安とする。

肉は空気にふれると、酸化して肉色が暗赤色に変色するし、大気中の雑菌で汚染される恐れもあるので、血絞りや塩漬作業のときは、必ずビニール布で包むか、直接空気にふれないように密封する。

また肉の変質防止のため、作業は一七℃以下の低温で進め、用具類は殺菌消毒を完全に行ない、清潔な場所で作業を行なうことが大切である。

燻煙の仕方

燻煙に使う木材　燻煙に使う木材は、樹脂の少ない広葉樹が適する。一般に堅木類とよばれるもので、サクラ、ナラ、クヌギ、ブナ、クルミ、クリ、カシ、シラカバ、ポプラ、モミ、プラタナスなどがある。スギやマツ、ヒノキなどは燻煙材には適さない。

燻煙材はよく乾燥した小枝や丸太か、おがくずを使用する。

燻煙用として市販されているものに「スモークチップ」とよばれる木材を粉末にして固形状にまとめたものがあり、各種の香り成分を含んでいる。また長時間一定量の煙を出すことのできる、「スモークウッド」がある。

燻煙の手順　まず、燻煙装置に着火した炭火を入れ、材料の乾燥を行なう。乾燥は煙の浸透をよくし、材料の着色の効果を上げるために行なう作業である。

乾燥は徐々に温度を上げていき、四〇℃前後で行なう。温度が高くなると（六〇℃以上）肉の表面が硬くなり、煙が浸透しにくくなったり、脂肪が融け出し表面が汚くなる。

燻煙には、冷燻法、温燻法、熱燻法などがあるが、一般には温燻法が用いられる。温燻法では、炭火の上に燻煙材をのせ、燃え上がらないよう（炎を出さないよう）注意しながら煙を出す。

燻煙中の温度は、五〇℃前後で一定の温度を保つよう注意する。

燻煙時間は材料の大きさや肉の厚み、また加工品によって異なるが、長時間かかるものは、途中で二〇～三〇分燻煙を休み、二～三回に分けて燻煙するとよい。

燻煙中は、つねに煙の出かたや、温度の急上昇、急下降に注意するとともに、燻煙材が炎を出さないよう、また火災予防に十分留意することが大切である。

燻製品の取扱い方

燻製品は保存食品であるが、市販品を含めて、わが国の製品は風味を楽しむために作られたものが多い。

手作りの製品は、セミスモークとよばれるもので、完全な保存食品ではない。冷蔵庫内保存品で、ハム、ベーコン類で一か月以内、ソーセージ類で半月以内、燻鶏は一〇日以内を目安とする。製品は必ずラップなどで密封包装し、清潔に取り扱うことが大切である。冷凍にすると肉がぼそぼそとなるので、凍結しないよう注意する。

燻煙終了後は、ほこりやゴミなど燻煙中に付着したものを取り除き、完全に冷えてから包装することが大切である。

ロースハム

ハムとは元々豚のもも肉の意味であるが、「ロースハム」は豚の背ロース肉、肩ロース肉を利用して作る加工品である（ドイツ人のローマイヤー氏が日本で考案）。

市販品のような形の肉は入手しにくいので、ブロック肉としてロース部分を購入して作る。枝肉から作る場合は、ロース部分の肉（図）を切断して使用するが、肋骨と背骨を丁寧にとり（相当熟練しないとじょうずに骨抜きできない）、背脂肪は五～一〇㎜の厚さだけ残してほかは削りとる。赤肉と脂肪の割合は八対二程度がよい。


〈用具〉

まな板、包丁、さらし木綿布、清潔なふきん、セロファン紙、たこ糸、ボールかバット、重石、温度計、燻煙装置。


〈作り方〉
①**塩漬液**　食塩、砂糖を水によく溶かし、沸騰させて殺菌した後冷却しておく。香辛料を好みによって使う。
②**肉の整形**　材料肉は二〇～二五㎝の長さに形を整え、厚い脂肪や肉の切れ端などを包丁でそぎとり形を整える。
③**血絞り**　食塩を全面にすり込み、ラップで表面を覆い、重石をして冷蔵庫内で一昼夜おく。
④**塩漬**　塩漬液の中に材料肉を入れ浮き上がらないよう押し蓋と重石をして、冷蔵庫（三～四℃）で約一週間塩漬する。
⑤**塩抜き**　表面は濃い食塩が浸透しているので塩抜きする。流水中で約一・五～二・〇時間塩抜きする。
⑥**巻しめ**　肉の表面の水気をふきんでふきとり、肉を円筒形になるように固めに丸める。さらし木綿の布の上に丸めた肉をおき、布を巻つける。形が円筒形になるように巻いたら、両端をたこ糸でしばる。たこ糸の一方はつり下げ用にひもを長めに伸ばしておく。
巻しめは一方の端から一～一・五㎝幅にらせん状に巻いていく。きつく巻くと不整形になるので、ゆるめに均等に巻く。
⑦**乾燥**　燻煙装置につるし乾燥する。三〇～

材料と配合割合

豚肩ロースか肩ロースの骨を抜き整形したブロック肉		1.5～2.0kg程度
血絞り用食塩		肉重量の3%
塩漬液	水	肉が十分に浸せる容量
	食塩	水の重量の6%
	砂糖	水の重量の2%
	香辛料	好みにより適量

枝肉からロースハム用の肉を切る

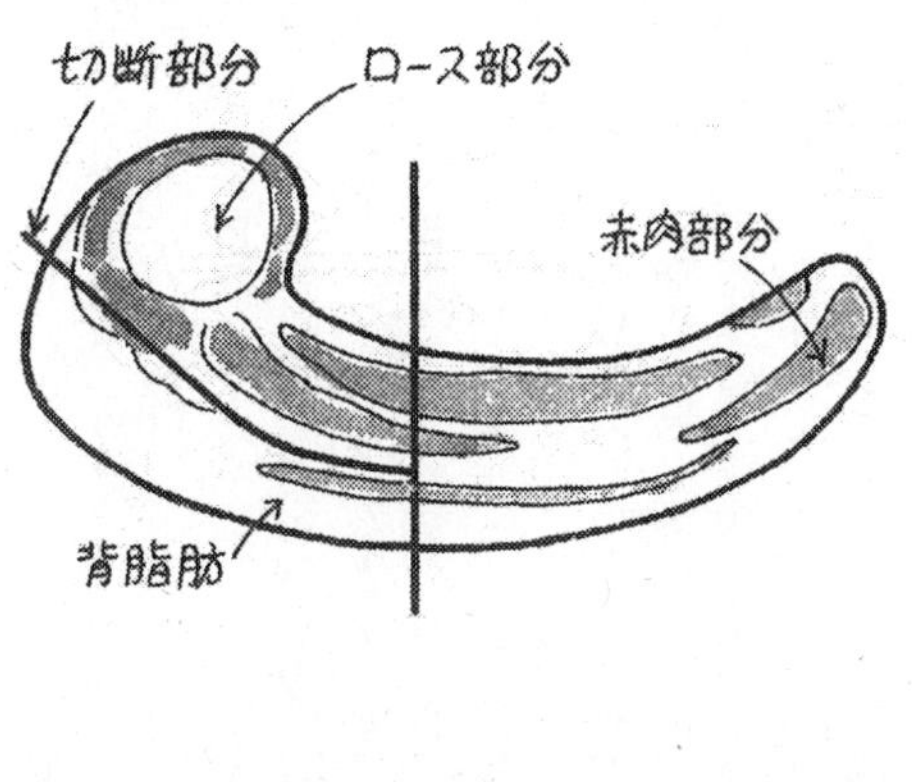

四〇℃で三～四時間乾燥する。

⑧燻煙 五〇～五五℃で四～五時間燻煙する。木綿布が茶褐色に変色したら燻煙を終える。

⑨湯煮《ゆに》 七〇℃の温湯で、六〇～七〇分間湯煮する。湯温は正確に計り、温度の上昇に注意する。

⑩冷却・保存 湯煮後ただちに冷水に入れ、冷却する。その後セロファン紙で包装し、たこ糸で巻き直す。

保存は冷蔵庫（四℃）に入れて保存する。

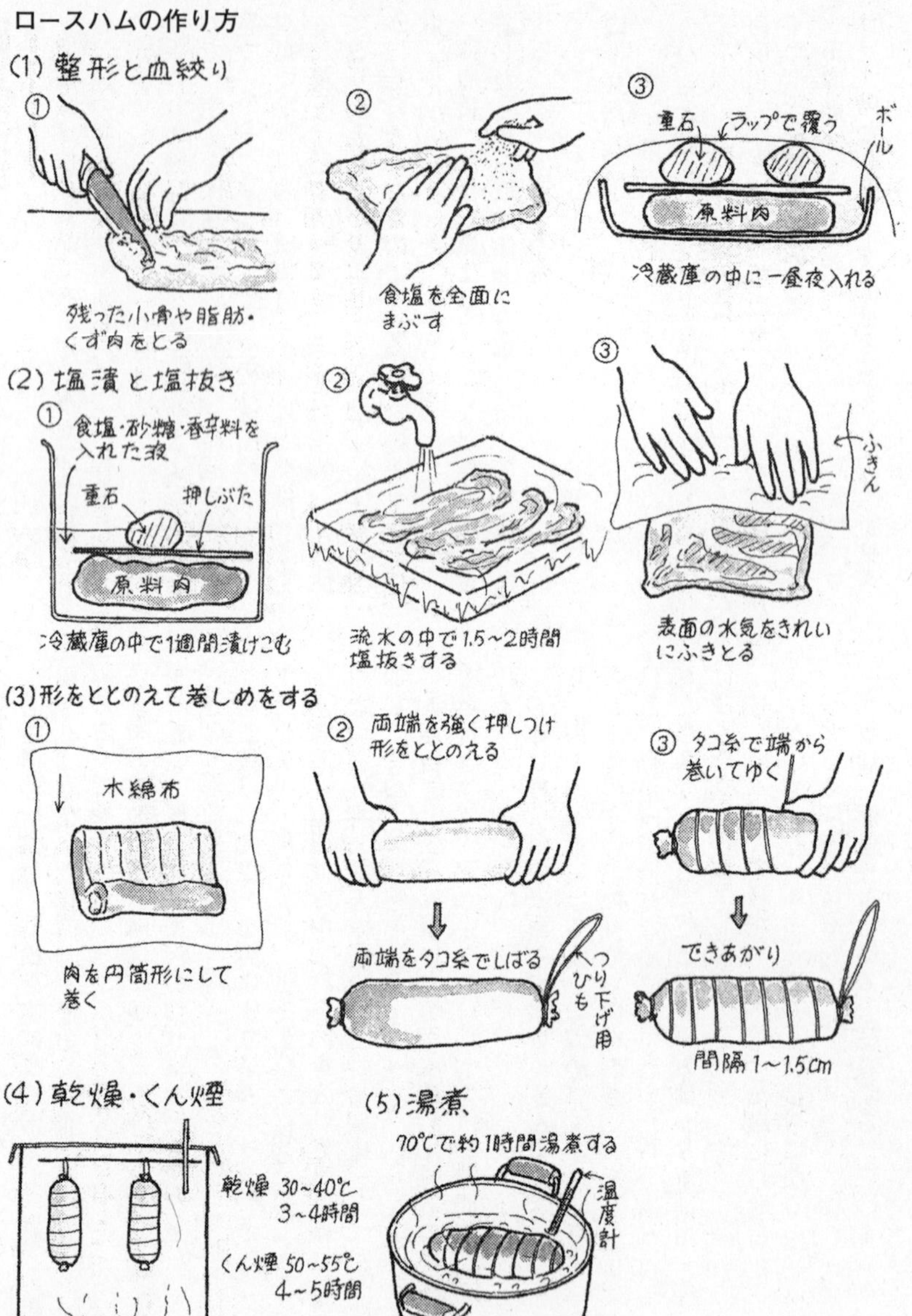

ロースハムの作り方
(1) 整形と血絞り
①
残った小骨や脂肪・くず肉をとる
②
食塩を全面にまぶす
③
重石
ラップで覆う
ボール
原料肉
冷蔵庫の中に一昼夜入れる
(2) 塩漬と塩抜き
①
食塩・砂糖・香辛料を入れた液
重石
押しぶた
原料肉
冷蔵庫の中で1週間漬けこむ
②
流水の中で1.5～2時間塩抜きする
③
ふきん
表面の水気をきれいにふきとる
(3) 形をととのえて巻しめをする
①
木綿布
肉を円筒形にして巻く
② 両端を強く押しつけ形をととのえる
両端をタコ糸でしばる
つり下げ用ひも
③ タコ糸で端から巻いてゆく
できあがり
間隔 1～1.5cm
(4) 乾燥・くん煙
乾燥 30～40℃ 3～4時間
くん煙 50～55℃ 4～5時間
炭火
(5) 湯煮
70℃で約1時間湯煮する
温度計

ベーコン

ベーコンは、豚の脇腹肉を塩漬して燻煙したものである。市販の豚の三枚肉を使って作るが、本格的に骨付き三枚肉を購入して作るのも楽しい。

本来は、豚肉の長期保存用として作るが、自家製では風味などを考慮して塩味を抑えるため（ソフトベーコン）、半月程度で食べ終えるようにする。

またベーコンは湯煮を行なわないので、食べるときは必ず加熱することが必要である。

作り方のポイントは、材料肉の選択で、骨付き肉から始めるときは必ず血絞り作業から行なうこと。市販の三枚肉の場合は、脂肪の厚みのある、重さ一・五～二・〇kgぐらいで新鮮なものを用いる。

〈用具〉

まな板、大型のバット、包丁、重石、ビニール布か袋（大きめのもの）、清潔なふきん、カップ、たこ糸、燻煙装置、温度計。

〈作り方〉

①骨の除去 骨付き肉の場合、周辺の肉に傷をつけないよう肋骨、肋軟骨にそって刀（先の鋭角な包丁を使用するか刺殺刀を用いる）を入れ、骨を除く。むずかしい作業であるが、骨の除去は左図の要領で行ない、肉に深い切り込みなどが残らないよう注意して作業を行なうこと。

②肉の整形　骨抜き後の肉は、長方形に形を整え、余分な部分をそぎ取る。

③血絞り　食塩を肉の全面によくすり込み、ビニール布で包むか袋の中に入れ（血液が流れ出るよう口をあけておく）、バットに入れる。まな板か鍋蓋をかぶせ軽く重石をして、冷蔵庫に一昼夜入れておく。ベーコンは肉色を重視するので、肉がなるべく空気にふれないように、ビニールなどで丁寧に包んで血絞りする。

（以下は市販の三枚肉も同様）

④塩漬　食塩と砂糖を混ぜ合わせた塩漬用塩を、肉の表面にすり込む。三分の二量を赤肉の部分に、残りを脂肪の部分に押しつけるようにしてすり込むとよい。ビニール布か袋の中に包み込み、バットの中に入れ、軽く重石をして四～五℃の冷蔵庫内で塩漬する。塩漬は四～五日間を標準とする。

⑤塩抜き　表面を冷水でよく洗い、食塩や肉片などを洗い流した後、流水中で四〇～六〇分塩抜きを行なう。

⑥陰干し　塩抜きの終わった肉は、乾いたふきんで水気をふきとった後、肉をぶら下げられるようたこ糸を通し（またはS字型の針金を使用してもよい）、ぶら下げて表面が乾燥するまで陰干しする。

⑦乾燥　乾燥は炭火で（四〇～五〇℃）二～

材料と配合割合

豚の三枚肉
……………（骨抜き整形後の重さ）1.5～2.0kg
食塩……………（肉の重量の3～4%）45～80g
砂糖…………………（肉の重量の1%）15～20g
血絞りを行なう場合の食塩
……………………（肉の重量の1%）15～20g

ベーコンの作り方

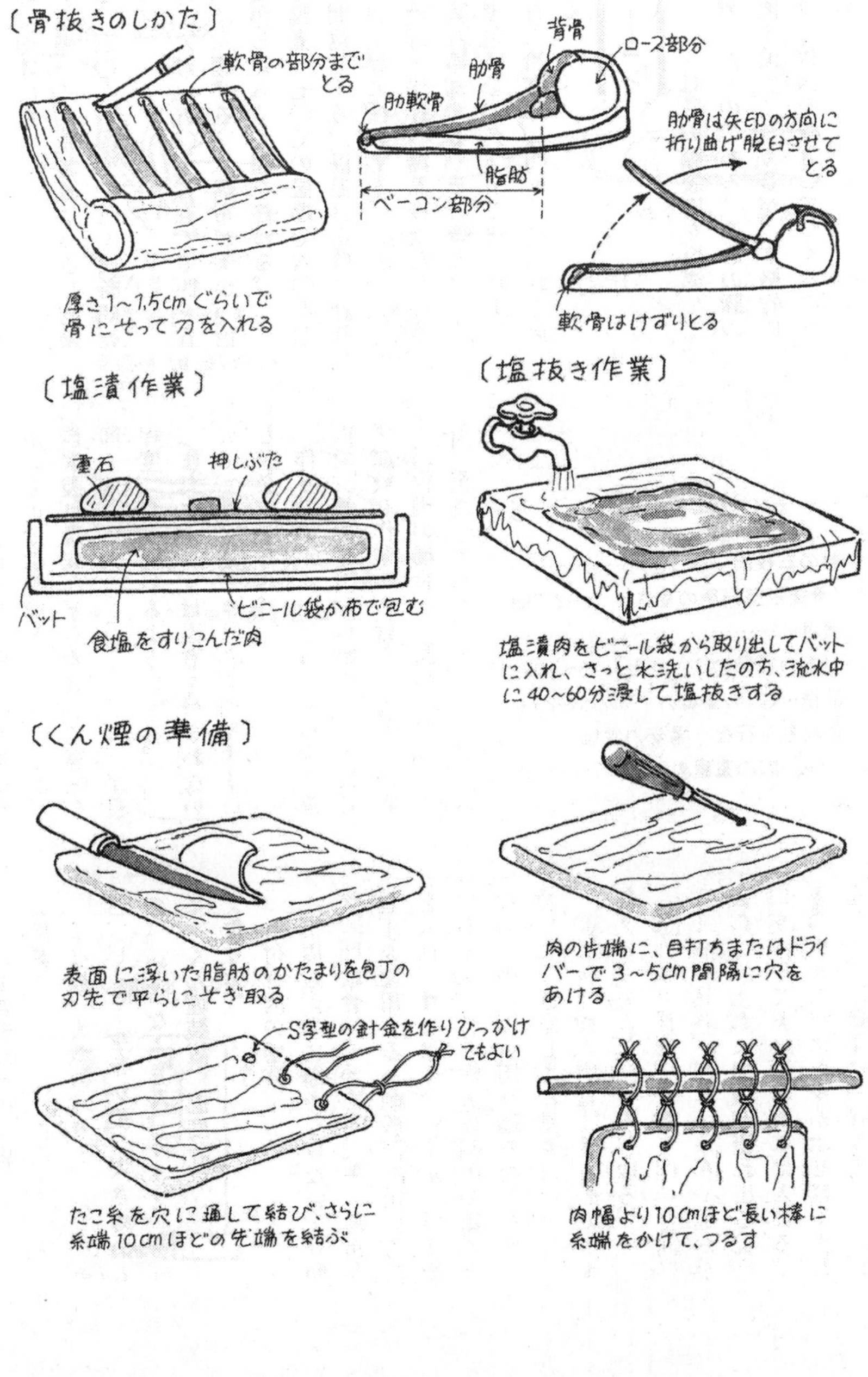
〔骨抜きのしかた〕
軟骨の部分までとる
背骨
ロース部分
肋骨
肋軟骨
脂肪
ベーコン部分
肋骨は矢印の方向に折り曲げ脱臼させてとる
厚さ1～1.5cmぐらいで骨にそって刀を入れる
軟骨はけずりとる
〔塩漬作業〕
重石
押しぶた
バット
ビニール袋か布で包む
食塩をすりこんだ肉
〔塩抜き作業〕
塩漬肉をビニール袋から取り出してバットに入れ、さっと水洗いしたのち、流水中に40～60分浸して塩抜きする
〔くん煙の準備〕
表面に浮いた脂肪のかたまりを包丁の刃先で平らにそぎ取る
肉の片端に、目打ちまたはドライバーで3～5cm間隔に穴をあける
S字型の針金を作りひっかけてもよい
たこ糸を穴に通して結び、さらに糸端10cmほどの先端を結ぶ
肉幅より10cmほど長い棒に糸端をかけて、つるす

三時間、表面が完全に乾き、肉が淡紅色になるまで行なう。

⑧燻煙　燻煙は五〇℃前後で、一昼夜行なう。ベーコン肉の大きさ、重量によって燻煙時間は異なるが、ベーコンの場合は燻煙の風味よりも、防腐性を高めたり、肉色をよくすることを目的としているので、最低二四時間は必要である。燻煙温度は五五℃以下で行なうことが大切である。

一般に、市販されているベーコンなど肉加工品では、発色剤（亜硝酸ナトリウム）が使用されるが、自家用には必要ない。

ソーセージ

ソーセージは、牛・豚・鶏などのひき肉に、脂肪を加え、香辛料で調味した後、家畜の腸（主に豚と羊の小腸が使われる）に詰め、燻煙、湯煮したものである。

ソーセージの種類は非常に多くあるが、水分量によって、ドメスティックソーセージ、セミドライソーセージ、ドライソーセージなどに分類する方法がある。また、燻煙、湯煮するスモークドソーセージ、燻煙せずに湯煮するクックドソーセージに分けられる。スモークドソーセージの代表的なものとして、ウインナーソーセージ、フランクフルトソーセージ、ボロニアソーセージ、リオナソーセージなどがある。またクックドソーセージの代表的なものとして、レバーソーセージ、ブラッドソーセージがある。

腸の入手やその処理がむずかしいため、天然の腸はあまり利用されなくなり、通気性のある人工の腸（人工ケーシング）が利用されている。

作り方はいろいろあるが、一般的なポークソーセージ（豚肉だけを使用したもの）で、フランクフルトソーセージ（豚の小腸の大きさのケー

材料と配合割合

豚赤肉	2kg
豚脂肪肉	500g
氷	400g
鶏ひき肉	200g
コショウ粉末	10g
ナツメグ	2〜3g
オールスパイス	1〜2g
化学調味料	5g
タマネギ	25〜30g
砂糖	10〜20g
食塩	60g（赤肉の3%）
ケーシング	2.5〜3mm分
（コーンスターチ	100g）

ソーセージの作り方

(1) 材料の前処理
① 豚赤肉、脂肪を別々に細切りする
脂肪は1cm角に細切りする
② 3%量の食塩を加えて混ぜ合わせる
食塩
③ 別々に塩漬する
重石
ビニール布をかける
脂肪
ボールなど
赤肉
(2) ひき肉・調味・練り合わせ
① ひき肉
チョッパー
赤肉・脂肪別にひき肉にする
② 調味、練り合わせ
赤肉のひき肉と細かく砕いた氷水を入れてねる
香辛料、調味料を加えて練る。粘りがでたら最後に脂肪のひいたものを加えて練る
(3) 充てん（ケーシングづめ）
ねりあげた材料肉
充てん口を肉ひき器の先につける
ケーシングをかぶせてハンドルを回すと、ケーシングに肉がつまる
詰めすぎないように注意
少量の簡便法
材料
棒でつめ込む
ロート
ケーシング
長くつめたものを10cmの長さにねじる
(4) 乾燥
30〜40℃で1〜2時間
(5) くん煙
30〜50℃で2〜3時間くん煙徐々に温度をあげ、終了ぎわに50℃にする
(6) 湯煮（ボイル）
70℃
70〜75℃で1時間 湯煮する温度に注意
(7) 仕上げ
冷水中ですぐに冷やす中心部まで冷えることが必要
乾燥した後、冷蔵庫で保存（4℃）

シングに詰めたもの）に似せたものを紹介する。材料など工夫していろいろと作ってみるのも手作りの楽しみである。

〈用具〉

最低用意しなければならないものとして、肉ひき機（チョッパー）、肉詰め用具（チョッパー代用などを考える）、ケーシング、燻煙装置、ほかにボール、バット、温度計など。

〈作り方〉

①肉の細切りと塩漬　脂肪の少ない赤肉を一cm角に切り、三％量の食塩をよくまぶして、五℃前後の冷蔵庫で三～四日おく。脂肪も同様に行なう。一緒に混ぜない。空気にふれると肉色が変わるので、ラップなどで表面を覆い直接空気にふれないよう注意する。

②ミンチ　赤肉は、なるべく目の細かいプレート（穴のあいた円盤）でひき肉にする。鶏肉は、あらかじめ少し食塩を加えてすり鉢ですっておく。

脂肪は、赤肉よりやや目の荒いプレートを使用する。肉の温度が上がらないよう、なるべく手早く処理する。

③調味と練り合わせ　赤肉のひき肉に氷水を入れ、清潔な手でよく練り合わせる。粘りがでてきたら香辛料、玉ねぎ汁（みじん切りしてすりつぶした汁）を加え、さらに練り合わせる。最後に脂肪のひき肉を入れ、手早くまんべんなく混ぜ合わせて練る。脂肪は温度が上昇すると融けるので、低温で作業する。

②でつなぎに鶏のひき肉を使わない場合は、粘りがでたところで、コンスターチを香料、玉ねぎ汁と一緒に加えてもよい。

④詰め込み　肉ひき機に充てん口をつけ、ケーシングをつけて、練り上げた材料肉を詰め込む。強く硬めに詰めると湯煮の際、ケーシングが破れたりするので、自然に入っていく量だけ詰める。一個の長さを一〇cmから二〇cmぐらいにしてねじる。ねじる方向は同じに。詰め終わったものは、ぶら下げて表面の水気が切れるまで風乾する。

⑤乾燥　三〇～四〇℃の温度で、一～二時間炭火で乾燥する。

⑥燻煙　燻煙器の煙が十分に出てから、二～三時間燻煙する。始めは三〇℃前後で燻煙し、徐々に温度を上げ、終わりは五〇℃とする。

⑦湯煮　燻煙終了後、七〇～七五℃の温湯で約一時間湯煮する。湯温の低下、上昇の無いよう温度計で計測しながら、正確に温度を保つことが大切である。

⑧水冷と保存　湯煮の後、ただちに冷水に入れて冷やす。保存は半月（冷蔵庫四℃で）以内、早めに食べる。

鶏の燻製（燻鶏）

作り方のポイントは、新鮮な若鶏肉を使うこと、作業はなるべく低温で素早く行なうこと、湯煮や燻煙の温度・時間を正確に慎重に行なうことである。出来上がりまでに七～八日間かかるので、作業計画を立てて作ることが必要である。

〈用具〉

大型の鍋、ホウロウ引きのタンクかステンレスのバケツか桶、たこ糸、温度計、ボール、燻煙装置。

〈作り方〉

①解体　生きた鶏から作る場合は、燻鶏用に解体する。

②血絞り　食塩を、体全面と腹部の中までよくすり込む。冷蔵庫（四℃）の中に一昼夜入れて血絞りを行ない、肉をしめる（必ず行なうこと）。

③塩漬液を作る　鶏がたっぷり浸る量の、塩漬液を用意する。あらかじめ鶏を水に浸してみて、必要量を計量するとよい。食塩と砂糖を入れ、約一〇分間沸騰させ殺菌する。月桂樹の葉を入れる。

④塩漬　塩漬液に鶏を漬け、浮き上がらないよう軽く押し蓋をして重石をのせる。漬け容器はあらかじめよく洗浄し、熱湯で殺菌したものを使用する。ビニール袋の中に入れてもよい。

凍らせないようにして、冷蔵庫内で約一週間（五～六日）塩漬する。数羽一緒に塩漬する場合は、鶏体が密着しないよう容積の大きな容器で行なうこと。

⑤塩抜き　塩漬した鶏は、流水中で三〇～四〇分間浸して塩抜きする。冷水中で二～三回水を取り換えながら行なってもよい（三〇～四〇分）。塩抜きを十分行なわないと、塩味の濃い塩辛い肉となる。

⑥整形　手羽やももの部分を整えるため、ひもかけを行なう（次頁の図）。きつくしばると、湯煮したとき糸が肉にくい込み、仕上がりがわるくなる。

⑦湯煮　湯煮は殺菌と風味出しのために行なう。燻鶏はそのまま食べるので、十分に熱を通しておくことが大切である。七〇℃の温湯の中で約三〇分（一kg程度のもの）～五〇分（二kg前後のもの）湯煮すると、肉の中心温度が六〇℃以上になり、おいしい肉に仕上がる。湯温が八〇℃以上になると、肉がぼそぼそになり風味も失われる。七〇℃以下では熱が十分に通

らない。

⑧**水切り**　湯煮が終わったら、つり下げて水切り（乾燥）する。水気があると、表面にすすが付着したり着色もわるくなる。

⑨**乾燥**　炭火で約一時間乾燥する。乾燥温度は四〇℃前後。

⑩**燻煙**　乾燥が終了したら、五〇～六〇℃で煙がよく出てから三～四時間燻煙する。表面に照りがついたら終了。燻煙は温度を一定に保ち、煙の出し具合を加減する。すすやほこりが立たないよう注意することが大切である。

⑪**保存**　燻煙が終わったら鶏を冷まし、ラップで包むか、ビニール袋の中に入れ、冷蔵庫で保存する。十日前後で食べ終えること。

鶏の解体

鶏は、羽毛につやがあり、皮ふに弾力があるもの、とさかが赤く、適度に太っているもので発育良好なものがよい。利用目的に合った飼育日数、体重のものを使う。

〈**屠殺**〉

①鶏は屠殺前日より餌を与えず水分だけにし、静かにして囲いの中に入れておく。

②脚と羽をしばり、首の頸動脈と頸静脈を刀で切断し、頭を下にして放血する。放血を完全に行なわないと肉色、風味がわるく腐敗しやすくなる。

③七〇℃の温湯の中に約五分間浸す。温度が高いと皮ふが破れやすくなり、また温度が低いと羽毛が抜けにくくなる。

④冷めないうちに太い羽毛から先に抜きとり、全羽毛を引き抜く。綿毛や残羽をきれいに除去し、表面を冷水でよく洗い、乾いた布切れでふいて水気をとる。表皮を火で軽く焼いてもよい。

⑤風通しのよい所にぶら下げるか、冷蔵庫に一昼夜おく。これは肉の熟成を行ない、風味を増すためである。加工品の場合は必要ない。

〈**解体の仕方**〉

部分肉として加工するものと、体のままを加工するもの（ローストチキンなど）によって、

材料と配合割合

若肉鶏1羽（内臓を抜いて下ごしらえずみ）	1～1.2kg
血絞り用食塩	45g
塩漬用（水5ℓ当たり）	
食塩（水重量の5%）	250g
砂糖（水重量の1%）	50g
月桂樹の葉	5～6枚

鶏の燻製の作り方

(1) 下ごしらえ
食塩を表面全体と腹部の中までよくすり込む
食塩
1羽当たり 45～50g
(2) 塩漬けの方法
押しぶた
重石
漬け液
容器は殺菌しておく
浮き上がらないよう軽く押しぶたをして重石をする
(数羽一緒にする場合)
押しぶた
重石
つけ込み液
ホウロウタンクなど
(ビニール袋を利用した場合)
厚手のビニール袋の中に漬け液とニワトリを入れる
ひもで堅く縛る
(3) 塩抜き
塩漬けしたニワトリは、流水に30～40分間浸して塩抜きする
冷たい水
表面のぬめりをとる
(4) ひも掛け(整形)の要領
タコ糸
両脚をひもで堅く縛り、つり下げ用の輪をつくっておく
(5) 湯煮
ニワトリがじゅうぶんに入る鍋を使う
70℃ 温度の上昇に注意する
ニワトリが浮き上がらないように、温湯の中によく浸るようにして煮る
(6) 乾燥(水切り)
ひもでつるす
風通しのよいところで、約3時間水切りし、表面をよく乾かす

鶏の解体法

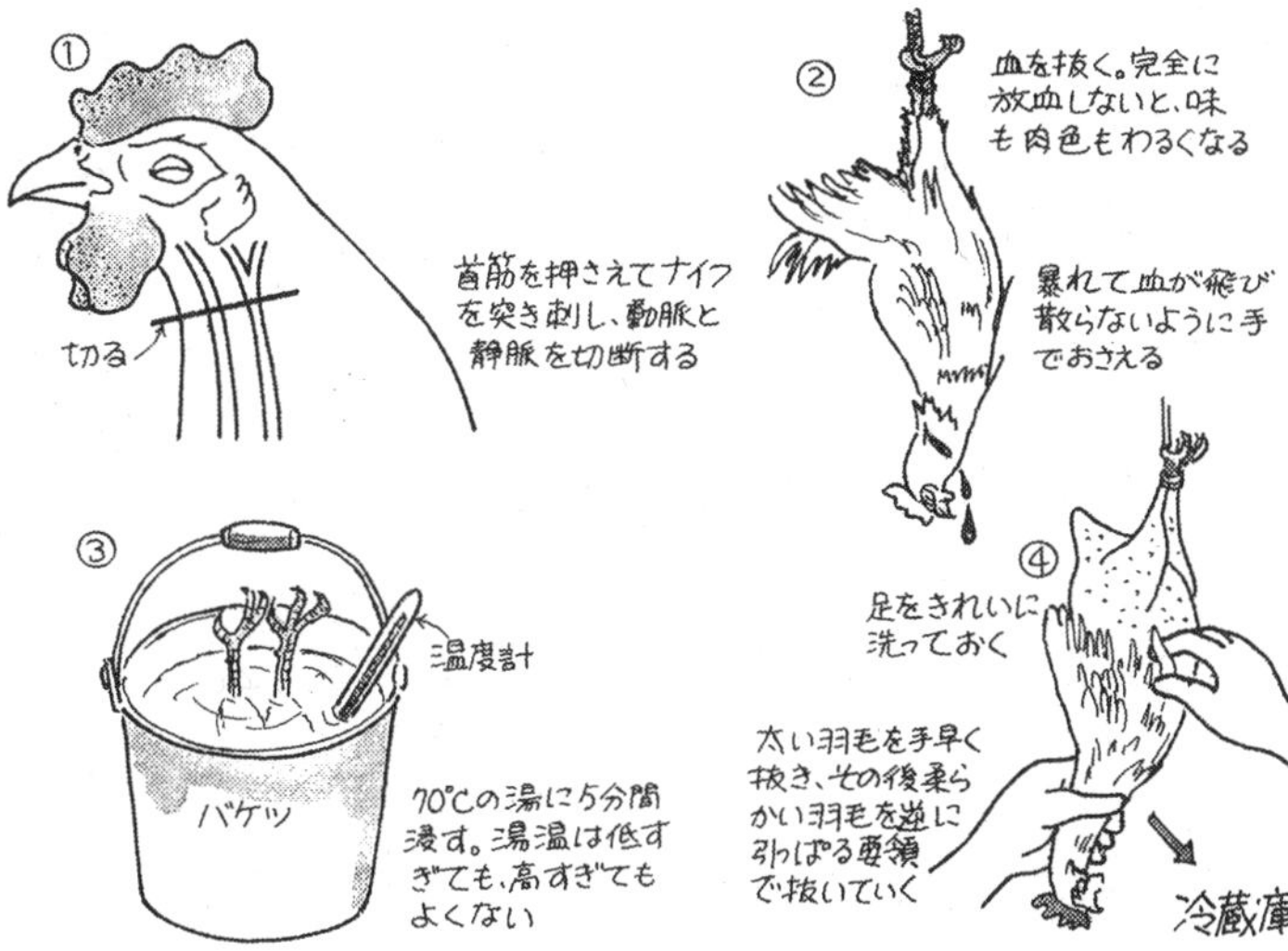
①
切る
首筋を押さえてナイフを突き刺し、動脈と静脈を切断する
②
血を抜く。完全に放血しないと、味も肉色もわるくなる
暴れて血が飛び散らないように手でおさえる
③
温度計
バケツ
70℃の湯に5分間浸す。湯温は低すぎても、高すぎてもよくない
④
足をきれいに洗っておく
太い羽毛を手早く抜き、その後柔らかい羽毛を逆に引っぱる要領で抜いていく
冷蔵庫へ

(2)　鶏の部分肉用の解体法

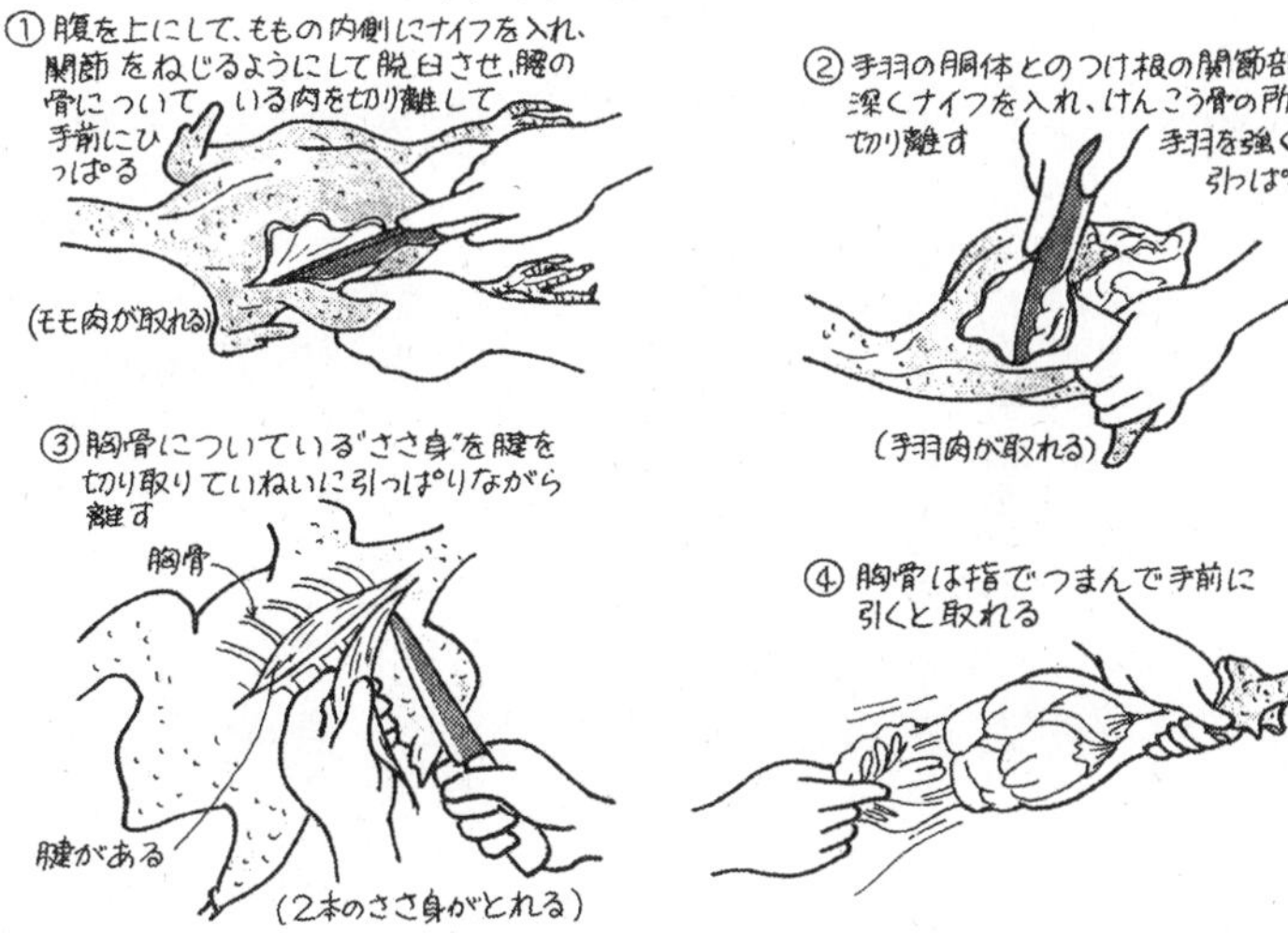
① 腹を上にして、ももの内側にナイフを入れ、関節をねじるようにして脱臼させ、腱の骨についている肉を切り離して手前にひっぱる
（モモ肉が取れる）
② 手羽の胴体とのつけ根の関節部に深くナイフを入れ、けんこう骨の所で切り離す
手羽を強く引っぱる
（手羽肉が取れる）
③ 胸骨についている"ささ身"を腱を切り取りていねいに引っぱりながら離す
胸骨
腱がある
（2本のささ身がとれる）
④ 胸骨は指でつまんで手前に引くと取れる

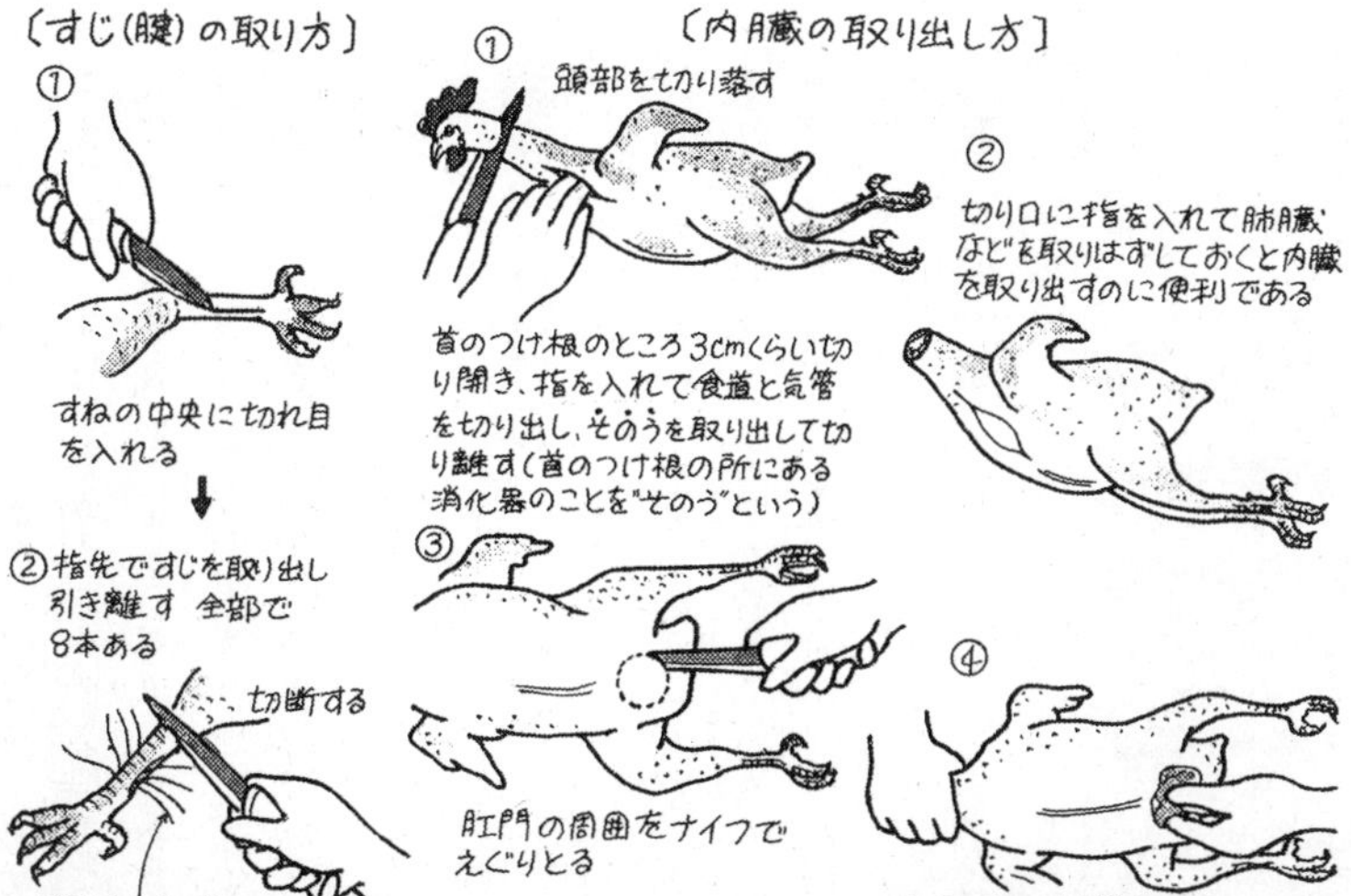
〔すじ（腱）の取り方〕
①
すねの中央に切れ目を入れる
② 指先ですじを取り出し引き離す　全部で8本ある
切断する
取り出したすじ
すねを切り取る
〔内臓の取り出し方〕
① 頭部を切り落す
②
切り口に指を入れて肺臓などを取りはずしておくと内臓を取り出すのに便利である
首のつけ根のところ3cmくらい切り開き、指を入れて食道と気管を切り出し、そのうを取り出して切り離す（首のつけ根の所にある消化器のことを"そのう"という）
③
肛門の周囲をナイフでえぐりとる
④
手を入れて内臓を指でえぐりとり、全部取り出す。肺臓が残りやすいので注意

それぞれ処理する。

①部分肉用に解体するときは、もも肉、肩肉、手羽肉、ささ身、内臓、骨（ガラ）の順にさばく。硬い筋をとるとき、骨を抜くときは、肉をこま切れにしないよう注意する。

②もも肉には、下腿骨と大腿骨があるので取り除く。八本ある筋は、すねに切れ目を入れ引き抜く。廃鶏の場合は皮をはぎとる。

③手羽肉には三本の小骨があるので取り除く。

④首肉は包丁で刻むようにして取り、ひき肉にする。

⑤骨は適当な大きさに切って、スープなどの材料にする。

⑥ローストチキンなどには、全体をそのまま使用するので、外側（表皮）に傷をつけないよう、また、内臓取出しのための開口部はなるべく小さくする。内部には内臓や血液が残らないよう、指でよく取り出し水でよく洗っておく。

⑦解体はなるべく低温で、すばやく処理する。脚を切断する前に、必ず腱を抜いておくことが大切である。

⑧食用にできる内臓は、肝臓、心臓、砂ぎもである。これらを内臓から切り離しよく、水洗いし処理する。腐敗しやすいので、すぐに冷蔵庫に入れる。

『家庭でつくるこだわり食品1』より

魚の扱い方

佐多正行、矢住ハツノ

魚の死後硬直

魚が死んだ直後は、肉は柔らかい。その後、早ければ一〇分後に、遅い場合には四～五時間後に、魚体はコチコチに固くなり、肉は透明感がなくなり、コリコリした歯ざわりになる。これを「死後硬直」という。死後硬直の持続時間は二～二〇時間といわれる。

硬直に入る時間や硬直の持続時間は、魚種や保存温度、魚の栄養状態、魚の致死条件などによって違ってくる。同魚種でも、即殺した魚は苦悶死させた魚より死後硬直が遅く起こり、硬直度合も大きく、硬直持続時間も長い。硬直に入る時間をできるだけ遅らせ、硬直持続時間をできるだけ長くするために、漁獲後ただちに魚を殺し、内臓を除いて氷蔵などによる低温貯蔵の方法がとられている。

一般に青魚（サバ、イワシ、ブリなど）は白身魚（タイ、ヒラメ、スズキなど）に比べ硬直が早くはじまり、硬直時間も短い。

死後硬直がすぎると、魚体中の分解酵素によって自己消化が起こり、筋肉は再び柔らかくなる。これを「解硬」という。軟化した魚は組織が柔らかいので腐敗細菌が侵入し、腐りやすくなる。このような魚は鮮度が低下し、いわゆる活きがわるく、うま味も低下する。

魚は、死後硬直中のものを買ってきて、硬直中か硬直が解けはじめたころに食べるのがよい。

原料の持ち味を尊重する日本料理では、魚は鮮度が大事になる。一番鮮度のよいものは刺し身で食べ、次は焼いて食べ、さらに落ちると煮て食べる。

加工には保存性、安全性のうえから、できるだけ鮮度の高いものを原料にしたいものである。

魚の旬

魚類のおいしい時期は、産卵前の脂ののった時期である。産卵後は脂肪が減り、エキス分の濃度も薄くなって急に味が落ちる。大部分の魚は秋から冬にかけて脂肪がのり、おいしくなる。

しかし、必ず産卵前が魚の旬とは限らない。春産卵のサヨリ、夏産卵のハモ、キス、イサキ、カワハギは夏が旬で、サンマは秋が旬である。魚がたくさん獲れて市場にさかんに出回る時期で、安くておいしいものを旬という場合があり、地方によって旬の時期が多少ずれることがある。

冷凍技術が発達した最近では、旬の感覚もしだいに遠のいてきている。

鮮度の見分け方

魚の外観やにおいなどから、「五感」を使って鮮度を判定する方法が昔から行なわれてきた。熟練すれば、正確で迅速な判定が可能である。

眼　透明で張り出していれば鮮度がよく、

魚の旬

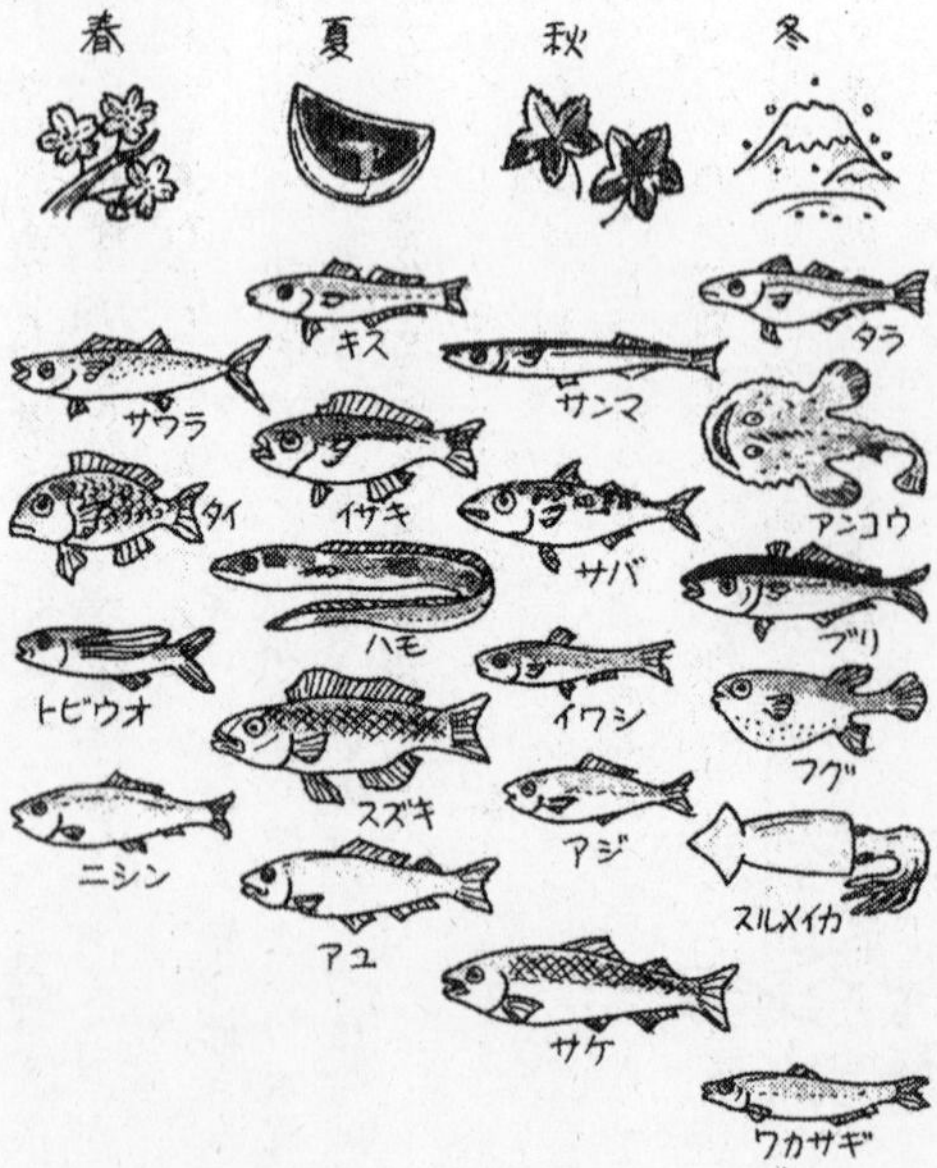
春
夏
秋
冬
キス
タラ
サワラ
サンマ
アンコウ
タイ
イサキ
サバ
ハモ
ブリ
トビウオ
イワシ
フグ
スズキ
アジ
ニシン
スルメイカ
アユ
サケ
ワカサギ

眼が落ちこみ、にごっているものは鮮度が落ちている。

エラ　もっとも腐敗しやすい部分である。鮮紅色をして、においのわるくないものがよく、鮮度が落ちるにしたがって赤色からしだいに灰色がかってきて、ついには暗緑色に近くなる。ただし、氷水に浸かったエラは脱色され、新鮮なわりには変色して見えることがある。

腹部　新鮮なものは腹部がしまっていて、弾力がある。古くなると腹部が柔らかくなり、肛門から腸の内容物が出てくる。

皮膚　光沢があり、特有の色彩があるものは新鮮である。鮮度低下とともに光沢が薄れ、退色する。

肉　新しい魚肉は弾力があり、透明感がある。新鮮なほど骨から肉が離れにくい。古くなると弾力を失い、不透明になる。

切身が新しい場合、弾力があって切口につやがあり、皮の部分が弓状に収縮している。白身の魚が古くなると褐色を帯び、赤身の魚が古くなると黒みを帯びてくる。

臭気　古くなるにつれて生臭くなり、悪臭を放つ。においは腐敗のもっともよい判定基準となり、とくにエラや内臓のにおいが注目される。

死後硬直　硬直中の、尾と頭が腹部を中心に両方にピンとしているものは鮮度がよい。

冷凍魚

魚は変質しやすいものであるが、冷凍技術の進歩で漁獲直後の新鮮なものを凍結することによって、漁獲直後の活きのよさが固定され、鮮魚よりむしろ鮮度のよい冷凍魚が出回るようになった。しかし、冷凍貯蔵期間が長くなるといろいろな品質劣化が起こる。風味が抜けたり、舌ざわり、歯ざわりがわるくなり、まずくなる。

鮮魚と冷凍魚を解凍したものの区別は、素人にはつきにくくなっている。しかし、鮮度低下の速度は明らかに解凍魚のほうが速いから、できるだけ早く処理する必要がある。

冷凍魚を購入する場合の品質判定は、ドリップ（半解凍した肉片の水のにじみ）が多ければ品質がわるいと知ることができるが、外見だけでは判定しにくい。買物の最後にし、新聞紙を用意していき、二重、三重に包んでもち帰り、すぐに冷凍庫に入れるようにする。

近頃、家庭用冷蔵庫も大型化しフリーザーつきのものが普及して、食べ残しや、安いので大量に買いこんだものの処理を中心に、ホームフリージングが盛んである。ホームフリージングには次の点を注意する。

①小さい魚はなるべく包丁を入れずに、丸のまま冷凍する。

②すり身やひき肉は細胞がこわれているので、冷凍しても日持ちがわるい。

③タラ、エビ、カニはふり塩をして脱水したり、加熱して冷凍するが、長期間の保存は無理である。

④脂肪の多いイワシ、サバなどは酸化しやすいので、長期間の保存は無理で、とくに塩をしたものは酸化が早い。

⑤どんな魚もラップで包装して冷凍する。

以上の点を注意して冷凍しても、その貯蔵期間は一か月以内とし、なるべく早く食べてしまうのが無難である。

解凍の方法は、なるべく一〇℃以下の冷蔵庫で自然解凍する。皮つきの魚は流水や氷水の中でもどす方法もある。

包丁が入るようになる、中心部の温度がマイナス五℃ぐらいになるまでもどしたら、小さく切って解凍を促進する。もどしすぎないよう注意する。中心部の温度がマイナス三℃になったら、調理や盛りつけに移るのがコツである。一度解凍したものは、再凍結させても日持ちがわるく、味も落ちるので、二度の冷凍をしないようにする。

『家庭でつくるこだわり食品1』より

魚の干物の作り方

川崎賢一　富山県食品研究所

アジ開き干し（静岡県）

- 原料：比較的脂ののりのよい20cm前後のマアジを用いる。原料はほとんど凍結魚を用いる
- ↓
- 鰓・内臓除去
- ↓
- 二枚おろし：腹開きし鰓（えら）と内臓を摘出する
- ↓
- 水洗い
- ↓
- 塩漬け：15～20％の食塩水に30分前後浸漬する。塩水温度を2～5℃に冷やす
- →
- 水洗い
- ↓
- 乾燥：20℃前後の冷風で水分70％前後まで乾燥する
- ↓
- 凍結：凍結は，−50℃程度で急速凍結し，その後，検品・検量後，トレー・袋詰めし，ラップかけをし，金属検知器にかけた後，箱詰め，冷蔵庫保管する

（資料提供：静岡県水産試験場，嶌本淳司）

アジ丸干し（長崎県）

- 原料：低脂肪で小型（尾叉長15cm前後）のマアジを用いる
- ↓
- 鰓・内臓除去：鰓ぶた側から包丁を入れて，鰓と内臓を摘出する
- ↓
- 塩漬け：10～20％の食塩水に30分前後浸漬する
- →
- 水洗い
- ↓
- 乾燥：冷風乾燥機（24℃前後）で水分60％前後まで乾燥する。天日乾燥もある
- ↓
- 凍結

（資料提供：長崎県総合水産試験場，黒川孝雄）

サンマ、アジ開き干しおよびサバ文化干し（千葉県）

- 原料：−20～−30℃貯蔵したサンマ，アジ，サバを用いる
- ↓
- 解凍：サンマは予備室で，アジ，サバは解凍機で解凍する
- ↓
- 調理：サンマは手で背開きにし，鰓や内臓を除去する。アジは手もしくは機械で腹開きにし，鰓や内臓を除去する。サバはフィレで頭の先を少し切った状態にする
- ↓
- 水洗い
- ↓
- 塩漬け：15％～飽和の食塩水に15分前後，漬け込む
- ↓
- 水洗い
- ↓
- 乾燥：サンマはほとんど乾燥せず水切りのみとする。アジ，サバは25～27℃の冷風で1時間乾燥する
- →
- 包装：乾燥後セロファンに包んで出荷するものが多い

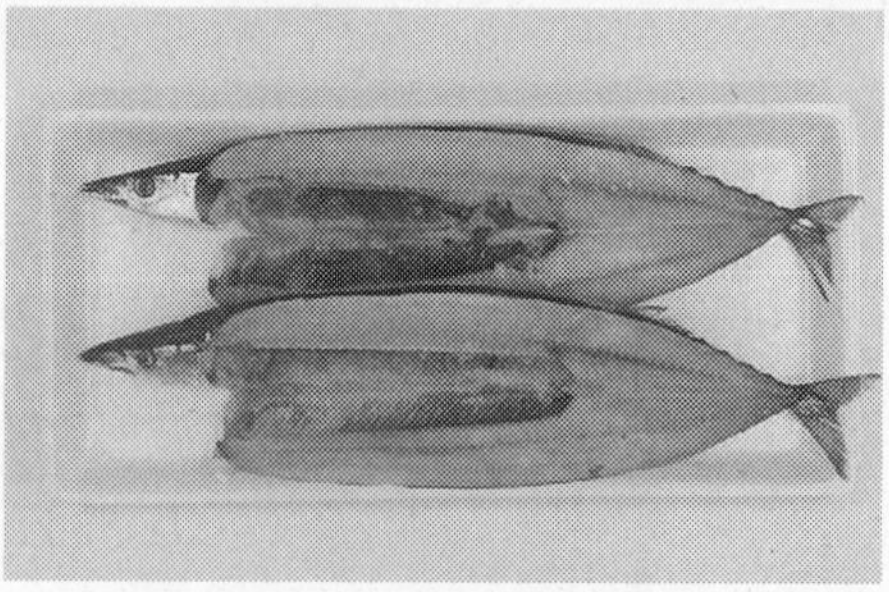

〈その他〉

流通形態はほとんどが冷凍で，冷凍温度は，以前は−20℃程度であったが，最近は−30℃程度で凍結することが多い。

（資料・写真提供：千葉県水産研究センター，滝口明秀）

イワシ丸干し（千葉県）

原　料 → 解　凍 → 塩漬け → 水洗い → 串刺し → 水洗い → 乾　燥 → 包　装

- **原　料**：イワシ丸干しの原料には，マイワシ，カタクチイワシ，ウルメイワシを用い，脂の多いものは半干品（重量で10～15％程度減少する乾燥），脂の少ないものは上干品（水分が15％程度）にするように振り分けている（冷凍原料は－20～－30℃で貯蔵）
- **解　凍**：食塩水（15％）中で自然解凍する
- **塩漬け**：15％～飽和食塩水に15分間漬け込む
- **水洗い**
- **串刺し**：頬刺しする
- **水洗い**
- **乾　燥**：冷風乾燥機（25℃前後）で1時間程度乾燥する。以前はほとんど温風乾燥機を用いていた
- **包　装**

〈その他〉

カタクチイワシの丸干しは10cm前後の小さいものを原料とした水分の少ない上干物（硬干し）用で，この上干物の場合，製品表面の皮のしわの寄り具合やつやが商品価値に大きく影響するため，ほとんど生原料を用いて，冷風乾燥（25℃前後）で仕上げる。脂質含量の少ないマイワシも硬干しにすることがあるが，これらの原料は冷凍物を使用している。

出荷の形態は，マイワシ丸干しは，1尾ずつ底の浅い発泡スチロール（エチ箱と呼ぶ）に入れ，これを何段かに重ねて段ボールに入れて出荷する。カタクチイワシの丸干しは，目刺しにして4尾を1本の串に刺して出荷する。なおマイワシでも小さいサイズ（50g程度）のものは同様にする。硬干しの出荷形態は，乾燥時には頬刺しにして乾燥後バラにして出荷する。

流通形態はほとんどが冷凍で，冷凍温度は，以前は－20℃程度であったが，最近は－30℃程度で凍結することが多い。

（資料・写真提供：千葉県水産研究センター，滝口明秀）

アゴ（トビウオ）開き干し（長崎県）

原　料 → 鰓・内臓除去 → 二枚おろし → 水　洗　い → 塩　漬　け → 水　洗　い → 乾　燥 → 凍　結

- **原　料**：初夏に漁獲されるトビウオ（ホソトビ等）を用いる
- **鰓・内臓除去**
- **二枚おろし**：背開き（頭部も裁割）し，鰓や内臓を摘出する
- **水　洗　い**
- **塩　漬　け**：10～20％の食塩水に30分前後浸漬する
- **水　洗　い**
- **乾　燥**：20～24℃の冷風で表面の水気がなくなる程度に乾燥する
- **凍　結**

〈その他〉

産卵期のため脂肪含量が高く，油焼けしやすい。

（資料・写真提供：長崎県総合水産試験場，黒川孝雄）

アゴ（トビウオ）丸干し　（長崎県）

工程	内容
原　料	初秋に漁獲される小型（尾叉長15cm前後）のトビウオを用いる
水洗い	海水で鱗やヌメリを除去する
塩漬け	撒塩法：魚体重量の5～8％で4～6時間浸漬する 立て塩法：ボーメ15度前後の3～5倍量の食塩水に6～8時間浸漬する
水洗い	
乾　燥	天日で2～4日間乾燥する

〈その他〉

市販品の塩分は3～11％と幅があり，大手業者の製品は3～5％と概して低い。市販品の水分は30～60％と幅があり，大手業者の製品は50～60％と概して高い。

本製品は漁家加工されるものが多く，今日でも高塩分（8～10％），低水分（30％前後）のものが作られているが，専門加工業者のものは低塩分，高水分で，冷凍保存が不可欠である。

（資料・写真提供：長崎県総合水産試験場，黒川孝雄）

アマダイ開き干し　（長崎県）

工程	内容
原　料	東シナ海での底曳（そこびき）網や延縄（はえなわ）で漁獲されるアマダイを用いる
（鱗除去）	鱗を除去する場合とそのまま残す場合がある
二枚おろし	背開き（頭部も裁割）し，鰓や内臓を摘出する
眼球除去	角膜を破らぬように注意して内側から眼球を摘出する
水洗い	
（血抜き）	氷冷水中に15～60分浸漬する
塩漬け	
（水洗い）	
乾　燥	20～24℃の冷風で1～2.5時間乾燥する。表面が軽く乾燥する程度とする
凍　結	

〈その他〉

鱗は，上物に残すものが多い。

塩漬けは業者により異なり，ボーメ3～8度の低塩水や18～20％の高塩水が用いられ，塩漬け後の水洗いの有無や原料の大きさ，鮮度などで漬け込み時間が異なるが，市販製品の塩分は1.0～1.7％と低塩分である。

褐色防止のためビタミンCやポリフェノールなど天然系抗酸化防止剤を用いている業者もある。

市販製品の水分は76～79％と高水分である。

（資料・写真提供：長崎県総合水産試験場，黒川孝雄）

アマダイ丸干し　（長崎県）

工程	内容
原　料	東シナ海での底曳網や延縄で漁獲される小型（200g以下）のアマダイを用いる
鱗除去	
鰓・内臓除去	鰓ぶた側から包丁を入れて，鰓と内臓を摘出する
水洗い	
塩漬け	ボーメ8度前後の食塩水に30分前後浸漬する
水洗い	
乾　燥	鰓から口に細竹を通して吊し干し（24℃前後の冷風で1～3時間）乾燥する
凍　結	

〈その他〉

市販品の水分は60～70％である。

（資料・写真提供：長崎県総合水産試験場，黒川孝雄）

カレイ塩干品（島根県）

原　料：浜田港で水揚げされるムシガレイ，ヤナギムシガレイ，ソウハチが主体であるが，ヨーロッパ産ダブ，ウィッチなどを用いる場合もある

↓

鱗・鰓・内臓除去：小出刃で鰓ぶたから，鰓，内臓，鱗を除去する

↓

除　鱗：魚洗機で40～60分間流水洗浄し，付着した汚物を除去する

↓

塩　漬　け：約14%の食塩水で立て塩漬けとし，エリソルビン酸で発色する業者もいる

↓

水　洗　い：魚洗機でため洗いを2～3回し，この時点で魚の表面・鰭などは白く仕上がる

↓

乾　燥：冷風乾燥（2時間）がおもだが，10～4月の気温の低い時期は屋外で2～3時間天日乾燥するところもある

↓

包　装：表面がやや乾燥した状態で取り込む。歩留り約80%，塩分は1.2～1.5%のものが多い

〈その他〉

エリソルビン酸ナトリウム製剤を塩漬けの際に用いて発色させる業者が多い。

浜田の塩干しカレイは尾部に串を通し，頭を下にして乾燥する。

加工原料としては，輸入魚の比率が50～60%と高くなりつつあるが，浜田港を基地としている沖合底曳漁獲物を地元では高級品としている。ヨーロッパ産の通称ダブ，ウィッチなどを大量に処理する工場もある。

出荷は全国各地であるが，高級品は京阪神主体で東京方面への出荷は微量。

（資料・写真提供：島根県水産試験場，井岡　久）

イナダの塩干品（富山県）

原　料：夏ブリ（脂質の少ない夏場に漁獲されるブリ）を用いる

↓

調　理：頭部をつけたまま三枚におろす

吻（ふん）頭からのどにかけて眼球下辺を一直線に口吻部を切り落とす。次に皮を除くため逆包丁を使って腹部から3～4cmのところを尾部のほうから胸鰭（びれ）に向かって皮部に切れ目をつけ，刃を曲げて頭背部で終わる。この切り終わりの点から背皮をはぎ，尾柄のところを3～4cm残して切り捨てる

↓

血　抜　き：血合いに沿って空刃を入れて深さ1.5cmの切り目をつけ，さらにこの空刃を入れたところから背部において二条，腹部に一条の深さ1.5cmの切れめを平行に入れる。水で洗浄する

↓

塩　漬　け：原料に対して20%の塩をむしろの上に盛り，原料をころがして塩を付着させるが，皮部はとくに手で塩をすり込むようにして付け，1日塩漬けにする。さらに，3～5%の食塩水の入った桶に入れ，重石をして1～2日間漬け込む

↓

水洗い・乾燥：洗浄後，簀（す）上に並べ1日皮部を，翌日肉肌を乾燥し，ときどきこれを交互に裏返して晴天で約15～20日前後乾燥する。機械乾燥では冷風（19～22℃）で15日前後乾燥する

↓

包　装：歩留り約25～26%，昔はそのまま店頭に吊していたが，現在は通気性のあるフィルムに包んで，冷蔵庫に保管する

〈その他〉

通風のよい場所であれば約2か月は変質しないが，甘塩のため虫がつくことがある。

富山県内がおもな出荷先であるが，加賀地方にも出荷され，加賀経由で京都へも出荷される。

（写真提供：三箇商店（富山県新湊市））

食品加工総覧第6巻　干物　2001年より

スモークサーモン

二村　明　元北海道水産業改良普及員

サケ姿燻製

北海道の西海岸ではニシン漁が華やかりし頃、ニシン漁の終漁期に、「汐《しお》ニシン」が作られていた。ニシンの内臓を取り出して肉厚の部分を残し、鰓蓋《えらぶた》にツナギツラ（稲わらで作った縄）を通して数珠つなぎにする。これを海水に数日漬けて、風乾させて囲炉裏の上に吊しておく（図1）。たき火の燻煙が毎日ニシンにあたり、数か月経つと良い燻製品の汐ニシンが出来上がった。

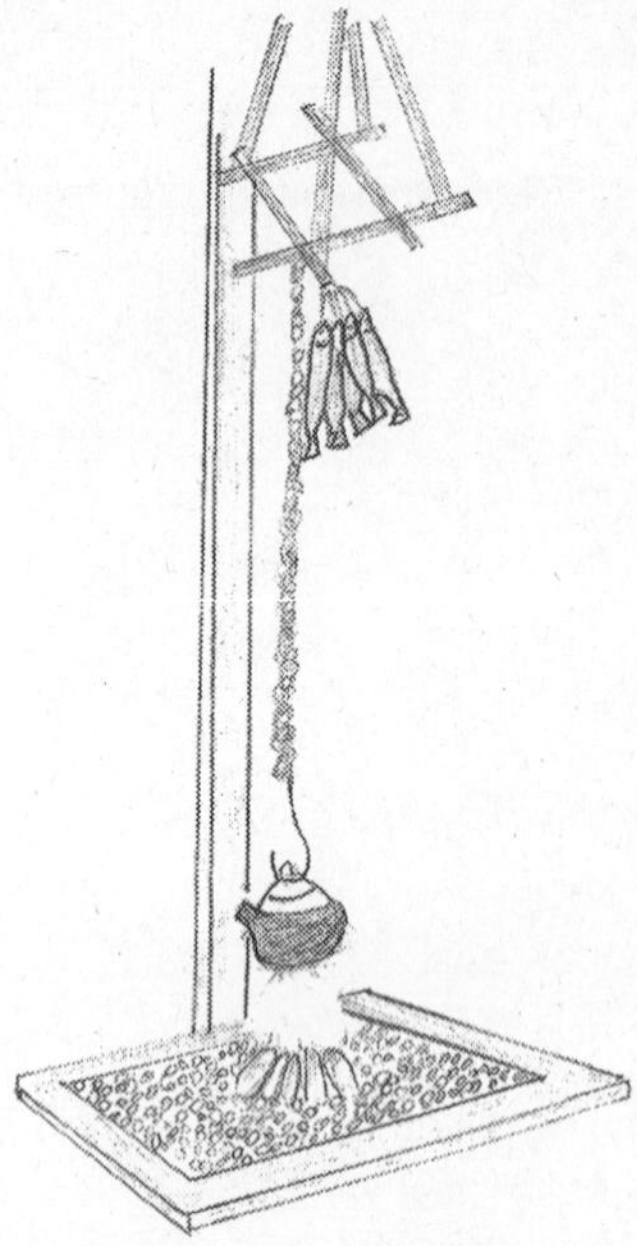

図1　汐ニシン　囲炉裏の上に吊して作られていた

燻製製品の保存性は、燻煙中の防腐物質、添加する食塩、燻製操作による乾燥（脱水効果）の相乗効果によるとされている。

木材を焼いた煙で燻《いぶ》すことによって、乾いた空気が魚の表面を通り、表面の水分が蒸発する。表面の水分が少なくなると、内部の水分が表面に移動して、魚の全体がだんだん乾燥していく。煙の中には、タール、フェノール、酢酸、蟻酸エステル、アルコール、ホルムアルデヒドなど約二〇〇種類といわれる成分が含まれており、これが魚の表面に付着する。これらの成分によって、魚の防腐効果が高まる。このように、燻煙には乾燥と同時に腐敗を防ぐ働きがある。

サケ姿燻製は、サケ燻製の原点であり、古来より続けられてきた一本物の燻製法である。以下に、五～六尾の処理事例を記す。

開腹・裁割　サケの肛門より包丁を入れ、スジコ（卵巣）、白子（精巣）、内臓物を取り除く。鰓蓋を起こし、両側のササメ（鰓）を取り、続いて腹部の奥のメフン（サケの腎臓）を丁寧に取り出す。

水洗　魚をよく洗って、塩漬けに入る。

塩漬け　魚の重量の一五～二〇％の並塩を、魚体の腹部および鰓蓋を取り除いた部分と、眼球によくすり込む。次に、尾から頭に向けて、逆さ塩（鱗と鱗の間に塩を入れるために、尾から頭に向かって逆さに塩をすり込むこと）を行なう。

トロ箱に落とし蓋を裏返しにして敷き、その上に塩をした魚を、頭が交互になるように漬け込む（図2）。終わったら落とし蓋を被せ、その上に重石をのせる。五～六尾であれば、重さは二kg程度でよい。

漬け込んで二日くらいしたら、別のトロ箱を用意し、前と同様に落とし蓋を敷く。そして初めに漬け込んであった魚を取り上げ、手返し（一番上の魚が一番下に、一番下の魚が一番上になるように、漬け込んだ順番と逆の順番に漬け返す作業）を行なう。このとき、身の肉厚の部分がブヨブヨして肉締まりが悪い場合は、並塩を追加して漬け込みをする。底の落とし蓋の下に液汁がたまらなくなり、魚体がパンパンに硬くなるまで手返しを続ける。

塩抜き 塩漬けができたら、次は塩抜きに入る。塩抜き前に、魚についている塩をきれいに洗い落としておく。トロ箱に淡水を満たし、これに魚を浸け、一日二回水換えをする。これを流水でやれば脱塩が早い。

この塩抜きには神経を使う。塩を抜きすぎた燻製は食べられたものではない。だから最初は少し硬いかなと思うくらいで上げるのがよい。

なお、わざわざ後で塩抜きするのであれば、初めから薄塩で漬ければよいのではないかと考えるのは間違いである。塩引きして塩抜きされた製品と、最初から薄塩で漬けた製品とを比較した場合、前者のほうが、はるかに肉締まりが良い。

風乾 塩抜きが終わったら尾部を細ひもでしばり、ハラスに割りばしをあてて、水が切れるまで風乾する。

燻煙 風乾が終わったら燻煙に入る。燻煙器内の温度は二〇～二五℃の冷燻法で行なう。

燻煙器内の温度が上がらないことを確認し、二〇日間くらい昼夜燻し続けると、光沢のよい姿燻製が出来上がる。少し硬めを希望する場合は、燻煙期間を三〇日ほどに延ばせばよい。

燻煙材の種類 燻煙材は広葉樹がよく、一般にはナラ、カシ、ブナ、ヤマザクラ、タモ、カシワ、ヒッコリー、クリ、ポプラ、プラタナスなど、俗にいう堅木がよい。ただ私の経験では、タモ類には赤ダモ、ヤチダモ、青ダモがあるが、青ダモだけはできた製品から独特なにおいがして、燻材には向かない。また、針葉樹のスギ、マツなどはにおいが強く、燻煙材として使用できない。

燻煙材の適性水分 燻煙材の水分が多すぎると、順調に燃えない。燻煙材の水分は二五～三〇％が最良である。この適性水分を知るには簡単な方法がある。おがくずを手で強く握って団子状になるのは水分過多であり、強く握っても形にならないサラサラの状態がよい。

燻し方 同じ燻煙材でもノコギリで挽いて出る粉状のものと、粗いチップ状のものがある。チップ状のものの場合、燻煙中に火災の原因となるので、次のように行なうとよい。チップ状のものを燻煙箱に半分敷き、その上に粉末状のおがくずを敷く。そして足で踏み押さえて燻煙材内の空気を抜くようにすると安全に燻煙することができる。

種火については、燻煙材の粉状のものに油を湿らせておく。燻煙口の燻煙材にこれを少量置き、これに火をつけると数分で赤いおきができ、これが箱のおがくずに次第に移っていく。

図２　塩漬け

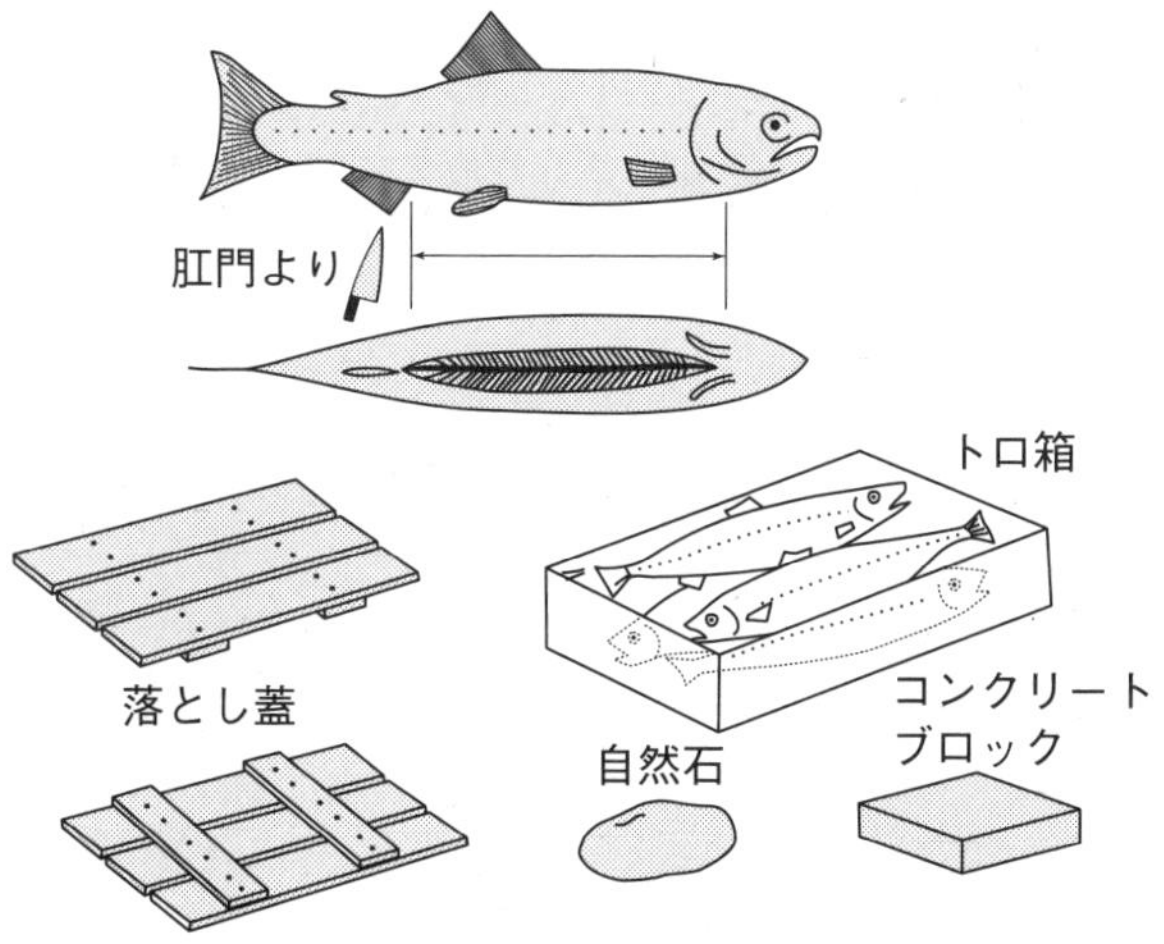

図３　燻煙

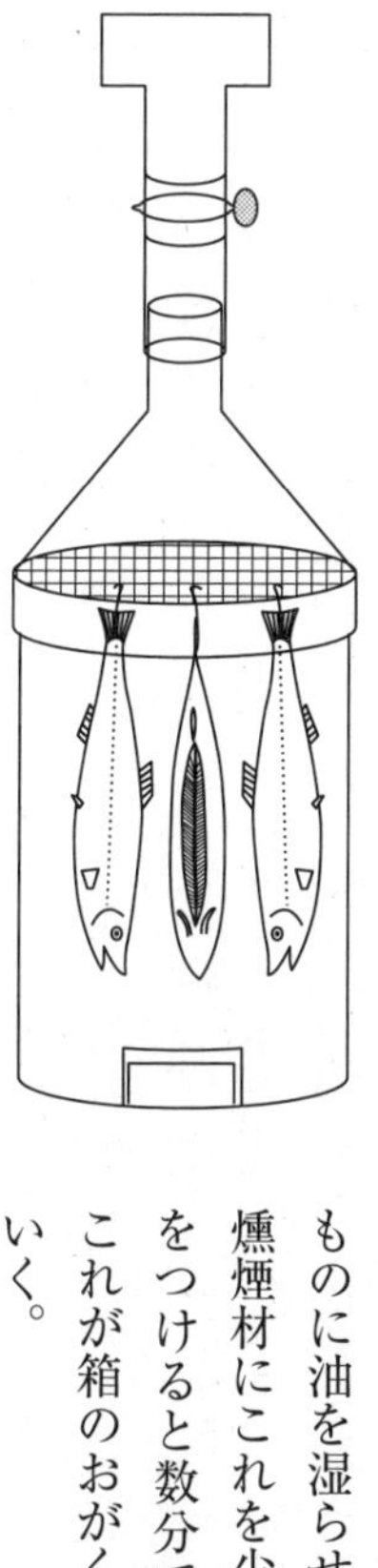

図4　サケ姿燻製品の加工工程（冷燻法）

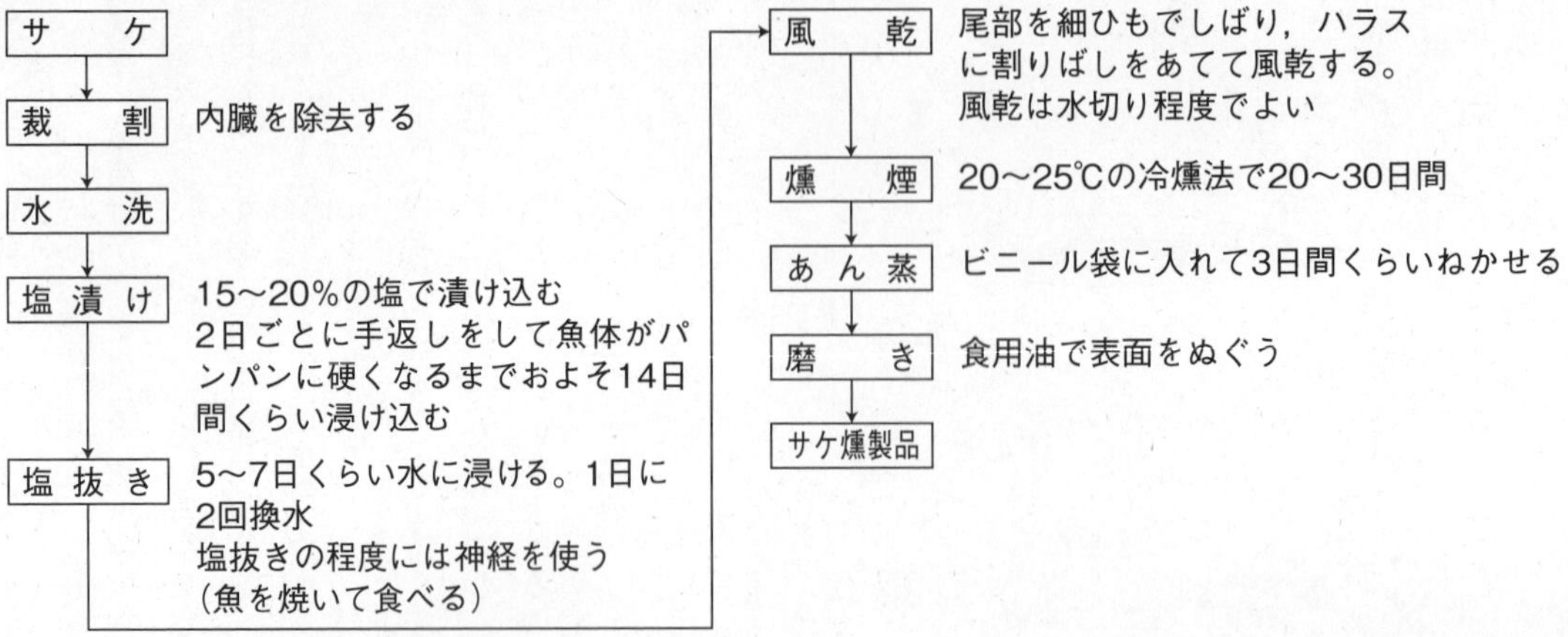
サ　ケ
裁　割
内臓を除去する
水　洗
塩漬け
15～20％の塩で漬け込む
2日ごとに手返しをして魚体がパンパンに硬くなるまでおよそ14日間くらい浸け込む
塩抜き
5～7日くらい水に浸ける。1日に2回換水
塩抜きの程度には神経を使う
（魚を焼いて食べる）
風　乾
尾部を細ひもでしばり，ハラスに割りばしをあてて風乾する。
風乾は水切り程度でよい
燻　煙
20～25℃の冷燻法で20～30日間
あん蒸
ビニール袋に入れて3日間くらいねかせる
磨　き
食用油で表面をぬぐう
サケ燻製品

なお、燻煙中に燻煙器の空気穴をふさいで煙を充満させれば、煙の成分が魚の中によく入るだろうと考えがちであるが、これは間違いである。空気の流れを遮断すると、魚の乾燥が悪くなり、煙の成分も魚の中に少しも入っていかない。当然保存性も悪く、大量に燻煙した魚を、腐らせた事例がある。煙が魚に入っていくためには、煙を抱いた空気が魚体のまわりを常に通過するようにしなければならない。

燻煙器・燻煙室　一般の方が燻製を楽しむには、一斗缶を利用する方法やドラム缶を利用する方法などがある。さらに、小規模の燻煙室でやる方法などもある。

なお現在、企業ではほとんどが全自動燻煙機を使用していると思う。その中心的工程は温・熱燻が主体ではなかろうか。しかしながら、サケ燻製の基本はあくまでも冷燻法である。その基本の体験がないために筆者から見て誤った作業工程が見受けられる。

それは風乾工程での乾燥のしすぎである。風乾は水滴が切れる程度でよいものを、三～五時間も乾燥機にかけてから燻煙している工場がみられる。これは間違いである。煙は水分が抜けたすぐ後に魚肉に入るのであって、初めに魚肉を乾燥させてしまっては燻煙してもただ煙をかけているだけで魚肉の中になかなか煙が入っていかない。品質的には大きな差はないものの、乾燥にかかる時間やコストが無駄になる。サケの燻製の基本はあくまでも冷燻法なのである。

あん蒸　燻煙処理を終えた魚を、ビニール袋に入れて三日くらいねかせる（あん蒸）と、仕上がりがしなやかになる。

磨き　魚の表面にガーゼに浸した食用油を塗ると光沢が増し、美しい姿燻製が出来上がる。

銀毛サケ燻製

秋サケ定置網で上がった銀毛サケ（ギンザケ）を使って燻製を作る方法を紹介する。

開腹　サケの肛門から包丁を入れ、鰓蓋の手前で止める。腹の中のスジコ（卵巣）と白子（精巣）を取る。

裁割　内臓物を取り除き、さらにハラスの一番奥にあるメフンに包丁を入れて取り除く。これはサケの腎臓で、これを醤油や塩に漬け込んだものをメフン塩辛といって食通に喜ばれている。

次に三枚におろす。このとき尾鰭《おびれ》の先の中骨を少し残して切る。なぜこのようにするかというと、銀毛は皮が薄く燻煙中につり下げた体重に耐え切れずにサケが落下する心配がある。中骨を少し残すのは、サケがおがくず箱に落ちないようにするためである。そして、ハラスの骨を薄くそぎ落とし、最後に形よく整形して生処理を完了する。

調味漬け　整形した魚の重量に対し、添加物として塩二・五％、砂糖四％を用意し、よく混合しておく。

材料が二枚の場合は、トロ箱に皮を下にして並べ、上から添加物を振りかけたあと、皮を上にして重ね、皮にも添加物を振りかけ、落とし蓋をする。

枚数が多いときは一番下が皮になるように並べて添加物を振りかけ、次の魚も皮を下にして重ね、添加物を振りかける。一番上は皮が上になるようにして重ね、添加物を振りかける。

魚の上に落とし蓋を被せ、軽い重石をのせる。この場合、添加物を身に浸透させるためのものだから軽く押さえるといった感じの重さである。目安としては全体の一〇％くらいでよい。

この調味漬けは二日間行ない、この間一日に二回の手返しをやる。手返しは振りかけた添加物をむらなく肉に浸透させるためのものである。トロ箱を用意し、上からはがした材料が今度は一番下になるように、また今まで一番底になっていた魚が今度は一番上になるようにする。

風乾　調味漬けが終わったら、取り上げて風乾する。私の体験では水滴が落ちたことはない。なお、水洗はする必要はない。

燻煙　一斗缶の場合、普通の大きさのサケであれば缶二段重ねで高さは十分である。この場合、魚の先端から火床までの距離はだいたい一五㎝くらいになるようにする。缶内の温度が二五℃以上に上がらなければ、昼夜煙をかけてもよいが、日中温度が二五℃以上に上がる心配があれば夜間だけ煙を上げる。このように昼夜連続で煙を上げた場合は三日で燻煙完了とみてよい。

完成の判断は製品の硬・軟や光沢など好みの問題であるから、それぞれの好みに合わせ判断する。

ブナザケの燻製

産卵のために河川に上がった、婚姻色のブナザケ（河ブナザケ）の燻製作りについて述べる。

開腹・裁割　頭をカマから落とし、肛門より包丁を入れて腹を開き、内臓物の白子とメフンも一緒に取り除く。次に三枚おろしを行ない、ハラスに包丁を斜めに入れて、できるだけ骨すれすれに身を取る。ブナザケは皮が厚いので、尾鰭、骨を残さなくても燻煙中に身が落下する心配はない。包丁で掛け棒用の穴を開ける。

水洗　魚の洗いは開腹メフンかきをした後に行なう。三枚おろし後の洗いは好ましくない。

調味漬け　三枚おろし後の重量に対し、添加物として塩二・五％、砂糖四％をよく混合しておき、トロ箱に材料を皮が下になるように並べ、これに添加物を振りかける。同じ作業を繰り返す。

最後の魚は皮が上になるように並べ、上から落とし蓋を被せ、軽く重石をのせる。調味漬けは二日行ない、この間一日二回の手返しを行なう。

風乾・燻煙　風乾は水滴が落ちなければ必要なし。燻煙は三日くらいで完了する。

サケ（一塩品）の燻製品

一塩サケを使って簡単にできる燻製法を述べる。一塩サケはすでに塩がきいているので砂糖四％を加えるが、その他の工程は他のサケ類と同じでよい。

甘塩サケはすでに開腹してあるので、頭を銀毛と同じくカマから落とす。

三枚おろしは最後の中骨を残す必要はない。一塩サケは、生サケと違い塩で身が締まっているので包丁の走りが鈍いことを頭に入れておくこと。

すでに塩がきいているので、添加物は重量に対し四%の砂糖を使用する。漬け込みは一日でよい。燻煙は三日くらいで完成品となる。

マスの燻製品

本マスは価格が高いので、比較的小形のカラフトマスを材料とする。マスはシロサケより脂があって味がよい。

開腹　肛門から包丁を入れ、胸鰭までで止める。内臓物を取り除き、頭をカマから落とした後、清水でよく洗う。

裁割　身は三枚におろす。マスは肉質が軟らかいので包丁の扱いは丁寧に行なう。三枚におろした後は、ハラスの縦に走る骨をナイフを使ってできるだけ骨に身がつかないように薄く削り取るように心がけること。

そのほか、背鰭の残りなどを取り、形よく整形する。マスは皮が薄く、整形のときサケの銀毛と同じように尾鰭の中骨の最後を残し、その手前につるし用の穴を包丁の先で開ける。

調味漬け　整形したマスの重量に対し添加物として塩二・五%、砂糖四%をよく混合しておく。トロ箱を用意し、これに整形した材料を並べ、混合しておいた添加物を振りかけ、材料を積み上げていく。最後に落とし蓋を被せ、軽く重石をのせる。調味漬けは二日行ない一日一回手返しをやる。

風乾　風乾は燻煙器内で行なう。水滴が止まればそれでよい（一時間くらい）。

燻煙　燻煙は昼夜続けて行なう。三日くらいで十分な光沢が出る。気温が高く夜間だけ燻煙する場合は五〜六日で完了。

あん蒸　燻煙完了後は、硬さを均一にするためビニール袋に入れて二〜三日あん蒸する。

ニジマスの燻製

ニジマスは手に持つとヌルメキがあるので、ペーパータオルでヌルメキを取る。小形なので頭付きで行なうのがよいだろう。

開腹・裁割　肛門より包丁を入れて、鰓蓋の手前で止め内臓物を取り、メフンは指で押し取ること。ササメは取りづらいので指で強く押して血抜きを行なうだけでよい。

調味漬け　処理重量に対し、添加物として塩二%、砂糖四%を混合しておく。大きめのビニール袋に魚と添加物を入れてよく混合する。これが終わったら適当な容器に漬け込む。調味漬けは一〜二日とし、この間二回手返しをする。

風乾・燻煙　風乾は水切り程度で完了。燻煙は温度上昇に注意し二日くらいで完了する。光沢のあざやかな燻製ができる。

サケ（ベニザケを含む）燻ソフトスライス

これは、ホテルなどの高級料理に出てくるソフト製品である。

開腹　サケの肛門から包丁を入れ、鰓蓋の手前で止める。開腹したらスジコと白子などの内臓を取り除く。

裁割　ハラスの奥にあたるメフンをスプーンなどで丁寧に取り除いた後、頭をカマから落とし三枚におろす。ハラスの骨を薄くそぎ落とし、最後にハラスの下の部分を二〜二・五cmくらいの幅で切り落として整形が完了する。ハラスはサケのなかでもっとも脂がのった美味しいところである。串焼きなどにして食す。

調味漬け　整形処理重量に対し、塩四%、グルタミン酸ナトリウム二%をよく混合し、トロ箱に振り塩で漬け込みする。一日一回手返しして、二日低温保存する。

燻煙　燻煙は燻温二〇℃、燻煙時間八時間である。

食品加工総覧第六巻　サケ燻製品　二〇〇一年より

もち花　正月のお供え、歳徳神のお飾り。ふつうは十二本、閏年は十三本。京都府北桑田郡京北町（撮影　千葉　寛『聞き書　京都の食事』）

暮れの二十八日ころから正月のもち搗きがはじまる。朝早くから大釜に湯をわかし、もち米を蒸す。鏡もち、もち花、花びらもち、よもぎの粉もち、こがねもちなど、どこの家でも一斗以上のもちを搗く。近所や親せきの人が集まって一緒に搗くところもあり、一日中にぎわう。それぞれの家では、すす払い、障子の張りかえなどをし、そのかたわら、お正月の煮しめ炊きにも余念がない。

三十一日は、家の戸口、神棚、納屋、土蔵、唐臼、三宝荒神などにしめ飾りをする。台所に歳徳神を祭る。四斗俵に生きのよい松をさし、三宝にみかん、串柿、かち栗、五穀のほかに、山の道具も供え、もち花をつるす。夜は神々にお灯明をあげ、その年にとれた一番よい米のごはんを炊いて供える。家族も温かいごはんと重詰の残りなどのごちそうをいただく。近くのお寺から除夜の鐘の音が聞こえるころ、主人は植林、炭焼きのことや農道つくり、よい米づくりのことなど、一家のあるじとして新しい年への計画を立てる。

元日の朝は男が先に起き、昨夜、いろりに埋めておいた火種で火を燃やす。その後、服装を正して村の氏神さまに参拝する。焼がてきたところでもちを焼いて、納豆もちをつくる。正月三が日の朝は、納豆もちで祝うのである。大きなもちを二つ折りにしてつくった納豆もちは、お盆からはみ出るほど大きい。食べものは大切だから一度に全部食べてしまうのではなく、「食い残し」（世帯持ちがよいように）ができるようにということにちなんで、残しておく。春先、うぐいすが鳴いたら、それを焼き直して食べる。その後、お祝いの梅こんぶ茶をいただく。昼や夜は、暮れに用意した正月料理を食べる。正月料理は煮しめが中心で、いもぼう（ぼうだらと里芋の煮もの）、黒大豆、こぶ巻き、にんじん、ごぼうなどの煮しめ、たたきごぼう、源平なます、ごまめ、数の子、かまぼこ、たこ、ぶりの照り焼きなどである。

（文・『聞き書　京都の食事』より）

冷めても硬くならない餅《もち》の搗《つ》き方

岩手県紫波町　川村恵子

一九九五年、岩手県紫波町の志和地区に、組合員二二名で志和握里センター「もっす」が設立された。平日でも約一〇〇人、土日祝祭日なら二〇〇人以上のお客でにぎわっている。

私は自分で作った大福を、この「もっす」に出している。朝八時半、一パック二個入り二〇〇〜三〇〇円の大福を一二パックくらい並べると、平日でも午前中にほとんど売り切れてしまう。お客さんたちは盛岡や花巻から車で三〇分以上かけてやってきて、こぞって買っていく。評判も上々で、「本物の大福の味がする」といって、リピーターになってくれている。

糯米《もち》一〇〇％で作った大福は、糯米特有の香りや重さがあって、それが中のあんをしっかり受け止めている。ずっしり食べ応えのある大福である。夕方搗いた餅で大福を作り、翌朝、直売所に置く。たまに夕方まで売れ残ることもあるが、それでも大福の餅は柔らかいままである。

餅は普通、搗きたては柔らかいが冷めればカチカチに、時間がたてばさらに硬くなっていく。このため、市販の大福では、求肥などのように砂糖や水あめなどの添加物を入れたり、酵素処理しているものがほとんどである。一方、私の作る餅は、何も添加していないのに冷めても硬くならない。

私が直売所に大福を出すようになったのは、もともと私自身、大福が大好きで、おいしいものを作りたいと思ったからである。昔のおばあちゃんの餅搗きを思い出してみると、臼と杵で餅を搗き、搗き上がったものを水にさらし、もう一度搗く。その餅は普通のものと違って、時間がたっても柔らかいままだった。

そこで、電動餅搗機で搗いた餅を、水を張ったたらいに入れ、一五分ほど水にさらしてから再び餅搗機に入れて回し、食べてみた。粘りも香りも普通に搗いたものと変わらない。きめが細かく、ほどよい硬さと弾力がある。そして、しばらくおいても、普通の餅と違って表面に膜が張ったり、割れたりすることはなかった。

ただ、何回かやってみると、冷ましすぎて硬くなったり、水を含んで軟らかくなりすぎたり、硬さにむらができたり、水っぽくなったり、途中でドロドロになったりして、うまくいかない。

そこで、普通に搗いた餅が硬くなっていく様子を見ていたら、次のようなことに気がついた。時間がたって、餅が硬くなるのは水が飛ぶからである。搗きたての餅をそのままおくと、熱と一緒に水が抜けてしまう。おばあちゃんのやり方は、搗きたてを水にさらして、餅の中の水を飛ばすことなく荒熱を取り、もう一度搗き直しても水が飛ばない冷めた状態にしていたのである。これをヒントにして、冷めても硬くならない餅が作れるようになった。

①搗いたら手早く水にさらす

搗き上がった餅をそのままにしておくと、表面に膜を作り始める。いったん、この膜ができてしまうと、二度搗きしてもこの部分が硬く残ってしまう。だから、搗き上がってから水にさらすまでできるだけ間をおかないようにする。

①十分に吸水させた糯米を電動餅搗機でふつうに餅にする。

②餅が搗き上がったら、表面に膜が張らないうちにすぐに釜ごと水を張ったたらいにつけ、釜の側面から手早く水を入れ、餅を剥がす。

③たらいの中で餅をのばす。浮き上がった餅をたらいの中に移し入れ、なるべく間をおかず、水の中で平たくのばしていく。蛇口の水は流したまま。

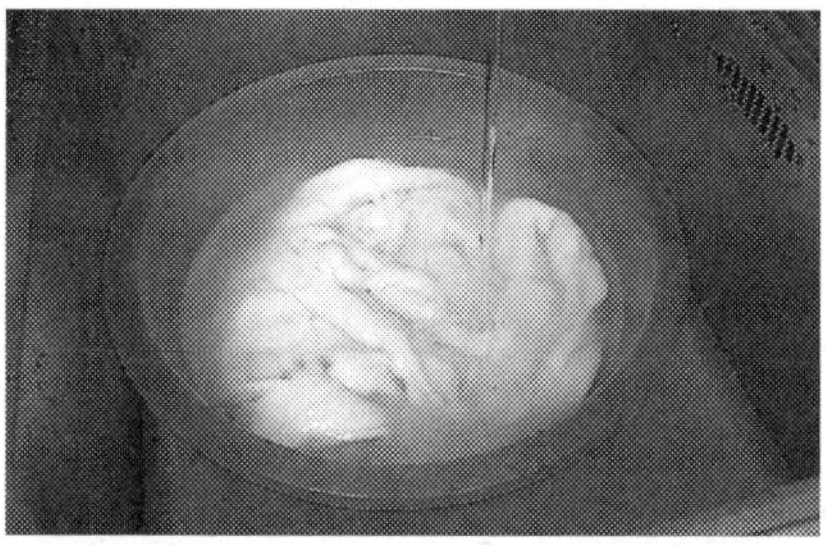

④部分的に熱が残らないよう、餅の厚みを均一にし、温度が下がるまで水を流し続ける。

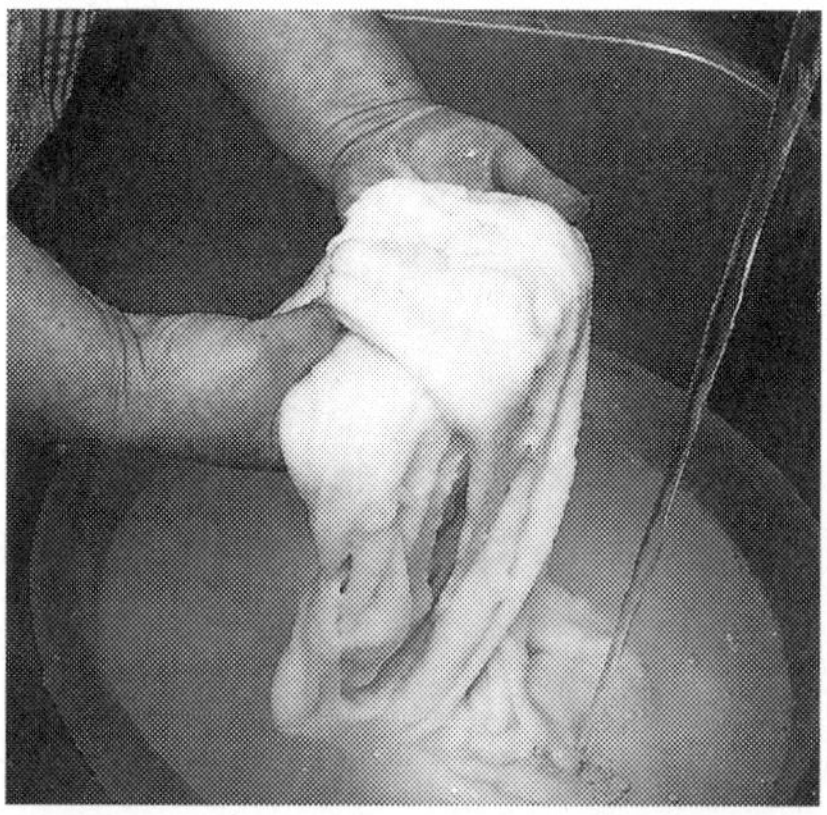

⑤5分くらいして、餅の温度が人肌以下に冷めているのを確かめて引き上げる。冷やしすぎると硬くなるので注意する。

⑥再び、餅搗機に入れて、ふたを開けたまま数分間搗き、形がまとまったら出来上がり。すぐに餅粉をまぶす。

クルミをのせたゴマすり大福

二度搗きし終わったところ。間をおかず、すぐにもち粉をまぶす（写真はすべて平蔵伸洋撮影）

②水の中で平たくのばす

搗きたての餅を、水を張ったたらいにつけても、そのままではなかなか熱が逃げない。中のほうに熱が残ると、硬さにむらができたり、やはり水が飛んでしまって硬くなる。餅はなるべく均一に平たくのばすことが大事だ。平たくのばすと水に触れる表面積が大きくなって熱が逃げやすくなり、厚みもなくなるので熱がこもらなくなる。短時間にむらなく熱が取れる。

③ふたを開けて二度搗きする

水にさらし終わった餅は、やや硬い状態で平たくのびている。このままでは大福や切り餅に成形できないので、二度搗きする。このとき、再び熱が加わったりこもったりしないよう、餅搗機のふたは開けておく。再び捏ね始めると、柔らかくまとまり始めるが、さらしたときの付着水もあって、捏ねすぎるとほどよい硬さも失ってしまうので、頃合いを見計らって引き上げる。

④すぐに餅粉をまぶす

一度目ほどではないが、二度搗き後もそのまま置いてしまうと表面の水が飛んで膜を作りやすい。そのため、二度搗き後も間をおかずに餅粉をまぶして表面をコーティングする。

餅を水にさらして二度搗きすることで、少なくとも二日間は柔らかいままにしておける。餅が硬くなる心配がなく、餅本来の香りや重さが大福のベースになると、あんにもさまざまなバリエーションが生まれ始めた。春の「イチゴ大福」、夏の「梅紫蘇大福」、秋の「ゴマすり大福」などである。

ある日、たまたま近所のスーパーで買ったイチゴ（三Lのとちおとめ）を大福に入れてみたら、えもいわれぬおいしさだった。ところが、次の日にもう一度同じ棚のイチゴを買ってきて入れてみたら、前日より味が落ちている。原因はイチゴの鮮度にあり、餅がしっかりしていると具の質のわずかな違いが味に出るのである。たった一日でこれほど味が落ちるということがわかってからは、原料は市場に直接仕入れに行くことにしている。今や、このイチゴ大福は、季節限定ではあるが「もっす」の名物になっている。

また、梅を漬けたシソはいつも捨てていたが、これを大福に入れてみたら結構いける。夏場にもかかわらず変質しにくく防腐効果もあるようだ。これも好評である。

あっちの話こっちの話

たった二分でうまみ凝縮トウモロコシ

和田祥子

「すんごくおいしいトウモロコシの食べ方があるのよ」という静岡市の勝山啓子さん。さっそく教えてもらいました。

まずトウモロコシの皮をむき、塩を好みの量すり込みます。あとはラップに包んで電子レンジで二～三分焼くだけ。

ゆでるとどうしてもトウモロコシのうま味が逃げてしまいますが、この方法ならうま味や香りが閉じ込められるのがうまさの秘訣。友達から教えてもらったというこの方法、「とにかくびっくりするくらいおいしいから試してみて！」とのことでした。

二〇〇八年七月号　あっちの話こっちの話

玄米のおいしい炊き方　冷凍玄米にする

島根県浜田市　森谷公昭

玄米を炊飯ジャーで炊く場合、一晩水に浸けなければならないが、毎回やるのは面倒くさい。そこで、一度にある程度の量の玄米を水に浸け（発芽玄米になっていると思う）、これを袋に小分けして冷凍しておけばよい。私はこの冷凍玄米を使って、いつも白米と半々で炊いている。白米二合を四合の米を炊くときの水に浸し、そこに二合の冷凍玄米を凍ったまま入れると、すぐに融ける。そのままふつうの炊飯モードで炊ける。

ふつう、玄米と白米を同時に炊く場合、水の量を玄米に合わせると白米がべちょべちょになる。反対に白米に合わせると玄米が硬くなってしまうが、冷凍玄米を使えば白米に合わせた水分量でも、玄米が柔らかく仕上がる。冷凍によって、米の皮が柔らかくなるのであろう。

二〇〇八年九月号

玄米のおいしい炊き方　コーヒー粉と塩を入れる

茨城県土浦市　宮本トシ江

米を、お客さんに産直販売しています。玄米のお客さんには、コーヒーの粉（インスタントか挽いたもの）を入れて炊くことをすすめています。玄米二合に対して、コーヒーの粉小さじ一杯、それから海洋深層水からとった鮮度塩をひとつまみ。コーヒーと塩の取り合わせにお客さんは最初、「エーッ！」と驚きますが、試してみると、おいしいといってくれます。

コーヒーを入れると、炊き上がりが香ばしくなります。コーヒーの苦みは残りません。また、塩が米の甘みを引き立てます。

私は少し硬くて歯ごたえのあるごはんのほうが好きなので、玄米を炊くときは、洗ってすぐに、やや弱火で炊き上げます（二〇分ほど）。一晩水に浸けたりしません。

二〇〇八年九月号

五平もち

愛知県　愛知山間（奥三河）の食

旧暦十月七日と二月七日の二回、山の神さまをまつる山の講があるが、その前夜の宵山には、どの家でも五平もちを焼く。うるち米を少し固めに炊き、すりこぎで飯粒のわからないくらいになるまで力いっぱい練りつぶす。これを杉の木を割ってつくった串ににぎりこぶし大のだんごにして、薄く小判形にはりつけて、いろりで焼く。このとき、串がぬれているとごはんがはがれてしまうので、串はよくよくふいておく。

焼くときは、表裏とも早めにひっくり返して乾かし、表面がこんがりきつね色になったら、たれをつける。焦げやすいので、遠火にして焼くようにする。

つけるたれは味噌だれが多いが、醤油のたれのときもある。どちらも、えごま、くるみ、ごま、へぼの子、さんしょうの芽、ひる（にんにく）、ねぎなどを、それぞれすりつぶしたり、きざんだりして入れる。焼きたては非常にうまく、来客をもてなす最高のごちそうとされている。

五平もち　左はごま味噌、右はくるみ味噌のたれ　北設楽郡津具村（撮影　千葉　寛『聞き書　愛知の食事』）

長野県　伊那谷の食

新米のとれるのを待って、五平もちを焼く。うるち米だけで、ふだんのごはんよりやや固めに炊きあげ、すりこぎでよくつぶす。これを小さなだんごにして、竹串に二個ずつさす。炭火でこんがりと両面を焼く。このときごはんがやわらかいと串からだんごが落ちてしまう。くるみ入りの味噌だれをつけてできあがる。

五平もちづくりは、家族が仕事を分担し合うので、焼きあがって食べるときは、みんなで一仕事をしたという満足感がある。焼きたては何本でも胃袋へ入るので、「五平五合」といい、一人五合あては米がいる。春先のさんしょの芽が吹くころつくると、「木の芽焼き」と名を変える。

川端に自生しているくるみをふんだんに使った味噌だれで食べる五平もちは、来客への最高のもてなしになる。

岐阜県　恵那平坦（東野）の食

固めに炊いた白飯を、熱いうちにすりこぎでつぶす。これを小さな楕円形にし、竹串に二個ずつさして炭火で焼く。これにごまだれ（ごま、たまり、味噌、砂糖などをすりあわせたたれ）をつけ、もう一度焼いて食べる。

五平五合といって、一人五合くらい食べてしまうといわれるほどおいしく、たくさん食べられる。秋、新米のとれたときにつくる。

新米でつくる五平もち　恵那市（撮影　千葉　寛『聞き書　岐阜の食事』）

たんぽ

新潟県　蒲原の食

ふだんでもつくるが、山仕事のときにつくることが多い。うるち米だけのときもあるが、もち米を二割くらい混ぜたほうがつくりやすい。

たんぽ　豊栄市（撮影　千葉　寛『聞き書　新潟の食事』）

少し固めにごはんを炊く。手杵、またはすりこぎでごはんをつぶし、杉やほおの木の割木をけずって串にして、つぶしたごはんをにぎりつける。つけるごはんの量は、山仕事のときが一本の串に三合分ほどである。焚き火で表面をこんがり焼きあげたものに味噌をつけ、もう一度火にあぶる。味噌が乾いてよいにおいがするのを熱いうちに食べるのが一番おいしい。味噌にごまを入れたり、くるみを入れたりしてくふうする。ごはんの量は一本で一合から、最も多くて五合分くらいまでである。

山仕事の男たちは一食に二本も食べる。家でつくる場合は、夜なべ仕事のあとなどに、残りごはんでつくる。おなかの中が温まると、ふしぎに疲れがほぐれ、しあわせな気分で床につく。

秋田県　県北米代川流域の食

刈上げの節句には、出来秋を祝い、収穫の喜びを感謝し、新米を炊いてつくったたんぽを、家族や手伝ってくれた人々とともに食べる。この地方では、大事なお客さまのごちそうとして、また御祝儀や御法事、そのあとひき（家族や手伝い人のねぎらいの宴）には必ずつくって食べるもてなし料理でもある。

ふつうのときでも、一回にうるち新米を二、三升は炊く。炊きあがったごはんを、すりこぎか、たんぽ串三、四本を手で束ねておしつぶす。つぶし方は、半ごろしがよい。杉の木の赤身を柾目にとった、長さ一尺五寸くらいの角串に、つぶしたごはんを手で軽くにぎり、丸めとってつけ、手を塩水でしめしながら串にそってのばし、竹輪のように形づくる。太く大きく、一升で一四、五本くらいできる。

うるちの新米を炊きあげ、たんぽ串3、4本を束ねておしつぶす。

杉の木の赤身からとった角串に、つぶしたごはんをつける。

いろりに並べ立て、焼きあげる。大館市（撮影　千葉　寛『聞き書　秋田の食事』）

その串をいろりの火のまわりにぐるっと並べ立てて、あぶる。くべるものは豆の稈（大豆を収穫したあと乾燥させておいたもの）がよい。豆の稈の炎は穏やかでやわらかく、焼きあがりの外観のよさといい、煮て食べるさいの舌ざわりのよさといい、これにまさるものはない。

豆の稈をいろりにくべると、ぱちぱち音をたてながらぱぁーと勢いよく炎が上がり、まわりの人の姿を明るく照らし、たんぽを焼く真剣な顔、待ち遠しい顔などが浮かび上がる。みんなは、どのたんぽも平均に焼き色がつくように、火加減に合わせながら手でつぎつぎに串を回す。

焼きあがったら、たんぽ用に甘みなどを加えてとろとろにゆるめて深鉢につくってある味噌にくぐらせ、串ごと持って口に運ぶ。熱くて甘くて、こんなにおいしいものがあるだろうかと思うほどである。つける味噌は、ごま味噌やさんしょう味噌、砂糖味噌と、そのときどきに適宜用意する。

『聞き書　日本の食生活全集』より

米粉

町田榮一　五百城ニユートリイ株式会社

ここでは、主に菓子用の各種米穀粉について、加工法をまとめる。

生粉製品（ベータ型）

上新粉（米の粉）　古くは糝粉《しんこ》と書き称されていた。今日では、粳《うるち》米を原料とし、水洗いした米を水切りした後、胴搗き製粉したものを米の粉、ロール製粉で仕上げたものを上新粉として分けている。色は白く、歯ごたえがあり、主に柏もちや団子、草もち（よもぎもち）、ういろうなどに使用される。上用粉より粗く、米の風味があるものがよいとされている。

各製粉メーカーによって品質がかなり違うので、加水や蒸す時間に注意する。なお、団子づくりには、米本来の力（粘り、こし）を出すためには杵搗きをしたほうがよい。

上用粉（薯蕷粉）　薯蕷粉《しょよこ》とも呼ばれ、粳米（精白米）をより磨き、十分に水洗いしてから米を胴搗き製法で作られる。上新粉よりは粒子が細かく薯蕷まんじゅうを始め高級和菓子に使われる。上用粉は、非常に粒子の細かい粉である。

玄米粉　精白していない米を焙煎して製粉したもので、打ち菓子、まぶし物などに用いる。白米にしないまま焙煎してあるので栄養分は非常に高い。味より香りを大切にするので、できるだけ早く使用すること。麦こがし（はったい粉）に似た香りがある。余りたくさん使用すると、苦くなるおそれがある。

パフ玄米粉　玄米粒を高温・高圧で加熱し瞬間的に常温・常圧の状態に開放すると、米粒の組織が内部から膨化されアルファ化の状態となる。玄米粉と比較しソフトな状態で消化しやすいが風味は劣る。

白玉粉　糯《もち》米を原料とし、昔は寒中に作られたため寒晒し粉とも呼ばれている。糯米を精白し、一夜（一二～一五時間くらい）水浸漬する。水切り後、原料に対して一～二倍の水を加えながら石臼で磨砕（水挽き）する。ふるいわけられた乳液を圧搾脱水（プレス）して切断、六〇～八〇℃で熱風乾燥して作る。石臼は熱をもたずに粒子が細かくなるために用いるが、現在はセラミック製の臼が使用されてきている。主に求肥、団子、ういろう、うぐいすもちに使用される。

家庭で作る、ぜんざい、氷白玉…①白玉粉二〇〇gに水一六〇g程度を入れ、よく捏ね、耳たぶ程度の軟らかさとし、丸めておく。②熱湯のなかで三分ほどゆでると浮き上がる。③すくい上げ冷水に入れぬめりを取り、引き上げると出来上がり。しるこ、ぜんざい、夏は冷やして氷白玉に。

もち粉、求肥粉　全国的な呼び名（求肥粉）と、関西の呼び名（もち粉）とがある。糯米を水洗いし、浸漬したのち挽いて乾燥させたもので、白玉粉より、製粉時に水と交わる時間が少なく、やや粗い粉である。用途はほぼ白玉粉と同じで、特に求肥を練るのに使われる。糯米の生の粉であるため、必ず熱を入れて使用する。また求肥にする場合、何回かに砂糖を分けて加糖していくのがこつである。

糊化製品（アルファ型）

澱粉粉を加熱してベータ型からアルファ型に変えてすぐ乾燥して、水分を一〇％以下に除去すると、ベータ型に戻らずアルファ化で固定する。この原理を応用したものに寒梅粉、みじん粉、乳児用穀粉などがある。

寒梅粉、みじん粉などに要求される要素としては、基本的にはアルファ化度の安定性であるが、そのうえに粉の嵩《かさ》（容積）および粘性があり、用途により製造方法を変えて行なわれる。

寒梅粉（アルファ化糯米粉）　焼きみじん粉とも呼ばれる。糯米を水洗い、水漬後、蒸してもちにし、これを色がつかないように焼き上げ粉末にしたものである。主に干菓子（打ち菓子、押し物、豆菓子など）に使用される。寒梅の名は、寒梅が咲く頃に新米を粉にするところからといわれる。

寒梅粉を使う干菓子とは乾製の日本菓子の総称で、生菓子に対してつけられた名前である。保存のきくのが特徴で、日本古来の菓子の一つであり、唐菓子「粔籹《こめ》」より出発し、菓子として発達したのは室町末期に、食用として砂糖が輸入され始めてからである。『茶道辞典』には濃

胴突製法（スタンプミル製法）
杵搗き式ともいい、洗米後、米に水分が多く保たれた状態で、杵搗き臼で徐々に細かく粉にする方法である。時間はかかるが粉の粒度分布が広く、よい粉が得られるので、関西地方では古くよりこの製法のものが主流となっている。

2ロール製法（挽き臼式）
洗米後、米を乾かしロール製粉機で製粉する方法である。スタンプミルと比較し粒度分布幅が少なく、粘弾性（コシ）は強いが硬化度が早い。

衝撃式製法
短時間に製粉できるが、急激に粉にするため粉に熱をもち、澱粉質が損傷されているのでもち粉の粘弾性（コシ、のび）が劣る。

茶のときは生菓子、薄茶のときは干菓子を出すと書かれており、茶道とともに発達してきたものである。

伝統的な寒梅粉の作り方は次のようである。

①上質の糯米をよく洗い白蒸しにする。②蒸した米を水車でよく搗き、もちにする。③めん棒で煎餅状にのばし一〇cm位の正方形に切る。④鉄板を炭火で熱し、全体に焦げむらのないようまんべんなく焼き、白焼き煎餅を作る。⑤焼いた煎餅をすみやかに粉砕してシフター（絹ふるい）にかけ、粉の粒子を揃えて完成させる。

寒い時期にもちを搗き、炭火の煎餅器で焼くと、長期間虫がつかないし、打ち物にしても煎餅の香ばしさが残っている。これが、非常に上質な寒梅粉の製造方法である。京都では工芸菓子の原料によく使用されていた。寒梅粉の質もよく、薄くのばしてもやぶれず、食べても独特の風味があった。ただし、昔風の手焼煎餅式では、餅生地の時間経過による浮きむら、炭火など熱源の不安定による焼けむらなどといった色沢、粉の嵩《かさ》（容積）の不揃いがある。

現代の製造方法では、ホットロールという機械を使い、電熱・ガスまたは蒸気などで焦げないように焼き、粉砕している。また使う用途により多少製法も変わってくる。出来上がった寒梅粉に少々空気を入れることにより、ふわっとした寒梅粉を作り、干菓子の切出し物や打ち物としてもよく使用される。ホットロールは、先の伝統的な平焼き煎餅製法より色むらがなく白く焼き上がるので、香ばしさに欠けるが、打ち物などへの彩色仕上がりがきれいででき映えがよい。

上南粉（極みじん粉）　極みじん粉とも呼ばれている。糯精白米を水洗い、水漬け、水切り後、せいろで蒸し上げ、よく乾燥したもの（道明寺種）をザラメ状に粉砕して、二〇〇℃前後の平らな焙煎機で少しずつ煎り上げたもの。打ち物菓子によく使用される。少し焦がしたものを茶みじん粉（または、こがしみじん、狐色種）ともいう。

全国的に地域ごとの呼び名があるので、注意する。上みじん、細真引きとも呼ばれている。いずれにせよ、蒸した糯米を煎って白焼きにしたものであるので、寒梅粉などに混合して打ち物にするとよい。また、茶みじんともいうこがしみじんは、より濃く焙煎してあるので、香りを味わうものである。

新引き粉（真挽き粉）　いら粉、みじん粉、真引き粉とも呼ばれ、上南粉（極みじん粉）と同じ製造方法であるが、煎るときは特に平型でなく、円筒型砂釜で行なわれ、目の大きさにより用途が変わる。粒の大きさは米粒大からけし粒程度まで各種あり、煎る前にふるい分けしておく。糯米は煎り上げると、粳米の数倍もふくれ上がり球状になる。主に打ち菓子やまぶし物、高級おこしなどに使われる。

新引き粉は目の粗さによって、いくつもの大きさに分けられていて、使い方もそれぞれ違ってくる。新引き粉は色づけが非常にむずかしく、アルコールに着色して新引きにかけるとよい。しばらくするとアルコールだけ蒸発してきれいに色が染まる。

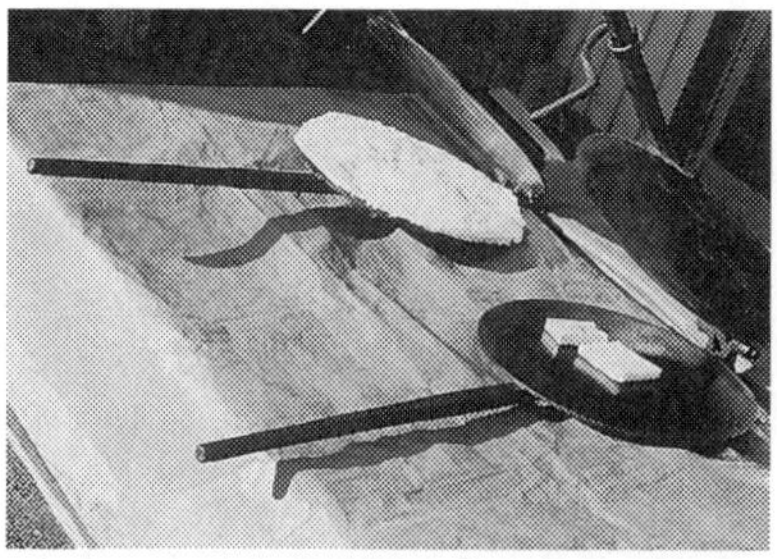

寒梅粉製粉製造装置・手焼き式煎餅型
直径50 ～ 60cmの円型平型。昭和40年代頃まで使用されていた

道明寺種　藤井寺市にある尼寺で最初に作られたことにより、この名前がつけられている。糯米をよく水洗いし、一晩水漬後、せいろまたは自動蒸米機で蒸して十分に乾燥させ、「ほしいい」（乾飯・糒）にし、丸粒、二つ割り、三つ割りなどの適当な粒に粗挽きしたものをふるい分けする。大きさにより丸粒道明寺、中荒道明寺、細道明寺などに分けられる。主に桜もち、椿もち、みぞれ羹に使われる。

家庭で作る関西風桜もち…①道明寺種三つ割り一〇〇g、②上白糖五〇g、③ぬるま湯一八〇g、④こしあん二〇〇g、⑤食紅少々、⑥桜葉漬一〇枚。①をさっと水洗いしざるで水切りしておく。③を熱湯にして①と②と⑤を入れてよくかき混ぜ中火で煮立たせ、五～七分程で火を止め、三〇分程度うましておく（芯まで柔らかくなっているかを確かめる）。別に④を二〇gのあん玉一〇個にする。道明寺種三〇gをのばしてあんを包んで桜葉を巻いて出来上がり。

道明寺糒　糒《ほしい》は乾飯のことで、『倭名類聚抄』に出てくるが、旅行の携帯に重宝されたらしい。最初は粳米であったが、のちには糯米が主となった。大阪、藤井寺市の道明寺にて今から千年以上も前に、菅原道真公の伯母覚寿尼によってご飯を乾燥させたものから作り、有名になったので道明寺糒といわれている。

糯米を一晩水につけ、蒸した後、一〇日程乾燥させ、さらに二〇日白天下で干してから石臼にかけてザラメ程度に仕上げる。明治以後になってようやく一般庶民にも販売されるようになった。

食品加工総覧第四巻　米粉（米穀粉）一九九九年より

あんの作り方

早川幸男　社団法人菓子総合技術センター

あんは、澱粉含有量の多い雑豆類を水中で煮熟して、その澱粉粒を細胞内に保持したまま、糊化定着させた細胞澱粉粒の集合体である。雑豆類は、品温が七五～八〇℃に達すると、子葉部細胞の細胞壁を形成している熱凝固性たんぱく質が凝固し、澱粉粒子は細胞壁内に包み込まれたまま糊化・膨潤する。これが、いわゆる煮豆の状態である。

これに水を加え、すり潰して個々の細胞粒子としたものが、いわゆる「あん粒子」であり、この細胞粒子の中には糊化・膨潤した澱粉粒子が数個以上包み込まれている（「細胞澱粉」ともいわれる）。これを多量に捕集、脱水すると「生あん」になる。

生あん作りの手順

原料豆の選別・洗浄　製あんに使用する原料豆は、蒸煮する前に必ず夾雑物の選別、洗浄を行なわなければならない。

浸漬　水浸漬の目的は、豆粒の内部まで水を十分に浸透させ、煮熟の際、熱の浸透をよくし、煮熟時間も短縮すると同時に、豆を均等に煮熟することにある。もう一つの目的は、豆の中の不純物（タンニン、シアン、泡立ち物質のサポニン、無機物のカルシウム、マグネシウム、リンなど）の除去で、とくに白あん製造の場合、浸漬により製品の白度が向上するので必須条件である。

煮熟　水浸漬後の豆に対しては約二倍量、直接煮熟する場合は約三倍量の水を加えて、沸騰させる。煮立ってきたら、熱水を排水しながら、上から清水をどんどん注ぎかけて、アズキの「渋」を洗い流す。これを「渋切り」または「あく抜き」という。この渋切りは、豆の皮に含まれているタンニン質、ゴム質などの熱水に溶けやすい、またあんの風味を害するような水溶性成分やペクチンその他の成分を洗い流すのが目的である。

この目的を達すると、皮や子葉部に熱水がいっそう浸透しやすくなって、とくに「呉（ご）」になる子葉部の組織がほぐれやすくなり、軟らかい煮アズキとなる。また、この呉の中に含まれている渋味や、苦味、臭気などが除かれ、くせのない良いあんがとれるようになる。一般に渋切りの悪いものは、あんの粒子がザラつき、色も黒褐色で異臭が残り、そのまま潰しあんで使うときでも口当たりのよいものにはならない。

本煮熟　渋切り後、加水し、焦げつかないよう注意しながら煮熟する。これを本煮熟というが、この本煮熟の程度はあん製品の品質に大きな影響を与える。煮アズキが軟らかくなってきてから撹拌や煮沸を手荒く行なうと、「呉」が下に沈んで焦げつきの原因となる。また、腹切れ（腹割れ）を起こさないようにするには、弱火で煮るとか、バスケットに入れて少しおさえるようにして煮るとか、豆をおどらせないように煮熟する工夫をする。

アズキは吸水させると、その重量は約二倍になる。アズキの成分のうち熱水に溶けるものは溶けてしまい、組織が膨脹してバラバラになってしまう。やがて、皮は内部からの膨脹圧に耐えかねて割れる。この腹割れは長さの方向に直角に割れ目ができるのが特徴である。しかし、バスケットにアズキを入れ、ある程度以上の膨脹を防ぐようにすれば、割れ目はほとんど防げるといわれる。

本煮熟によって煮熟されたアズキは、親指と食指でつまみ、軽く力を入れて容易に潰れるくらいの軟らかさになる。

磨砕　煮上がった豆を単一の細胞粒に分けるのが磨砕（あんずり）である。元来、煮熟完了の豆は、水に入れて撹拌すれば完全に単一の細胞粒にほぐれる。これがあんである。

篩別　磨砕後、あん粒子と外皮などを分離するのが篩別である。使用する篩の目の大きさは、通常四〇～五〇メッシュである。篩には振動篩、回転篩（六角・円筒篩）、高速遠心篩などがある。

水さらし　水さらしは、篩別工程で分離されたあん汁を水さらしタンクに移し、あん粒子が自然に沈降するのを待って上澄み液をパイプで排出する。さらに加水、静置、沈降、排水を二、三回繰り返し、きれいなあん粒子を得る。

水さらしの目的は、第一に、蒸煮中に溶出したものや比重の軽いものを上澄液とともに除くこと、第二には、あん汁の温度が高いと腐敗の進みが早いためにできるだけ早く温度を下げることである。

また、水さらしを行なったあんは、次の脱水工程で搾りやすくなることがよく知られている。これは冷水によってあん粒子がしまるほか、糊状の澱粉が除去されるとともに、冷やすことによって残存する糊化澱粉も固くしまり、搾りやすくなるためと考えられている。

脱水　あん粒子の脱水は、表面に付着している水分と細胞内水分の脱水である。従来から行なわれている方法は、冷却したあん汁を布製の搾り袋に入れて上部を結束し、これをすのこ状の搾り箱に入れて上部から加圧するものである。

脱水完了後の生あんの水分は、一般に白あんでは六〇～六一％、赤あんでは六二～六三％である。ただし、原料豆の性質により若干の上下がある。

保蔵　脱水した生あんは冷蔵して保存する。この際に注意すべきは以下のようなことである。まず、できるだけ急速に冷蔵室の温度を下げることである。製品の格納による温度上昇を避けなければならない。室内の風速はできるだけ速く保つようにし、製品表面に暖気膜を作らないようにする。暖気膜は冷気の伝わりを阻害する。また、生あんに直接水滴が付着するようなことのないようにする。

乾燥あん

乾燥あんは、生あんを乾燥して水分を四～五％とした粉末状のもので、粉末あんともいわれる。現在はおおむねフラッシュドライヤー（気流乾燥装置）を利用して、水分五～八％間で一気に乾燥するので、異味、異臭はなく、吸水性にすぐれ、膨潤度もよく、加水して生あんに戻した場合、通常の生あんよりやや粘稠《ねんちょう》性を持つ程度である。生あんは水分が多く変質しやすいので、乾燥貯蔵することに着眼して一八八四（明治十七）年ころ粉末あんを製造したのが創始とされる。

練りあん

生あんあるいは乾燥あんを、砂糖を主とした糖類溶液と混合し、加熱、沸騰させながら、賦形性（＝形作る）を保持できる状態まで練り上げたものである。練りあんには多くの種類がある。

あんの練り加減　軟らかくして長く練れば火が通ると考えやすいが、熱度と時間の差により、その品質は異なる。短時間に高熱で練り上げたほうが色やつやがよくなる。短時間に熱を十分に通して練り上げる、すなわち「火をよく通す」ということがもっとも重要である。

初め水を生あんの四〇～六〇％量程度入れ、軟らかいあんから煮詰めていく。こしあんの練り加減は、だんだん煮詰まってきて指先を入れて火傷するくらいのものでないと、十分熱が通ったとはいえず、あんの練り上げ最終の温度は九八～一〇三℃あればよい。煮沸中は一〇五℃くらいに加熱して、あんの練り上がり間際の温度が九五～九八℃程度であれば良いあんができる。

あん練りと品温　練る途中品温の変化を測定していくと、いったん一〇〇℃以上の温度になりながら最後には九五～九八℃まで温度が下がることが多いのは、水が多いときは水の温度を測っていることになり、沸点上昇もあって一〇〇℃以上の温度になるが、煮詰まってきて水分が少なくなると直接あん細胞集合体の温度を測ることになる。あん細胞は水分も少なく、熱伝導が悪く、とくに冷蔵庫に入っていた生あんからスタートしたあん練りでは、その時間までに温度上昇も遅れて九五℃くらいにとどまるものと考えられる。

よく熱が通ったかどうかは、あんのつやと色で見分けがつくが、そのほかに練り上げたあんをあん鉢に入れたとき、粘弾性と光沢があり、しかも冷却するとしまるものがよい。あん鉢の底のほうに蜜が沈んでいるようなあんは、火がよく通ったあんとはいえない。

伝統的な練りあん製造では、並あん（砂糖五〇～七五％）製造の場合には、生あんに対し、水の添加量は三〇～五〇％である。また生あんは最初に全部入れるのではなく、約三分の一を入れ、沸騰してからその残りを一～二回に分けて入れ、沸騰を続けるようにする。さらに攪拌の回数をできるだけ控え、あんの細胞膜の破壊を防ぐことである。

長時間かかるときには、攪拌のために摩擦が多くなり、あん細胞をそこない、澱粉が飛び出してきて、あんの味、舌ざわり、口どけが違ってくることになる。

表1　練りあんの配合基準

原　料	並あん（g）	中割あん（g）	上割あん（g）	もなかあん（g）
生あん	1,000	1,000	1,000	1,000
（乾燥あん）	(450)	(450)	(450)	(450)
砂糖類	500～750	750～900	900～1,000	1,000～1,200
水あめ類	0～50	50～100	100～200	100～200
（食塩）	(2～5)	(4～6)	(5～7)	(5～8)
寒　天				(2～4)
水	300～500	400～500	450～550	500～600
	(900～1,050)	(950～1,050)	(1,000～1,100)	(1,050～1,150)
練り上げ水分の目安	35～40%	32～35%	30～32%	27～30%

水の蒸発効率だけ考えて、最初に水を入れないところが多いが、水を四〇～五〇％入れることで品温が上がりやすくなるので、一〇〇～一〇二℃に品温を上げるための最低条件と考えるべきである。水の入れすぎより水不足の弊害のほうが大きい。

基本配合　練りあんは、配合する砂糖量によって並あん、中割あん、上割あんに大別される（表1）。乾燥あんを使用して練りあんを製造する場合は、あらかじめ乾燥あんに加水して、しばらく放置し、あん粒子に十分吸水、膨潤させ、通常の生あん水分まで復元させてから砂糖溶液と混合し、あん練り操作に移ることが必要である。

並あんの製造工程

並あん（仕上がり一〇kg）の作り方は次のとおりである。

①熱伝導のよい鍋（サワリ）を火にかけ、冷水五ℓを入れ、砂糖を七kgと生あん三分の一量の三kg程度を入れ、攪拌機を回転させる。

②加熱されてくると流動状となり、さらに沸騰すると蜜状となる。この間約二五分間である。

③十分に沸騰したら、残量の生あんを加えて攪拌を続けるが、生あんを入れたときは、少し硬い感じである。しかし、混合されて加熱されるとだんだん軟らかくなり、ブツブツ沸騰して周囲に飛び散るので、量の多い場合は双方から合わせる木ぶたをして練り続ける（水を多く加えて煮詰めるのは、その間に糖分をあん粒子の中に浸透させるためである）。

④約二五分間経過すると、攪拌機に重たく応えてくるので、製品の種類に応じて、適当な硬さで仕上げる。

中割あん・上割あんの製造上の留意点

中割あんとは、並あんと上割あんの中間のあんをいう。並あんは生あんに対して七五％以下の含糖量であるが、中割あんは七五％以上九〇％までのものをいい、一応八五％の含糖量を目安に練り上げればよい。しかし含糖量が多くなると結晶析出の原因にもなるから、水あめなどを使用することが必要になる。

中割あんは、用途によって練り加減や火加減を調節しなければならない。たとえば、求肥ものなどに使用する場合は、雪平ものよりいくぶん軟らかめに練り上げるとか、焼きものはそれより硬めにし、半生の石衣などはさらに硬めに練り上げるなどである。

練り上げ技術がよければ十五日や二十日以上経過しても品質は変わらないが、出来の悪いあんは二～三日で使用に耐えないあんになってしまうので、並あん類に比較してとくに技術の優劣がはっきりする。

したがって、良いあんを練るには、できるだけ強火で軟らかいうちから焦がさない程度に、攪拌をできるだけ少なくおさえ、光沢の良いあんを練り上げることがコツといえる。

練りあんの甘味は、配合する糖類と砂糖の転化率によって決まる。転化率がほとんどゼロの場合は淡白な甘味であるが、転化率が上昇するにつれて、甘味は強く感ずるようになり、また風味も変わってくる。それゆえに、練りあんの甘味・風味を一定に保つためには、配合する糖類と砂糖の転化率をできるだけ、一定にすることが大切である。

加熱による着色―「ヤケ」

練りあんの甘味・風味を揃えるには砂糖の転化率のほかに、「ヤケ」についても注意を要する。砂糖から生ずる転化糖は不安定で、あんに含まれているたんぱく質系物質とメイラード反応（アミノカルボニル反応）を起こして黄褐色の着色物質を生ずる。これらの着色物質は加熱時間が長くなるほど著しくなる。

メイラード反応は食品を加熱調理したときに生ずる現象で、その初期には香気成分を生ずるが、一般には褐変化から品質劣化をきたすものである。練りあんでヤケが進むときは、まず赤色が次第に強くなり、その後は褐色を帯びるようになる。そして甘味・風味も次第に悪くなる。

ヤケの現象は、練りあんの製造・保管中の品温および時間の経過に関係するものである。製造後保管によるヤケを防止するには、練り上げ終了後、できるだけ早く、あんの品温を下げることが重要である。練りあん仕上げ直後、そのまま大きい包装容器中に詰めたときの品温は、なかなか下がりにくいものである。

保存

生あんは腐敗しやすいものであるから、できるだけ早くあん練り工程に移ることが必要である。もしあん練りまでに数時間もかかるような場合は、冷蔵庫に保管しなければならない。生あんの冷蔵庫保存は保蔵温度にもよるが一般に四～五日までである。練りあんは品温を五〇℃前後まで下げてから容器に入れることが大切である。

食品加工総覧第七巻　あん　二〇〇四年より抜粋

小豆羹《あずきかん》

絵と文　もと　くにこ

小豆と寒天を使って、水羊羹と羊羹の中間のような、さっぱりとしたおやつを作ってみましょう。小豆のつぶつぶ感と黒砂糖独特のコクのある甘さが溶け合って、なつかしい、素朴な味わいです。水の入った緑茶と一緒に、冷やして召し上がれ。

（食農教育　二〇〇五年七月号）

■ **材料**（18個分）
小豆　250g、黒砂糖100g、
塩　少々、寒天パウダー 8g（2袋）、
流し缶　2つ
※黒砂糖はきび砂糖、三温糖でも可

①小豆に5倍の量の水、塩を入れ、強火にかけ沸騰したらアクをすくう。弱火にして40分煮て、砕いた黒砂糖を加える。ときどきかき混ぜながら、軟らかくなるまで20分煮る。

②煮上がったら、マッシャーですりつぶす。

③鍋に寒天パウダーと水2カップを入れ、弱火で5分溶かす。

④溶いた寒天に、小豆あんを入れ、弱火のまま、よく混ぜ合わせる。

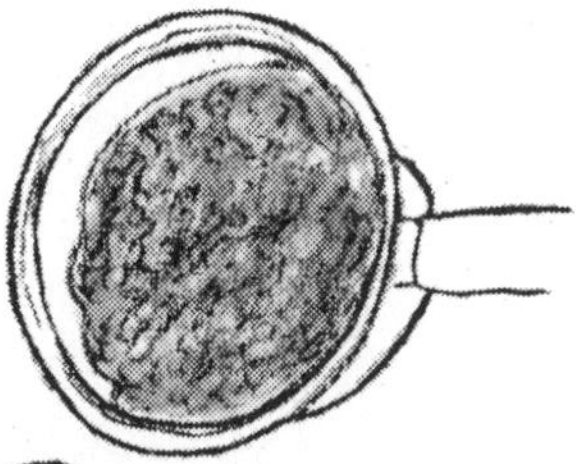

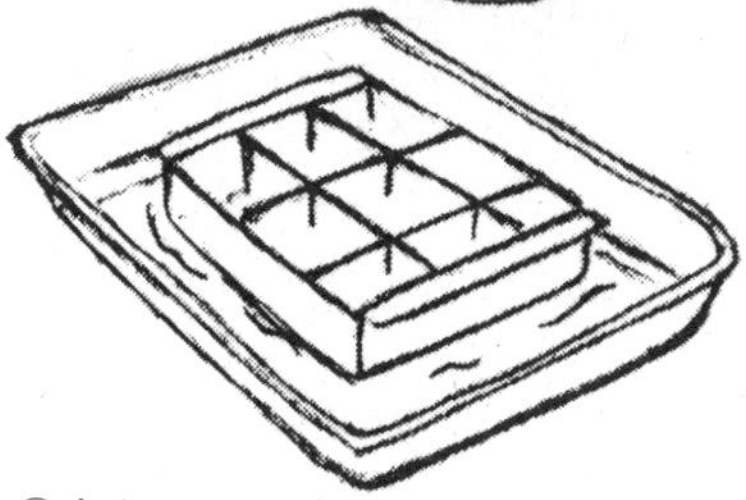

⑤水をはったバットに流し缶を入れ、そこへ④を流し入れる。冷蔵庫に入れ、固まったら切り分ける。

※小豆は一晩水に浸けておくと、30分で軟らかくなります。寒天は棒寒天、糸寒天でもいいです。袋のレシピを目安に水の分量を決めてください。流し缶のかわりにバットやお弁当箱などを利用してもいいですね。

菓子作り

早川幸男　社団法人菓子総合技術センター

薯蕷《じょうよ》まんじゅう

関西地方では「上用まんじゅう」といい、山芋と砂糖をすり混ぜてから上用粉をもみ混ぜる。関東地方では「そばまんじゅう」といい、砂糖と上新粉を混合して、山芋をすりおろして加え捏ねる。このような違いを一般に関西式、関東式といって区別しているが、毎日同じあんばいに仕上げるには相当の苦心と研究が必要である。

配合の基本としては、新粉の粒子が細かいときは砂糖を多く、粒子が粗いときは砂糖を少なくする。紅白を作ったり、茶席菓子に用いるなどさまざまな仕上げ方法がある。

材料　関西式の場合、つくね芋七五〇g、上用粉一kg、上白糖一・五kg、中あんには小豆並あん（配糖率六〇％）を用いる。

生地　①芋をよく洗って皮を剥いておく。②芋を細かくすりおろしてすり鉢に入れ、きめ細かくする。③砂糖を三～四回に分け入れてすり混ぜ、芋のコシを十分に出し上用粉をあける。④指先で静かに折り返しながら、徐々に混ぜる。⑤捏ね上げた種加減は、耳たぶより軟らかめがよく、耳もとで種をちぎるとポツンと音がする程度がよい。

成形　①三つ種に種切りして包あんし、小判型にする。②共種を水でのばしてひき茶色に染めて、筆に含ませて塗る（織部まんじゅうの場合）。

蒸し上げ　①強めの蒸気で約一〇～一二分間蒸し上げる。②少し微熱のあるうちに、中火に加熱した平鍋の上にのせて底部をうっすらと焼く。

ポイント　芋をすりおろすには、おろし金の上で静かに回して行なうと、きめ細かくなる。芋のコシが強いときは、水分量を加えてすり合わせるとよい。反対に芋のコシが弱い場合は、できるだけ軽く力を抜いてすり混ぜること。五〇g程度なら三つ種でよいが、大きくなるに従って三つ半～四つ種に種切りする。

むずかしい生地であるから、種具合を確かめるために、一個試し蒸しをすると失敗がない。

かるかんまんじゅう

淡白な風味で食べ口がよく、鹿児島地方の名物品として著名である。その風味は、使用材料のかるかん粉（粳米《うるち》を水に浸し、水を切ってそのまま挽いた生新粉）と、鹿児島地方の野生の山芋を用いるところに独特のうまさがある。

材料　山芋（大和芋・つくね芋）八〇〇g、冷水九五mℓ、白ざら糖一・六kg、かるかん粉（粗挽き）一kg、また中あんは小豆並あん（配糖率六〇％）を用いる。

生地　①白ざら糖は三～四回くらいに分け入れ、芋のコシをすり抜く。②ふわっと浮き加減まですったら、水を徐々に加えてすり混ぜる。③かるかん粉を加え、しゃくしで手軽くこねつける。種加減はさじですくい切れる程度がよい。

成形　①茶わん（直径五cm×深さ二・五cm程度）または金型に、さじですくい取って盛り入れる（四〇g仕上げなら二五g程度がよい）。②生地の中に小豆並あん玉を扁平に丸めて中心に押し入れ、生地をよせてあんを覆う。

蒸し上げ　露取りをかけて、強い蒸気にかけ約三〇分間で蒸し上げる。

仕上げ　①容器のまま水に浸し入れて冷却する（急冷しないと、かるかんが茶碗に付着して取り出しにくい）。②細い竹串で回りを外してから取り出す。

ポイント　芋とすり混ぜた砂糖は、多少粒子が残っているくらいが食べ口のよいものが得られる。上新粉では浮き加減が劣る。

酒まんじゅう

小麦粉に酒種を加え、発酵させて生地を作るのであるが、その風味は他の追随を許さぬ独特のものである。ただし、その元種を作るには、高度の技術と熟練を要する。

〈元種作り〉

材料　白米（粳米）一・四kg、冷水一・八ℓ、麹一・一kg。

器具　口径一八～二〇cmくらいのかめ、かめの口径に合わせたボール紙、かめの口を覆う白布（二枚重ね）、白布を結ぶひも。

洗米　①粳米は白水がなくなるまで水洗いして、ざるにあげて水切りする。②せいろに網布巾を敷き、その中へ水切りした白米を入れて平らにならす。

蒸し上げ　強い蒸気にかけて、四〇分くらいで蒸し上げる。

仕込み、熟成　①蒸し上がったら、大きな容器に移して薄く広げ、清潔な通風のよい場所に七〜八時間放置しておく。②飯がばらばらに乾いたら、麹を加え、よく消毒したしゃくしで混ぜ合わせる。③完全に消毒したかめに②を入れ、配合の水を加え、上面を平均にならす。④かめの口にボール紙をのせ、二枚折りの白布をかぶせ、細ひもで結んで密閉する。⑤一六℃の温度を保たせてゆれない場所におき、二四時間ごとに完全消毒したしゃくしで上下にかき混ぜる。⑥三日目になると種にぬくもりを感じ、六日目になると甘酸っぱい味となり、一〇日目には酒の香りを発して表面中央がふくらんで鬆《す》（気泡）が立ってくる。⑦一五日目なると酒の香りも強く、酵母菌が十分に培養され泡を吹くようになり、一七日目にはプップツと微音を発して酒の香りが強くなり、舌につけるとピリッと渋味と辛味を感じる。これで元種の成熟は完了である。

この元種は、夏季で三〇日間、冬期で五〇日間くらいの保存が可能である。仕込み種に使用した残りの元種に、使用した量だけ（米飯一kgに対し麹一四％の割合）原料を加えよく手入れすると、何か月でも継続して使用できる。ただし、工程中に雑菌に侵されると完全な発酵が得られないから、菌の侵入を防ぐことが大切である。

〈仕上げ種作り〉

材料　糯《もち》米一・四kg、麹二〇〇g、冷水二ℓ、しぼった元酒二五〇g。

洗米　よくといだ糯米を三〜四時間浸したら、ざるに上げて水切りしておく。

蒸し上げ　①水を容器に入れて火にかける。②沸騰したら米を入れ、ときどきしゃくしで攪拌して、米粒がつぶれない程度におかゆを作り、水に浸して冷ます。またはせいろに入れて蒸し上げ、容器に移し熱湯を加えて蒸らして作る方法もある。

仕込み、熟成　①完全消毒したかめに入れ、用意した元酒と麹を加えてよくかき混ぜ、白布を三枚重ねてかめにかぶせ、細ひもで結んで密閉する。②これを二六℃に保温して静置し、一〇時間くらい経過するとブクブクと音を出して盛んに発酵する。③一二時間ほど経過すると、大きな泡を吹き、音を発して酒の香りが強くなり辛味と渋味、苦みを感じる種となる。

これで完全な酵母菌が培養されて「仕上げ種」が成熟したのである。この種を目の細かい篩《ふるい》にあげてしぼり出した汁が、すなわち、酒まんじゅうの生地をこねつけるのに用いる「仕上げ酒」である。

酒の中に小麦粉を入れ、こねてねかすと、発酵してもやけてくる。

これをもう一度こね、あんを包んで丸める。

できあがった酒まんじゅう　北都留郡上野原町
（撮影　小倉隆人『聞き書　山梨の食事』）

〈まんじゅう作り〉

材料　仕上げ酒五〇〇mℓ、強力粉三〇〇g、薄力粉七〇〇g、中あんは微温状態で軟らかめの小豆並あん（配糖率七〇％）。薄力粉と強力粉を混合し、篩に通す。

生地　①使用する容器は木桶がよく、銅製や金属製のものは避ける。木桶の中に仕上げ酒を入れ、混合した小麦粉は三分の一量を残して加え、こねつける。種加減は、種が手に付着しない程度の硬さにする。②蓋をのせて、二六℃に保温して生地の発酵を促進させる。夏季は涼しい場所（二六℃）におく。この生地は冬季は七～八時間、夏季は四～五時間で発酵する。③五時間経過すると三～四倍に膨張して軟らかくなり鬆《す》が立った状態になる（指先で突くと炭酸ガスが抜けて生地がへこむ）。④残しておいた小麦粉を加え、手でもみ混ぜて再び二六℃の保温処置をして二～三時間経過すると、五倍ちかくに膨張して酒の香りがし完全に生地が成熟する。

成形　①包あんにかかる前に、小豆並あんを生地の硬さに合わせて練り上げ、微温状態にしておく。②生地はより出しながら切るのがこつである。③五〇～六〇g程度の包み上げなら三つ種に切り、微熱のある小豆並あんを竹べらで包あんする。④扁平状に成形するが、この包み方の善し悪しでほいろ内の発酵が異なるから手早く包む。

蒸し上げ　①ほいろ箱には、厚紙を敷いて上新粉をたっぷり敷き、この中に間隔よく並べて火ほいろ（四〇℃）に下段から順に上段へ差しかえする。②約二〇～三〇分間経過すると、相当に誇張して表面がふっくらとして皮張っていれば上段から取り出し、ぬれ布巾を敷いたせいろに間隔をおいて並べ入れ、表面に水霧を平均に吹きかけて中くらいの蒸気にかける。③三～四分間隔で下から順にせいろに差し込み、一〇分間くらいで蒸し上げる。

ポイント　麹を余分に加えすぎると過発酵となり、色が白く上がらない。

ほいろに入れて表面が割れるのは、酒種が強くて誇張過度や中あんが熱すぎ、生地が硬いなどが原因である。

酒の成分が強いときは、少量の砂糖か食塩を添加するとよい。

蒸し羊羹

蒸し羊羹の配合量は使用するせいろの寸法に見合った木枠の大きさによって決められる。主材料となる小豆並あんの配糖率は、七〇％程度が普通であり、蒸し羊羹自体の配糖率は九〇％程度が基準である。ここでは栗蒸し羊羹の加工方法について述べることとする。

材料　三三㎝角木枠を用いる場合、小豆並あん（配糖率七〇％）、上白糖四〇〇g、小麦粉三〇〇g、微温湯一ℓ、食塩八g、蜜漬栗八〇〇～一〇〇〇g、片栗粉五〇gである。蜜漬栗は、篩に上げて蜜を切り二つ割りにしておく。

生地　①小豆並あんに小麦粉と食塩を加え、十分にもみ混ぜて弾力を出す。②片栗粉を加え均一にもみ混ぜ、上白糖を加えてよく混ぜ合わせる。③微温糖をはじめは三分の一くらい加え、なめらかに混ぜてから残量を徐々に加え、こねつける。種加減は、容器を上下に振動させて平らになるくらいがよく、軟らかいと栗が沈澱してしまう。

成形　せいろ（内径四〇㎝くらい）には木枠、またはステンレス製枠をおき、硬くしぼったぬれ布巾を敷き込んで四隅を金べらで押さえる。あん生地を流し込み、軽く振動させて平らにし、二つ割の蜜漬栗を並べ乾いた布巾をかぶせる。

蒸し上げ　①強めの蒸気にかけ、蒸し時間はせいろ五枚なら途中で転置して一時間三〇分くらいで蒸し上がる（一〇枚以上なら二時間）。②蒸し上げたら布巾をとって表面を薄いかき板で軽くかきならし（つらかき）、直接風に当てないように注意して冷却する（直接風に当てて冷ますと栗が乾き見苦しくなる）。蒸し上げ作業は前日の作業終了前に行なうのが通常である。

仕上げ　①よく冷ましたら、取板に移しておき、寒天七・五gに対し、水二六〇㎖、砂糖三〇〇gの配合でつや天液を一〇一℃に煮詰めて荒熱を抜き、これを上面にはけ塗りする。②つや天が固まったら、四・五㎝幅に包丁切りし、小口から三㎝に包丁切りし、六㎝角に裁断したパラフィン紙を底部に当てて仕上げる。

ポイント　微熱温湯量は、あんの硬軟加減によって決めること。

蒸気が強すぎると、生地中に泡穴ができて見た目や味覚を損なう。

蒸し過ぎると食べ口が硬く、あんが変色する。

渋切らずあんを用いると、小豆の色がよく風味を増す。

二㎏の丸栗を生地に混ぜて蒸し上げると高級品ができる。

また蒸し羊羹は、生地調整によっては食べ口の異なったものができる。それぞれの工程の相違点は次のとおりである

歯ごたえがあって食べ口のさっくりしたものを作るときは、あんに小麦粉を加え十分もみ、弾力を出してから食塩、砂糖、片栗粉またはくず粉、微温湯の順で加えこねつける。

粘性があって、少し軟らかめのものを作るときは、あんに砂糖、食塩を混ぜ、くず粉は水溶きして加えるか、あるいは片栗粉を加え、最後に小麦粉を加えてこねつける。

特殊な方法として、多量生産の場合に生あんに砂糖を加えて加熱し、荒熱を抜いてから、水溶きしたくず粉と水、食塩、小麦粉の順で加えてこねつける方法がある。

別製品として、蒸し羊羹の生地に、蜜漬けした大納言を加合した「小倉蒸し羊羹」がある。

あられ、おかき

あられとおかきは同質であるが、形と仕上げ方法によって区別されている。あられは小形ものの総称であって、おかきは大形のものいう。形や加合材料により製品名などが異なるが、製法はほとんど同じである。

材料　糯《もち》米を洗米機によって水洗いし、不純物を除いて一定時間水漬けする。

生地　①水分を吸収して軟化した米をざるにあげ、水切りを行なう。②せいろで蒸し上げる。③餅搗機で最小限度の手水を使い、十分に搗きあげる。搗き方が不十分なものは、焙焼の際、膨化が不足して生地が硬く、食べ口の悪い製品となる。また、搗き上げる際、ゴマ、青海苔などを加合する場合もある。

成形　①搗き上げた餅は、手粉を敷いた板にあげ、手粉をもみ込まないように折りたたんでまとめ、手粉を敷いた箱に延し込み固める。種類によっては箱に入れないで、棒状に延し、板の上か、型器に入れて固めるものもある。②冬期はそのまま放置（箱詰めしたものは裏返す）して固めるが、春さきから秋まで気温の高い期間は冷凍設備を利用して固める。③餅削り機にて削る。④切断機によって指定の寸法に切断する。型ものは、削り生地を特定の抜き型で抜きとる。⑤金網乾燥器具に散らして、生地の水分分布状態が均一になるように、長時間日光や陰干し、乾燥室等で乾燥させる。⑥完全に乾燥した生地は一～二日は茶箱などに入れて保存し、乾燥を均等化する。

焙煎　温度は製品によって異なるが、約二八〇℃できつね色に焼き上げ、内部に心を残さないように焙煎する。

調味用たれ　醤油を主体として、味とつやを増すために、澱粉、みりん、化学調味料、カラメル、その他香辛料によって味つけする。作り方は以下のとおりである。

①容器に醤油を入れ、水少量加えて火にかけ、約五〇℃になったら少量の砂糖を加えかき混ぜる。②別の小さな容器に片栗粉を入れ、水少量を加えて攪拌しておく。③醤油が沸騰する直前に②の調整材料を入れ、手早くかき混ぜ泡が出るまで煮詰める。④煮上げ後、冷めてから、みりん、カラメル、化学調味料等を添加する。

味付け、乾燥　焙煎した生地の熱のあるものを、自動機の容器に入れて回転しながらたれを少量ずつふりかけ、乾燥用金網枠に移して乾燥させると光沢のある製品となる。また、たれをつけた直後に、のりを巻きつけたり、ケシの実やゴマをふりかけたり、白ザラ糖やグラニュー糖をまぶしつけたりするものもある。

ポイント　米の水漬の時間と気温と水質、水温は密接な関連がある（表1）。

糯米は、水稲の糯米があられ、おかきに適し、陸稲の糯米は塩せんべいに適する。

表1　米菓製造における原料米の浸漬水温と時間

水　温	時　間
10℃以下	15～24
15℃	10～12
17～18℃	6～8
20～23℃	3～5

注　水質は軟水が適する

塩せんべい

材料　原料は粳米の粉で、新粉、上新粉、上用粉とも称しているが、塩せんべいを作る工場では自家製粉する場合が多い。原料米を手早く水洗いして水を切り、二～三時間後、半乾きの状態で製粉する。うるち米粉一kg、温水（約八〇℃）六四〇㎖。

生地　①うるち米粉を温水でこねつける。②せいろに大きさを揃えてちぎって入れる。③強い蒸気で約三〇～四〇分蒸す。④餅搗機、あるいは餅練機で搗く。⑤冷水の中に入れ約一時間で約三〇～三五℃に冷やす。⑥再びうすで搗き上げて生地を作る。

成形　①両ふちに一定の厚さのふちのついた延し板に、離型材（みつろう）を塗り生地を押し延す。②抜き型で抜き取る。③金網枠の上に並べて日光乾燥を行なう。

以上は、手延し方法であるが、現在ではボイラー、蒸し練機、自動圧延機、型抜き機を使用しての加工が多い。

焙焼　①日光乾燥したものをさらにほいろ棚で乾燥させ、三五～三八℃の熱をつけて水分をなくする。②均一になった生地は、金網製のはさみ焼き機に並べてはさみ、上下が同等の火加減の焼き窯に差し込んで焙焼する。

調味用たれ　調味用たれの配合割合は、醤油一〇〇〇㎖、上白糖三〇g、片栗粉二〇g、化学調味料五gである（季節により差がある）。作り方は以下のとおりである。

①容器で砂糖と片栗粉を混合する。②醤油を半分量徐々に加えて溶かす。③火にかけ、しゃくしで攪拌して沸騰させる。④調味料を加え冷

却する。⑤残りの醤油を加えて、たれが出来上がる。

　この作り方はおもに冬季に適する。夏季は醤油を全部一度沸騰させる。また、唐辛子、みりん、カラメル、昆布だしなどを加え特殊な味を出すものもある。

味付け、乾燥　焙焼した生地を熱のあるうちに塩せんべい用の醤油付けふりきり桶に入れ味付けする。取り出して乾燥用すだれに並べ、乾燥棚で平均に乾かして仕上げる。

　堅焼きせんべいは、普通のせんべいの約二倍の厚さにして、下火のみの火床で裏返しながら焼き、熱のあるうちに一枚ずつはけでたれを塗って仕上げる。

甘納豆

　原料にはササゲ、大納言小豆、金時、青エンドウ、ウズラ、ソラマメなどの豆類のほか、栗や芋などが使用される。
材料　乾燥豆一・五kg、重曹八g、砂糖三kg、シロップ用水一・三ℓ。
洗浄　良質の豆を選び、水洗いして、浮き上がった豆、ひね豆、不純物を取り除く。
煮沸　①煮釜に水洗いした豆を入れ、豆の高さより多い水を入れて煮沸する。②沸騰したら、しわ伸ばしの水を加え再び沸騰させる。③熱湯を全部くみ出して渋を切る。④これらの操作を一～二回繰り返す。このとき豆の皮を破らないように注意し、水分は常に豆の表面を覆っているように補給しながら煮る。⑤次第に軟らかくなるにつれて火を弱くする。⑥重曹を加え、蓋をしてむらし煮する（皮も肉も同じ軟らかさに煮上げる）。⑦煮上がったら、冷水を釜の中に加えて豆を冷やす。⑧ざるに布巾を敷き、静かに手早く豆を移し、表面にも布巾を掛けて水をそそぎかけて冷やす。
蜜漬け　①鍋に砂糖を入れて水を加えて沸騰させ、細かい篩でこす。②蜜が沸騰した中に煮上げた豆を浸す。③蜜が沸騰する寸前に火を止め、そのまま一晩浸しておく。④翌日豆を浸したまま加熱し、沸騰寸前に豆だけを篩にすくい上げ、蜜を切り、蜜だけを煮詰める。煮詰めの温度が一〇四～一〇五℃になったら再度浸して、もう一晩おいて糖分を浸透させる。⑤翌日もこの作業を繰り返し、糖蜜が一〇八～一一〇℃（夏と冬では温度が異なる）に煮詰まったら豆を入れる。⑥そのままにして四〇～五〇℃に熱が下がるのを待つ。⑦豆を上げて蜜を切る。
砂糖をまぶす　蜜を切った豆の熱があるうちに、乾燥した砂糖をまぶすと豆の熱によって自然に乾燥して仕上がるが、さらに弱いほいろにかける場合もある。
ポイント　糖蜜を濃縮するうちに、量が不足する場合は新しい糖蜜を補給する。これは甘納豆にかぎらず各砂糖漬にも共通する。

あんドーナツ

生地　①容器に油脂・砂糖・食塩・香料の順に加えながら、クリーム状にすり合わせる。②鶏卵を徐々に加えて混合する。③牛乳を加えて攪拌する。④小麦粉とベーキングパウダーを篩にかけて軽く混合する。⑤仕込み直後は軟らかいが、約一時間休ませると包みよい硬さになる。
成形　①生地がしまったら粉箱へ上げる。②あんと同じ硬さに調合する。③三五g包みの三つ種に切り、包あんする。④丸形に成形して手の平で押さえて扁平にする。⑤油をいためないように手粉をよく払っておく。
揚げる　食用油を入れた鍋を中火にかけ、一八五℃に熱する。ドーナツを入れ、浮いたら裏返しして両面を平均に色づけする。揚がったら、揚げ網に上げて油を切る。ドーナツが冷めたら砂糖をまぶす。

表2　あんドーナツの基本配合
（日本菓子教育センター，1979）

原　料	基本配合	応用配合
グラニュー糖	500g	300g
バター	100g	（ショートニング）60g
食　塩	8g	10g
バニラ	適量	適量
レモン汁	少量	（ナツメッグ）3g
鶏　卵	500g	200g
牛　乳	200mℓ	450mℓ
小麦粉（薄力）	1kg	1kg
ベーキングパウダー	50g	30g

注　中あんは小豆並あん。他にまぶし用の砂糖またはグラス

食品加工総覧第七巻　菓子類　二〇〇〇年より抜粋

あっちの話こっちの話

小豆あんとの相性ばっちりニラまんじゅう

吉野隆祐

熊本県甲佐町に住む小島千代志さんはまんじゅう名人。カライモ（さつまいも）まんじゅうや、揚げまんじゅうなどいろいろ作っています。千代志さんが、町の産業文化祭に出す加工品として思いついたアイデアが、ニラまんじゅうです。

作り方は、ニラ五〇gを刻んで水二カップと一緒にミキサーにかけ青汁を作ります。小麦粉五〇〇gをこの青汁で練れば、ニラまんじゅうの生地が出来上がりです。中に入れる具は小豆あんがよく合います。ニラのにおいが食欲をそそること間違いなしのこのまんじゅう、ぜひ試してみてください。

ニラ50g ミキサーで青汁にして
粉500gで練る
具はアズキあんがよく合う

二〇〇九年六月号　あっちの話こっちの話

子芋を活かす里芋まんじゅう

竹内綾子

新潟県一の里芋産地として有名な五泉市の農協女性部は、イベントなどで「里芋まんじゅう」を販売しています。この里芋まんじゅう、基本的には子頭（子芋）で作ります。孫芋よりも食感が若干固い子頭は、五泉市ではB品扱い。里芋の値が安いときは商品にならないこともあります。しかし捨てるのはもったいない。そこで子頭を保存し、里芋まんじゅうにして販売し始めたというわけです。

作り方を武藤ノリ子さんに教わりました。まず里芋一kgをゆでてからよくつぶし、つなぎとしてカップ二杯の小麦粉を混ぜて生地にします。小麦粉を混ぜてから練りすぎるとネバネバになるので、軽く混ぜるだけにするのがこつです。あんこやキンピラなど好みの具を包んで表面がちょっと透明になるくらいまで蒸かした後、軽く焦げ目が付くくらいに焼いたら出来上がり。もちろん孫イモで作ってもおいしくできます。

二〇〇八年八月号　あっちの話こっちの話

きな粉を天ぷら粉に混ぜて揚げ物上手

小松原圭司

清流錦川で有名な山口県錦町に住む、熊野チサコさんにうかがった話です。チサコさんは、お正月にお餅を食べた後に残るきな粉をどうしようかと迷っていました。余ったきな粉がもったいないと思って、ある年、家族で天ぷらを揚げるときにそのきな粉を天ぷら粉にいれてみたのです。

するといつもの天ぷらよりも、格段においしく、きれいな黄色をした天ぷらに揚がったのです。色がいいし、香りもいい。からっと揚がって、衣がしっとりしないといいことずくめ。

作り方は小麦粉を水で溶いた後、小麦粉の三分の一ぐらいの量のきな粉を混ぜるだけです。

お嫁さんには「ヒットアイデアだよ」と言われ、今ではわざわざきな粉を買ってきて、天ぷら粉に混ぜているそうです。大学生、高校生の若いお孫さんも喜んで食べています。最近結婚したお孫さんもさっそくやっているそうで、親戚中に広まっています。

一九九九年十月号　あっちの話こっちの話

コクと風味が違う、自家製菜種油

青森県横浜町　沖津俊栄さん

編集部

手間がかからず、被覆作物にもなる菜種

青森県横浜町は、国内では数少ない菜種栽培が盛んな地域で、現在の作付け面積は一四〇haあまりである。五年前に九三歳で亡くなった沖津さんの父・孫八さんが一八歳のときに、二人の仲間と岩手から入手した種をまいたのが、横浜町の菜種栽培の始まりだと聞いている。

自宅の敷地内にある搾油機。この日は25kgの菜種から10ℓの油が搾れた

最初は「こったら粒の小さいのを植えて、何俵とれるんだ」という人もいたらしいが、初年は、反当り八俵とれたそうだ。当時は軍事用の飛行機や機械の油としても菜種が利用されており、いい換金作物となった。また、菜種栽培では、病害虫防除がほとんど不要で、管理の手間がかからないこともあって、作付けが増えていった。

戦後は、価格が安いカナダ産菜種のために、国内での菜種生産はほとんど消滅してしまった。現在の菜種油の自給率は、わずか〇・〇四％である。しかし、春から初夏にかけて冷たいヤマセが吹きぬけるこの地では、寒さに強く、地面を覆って土壌の飛散を防いでくれる菜種の栽培が続けられてきた。

自分が作った菜種を自分で油に

ふつうの農家は、栽培した作物をそのまま出荷するだけで、自分で加工したり製品を販売したりする農家はほとんどいない。横浜町でも、菜種を栽培するばかりで、自分たちで作った菜種を油に搾ることはなかった。どの農家でも、菜種油は市販されているものを買っていた。もちろん沖津さんの家でもそうで、栽培した菜種は農協に出荷するだけだった。

自分たちで油を搾ってみようと考えたのは、平成五年の米の大凶作がきっかけだった。自分が栽培している作物を最大限活かすことで、困難を乗り切ろうと思った。そして、国内ではほとんど栽培されていない菜種を、搾油することを思い立った。

最初から、油が売れて商売になるとは考えてはいなかった。「油がきっかけで、他の作物の産直が広まるかもしれない」と思い、仲間や消費者に呼びかけ、二年ほどかけて資金

を集め、搾油機を買った。

野菜も肉も甘くなる、天かすもうまい

初めて搾った横浜町の「地あぶら」。少し青くさい感じがしたが、市販の油にはない菜種特有のコクと甘味が感じられた。

「搾った油と市販の油の違いは、野菜炒めにするとよくわかる。搾った油だと、砂糖を入れたみたいに甘くなる」という。焼肉や焼きソバに使うと、味がまろやかになって肉のうま味が強く感じられる。そして「搾った油で作った料理は、いくら食べても胸ヤケしたり、もたれたりしない」という。

もちろん、天ぷらを揚げるときも、自家製の菜種油を使っている。搾った油は色が濃いので、卵を入れなくても衣が黄色く仕上がる。搾った油は精製していないので、酸化しやすいように思えるが、実際には酸化しにくく、繰り返し天ぷらを揚げても変色も少ないという。

さすがに、粉の細かいフライや肉類を揚げたときは少し黒くなるが、野菜の天ぷらだったら、差し油しながら何度使ってもほとんど変化はない。精製していない自家製の菜種油が酸化しにくいのは、市販の油なら精製段階で取り除かれてしまうビタミンEなど、菜種が本来持っている天然の酸化防止剤が残っているせいだという。

天ぷらを揚げたとき出る天かすも、色がきれいで味がまろやかだ。ソバやうどんに入れるとてもおいしい。最初のころは、慣れていないために、自分で搾った菜種油の風味に違和感があったそうだが、今は逆に味もにおいもしない市販の油のほうに違和感を持つようになった。

沖津さんたちが搾った油は、「生産者自らが搾った、ここだけにしかない油。何の混じり物もない、そのまんまの油です」とアピールして、知り合いにだけ販売している。

機械代や手間を計算すると、まだまだ採算がとれる状況にはない。だが、「いずれは保健所の許可もとって、より多くの人に販売できるような体制をとっていきたい」と話す。自分たちが栽培した菜種をそのまんま搾った菜種油の魅力を、いろんな人に知ってほしいと思っている。

農協に出荷する菜種は水分15%だが、油を搾る場合は12～13%にする。1～2%でも水分が多いと、搾油に時間がかかり、仕上がりの色も違う。選別も2～3回やって、できるだけ混じり物を少なくしておく。また、菜種は乾燥しやすい反面、水分も吸収しやすい。輸送・保存中に湿気を吸う心配があるので、紙袋とビニール袋を二重にして保存する

二〇〇四年九月号　日本一の菜の花の町は、日本一の「地あぶら」の町になれるはず

椿油は万能油

千葉県山武町　永田勝也

チェーンソーオイルに植物油

私は千葉県に住む、兼業陶芸家です。日頃から食料等の自給を心がけ、できるだけ自分で作るようにしています。その一環としてきのこ栽培をしていますが、私が椿油に関心を持ったのは、きのこ栽培がきっかけです。

きのこの原木を切る際にはチェーンソーを使いますが、チェーンソー作業ではたくさんの潤滑油（鉱油）を消費します。最初は市販の鉱油を使っていましたが、当然、原木に飛び散ったり、おがくずにたくさん混入したりします。「食べものになるのに、鉱油が混入したおがくずを使ってもいいのかな」という疑問を持つようになり、植物油や動物油で使えるものはないかと調べました。

すると、昭和三十年頃の天然有機物のテキストに、「菜種油は潤滑剤や機械製作用の切削油として、また椿油は乾燥せず固化しない不乾性油の最たるもので、時計油として一級のもの」というようなことが出ていました。

菜種油や椿油が鉄を削るスピンドル油として使われていたなら、チェーンソーオイルにも使えると考え、さっそく試してみました。結果は良好。菜種油も椿油も、チェーンソーオイルとして何ら問題はありませんでした。

ただ、菜種油は半乾性油のため、長期間放置すると固まってしまいます。椿油は不乾性油のため、放置してもチェーンソーが固まってしまうことはないのですが、価格が高すぎるという問題がありました。そこで、普段は菜種油やサラダ油を使い、手入れ用に限定して椿油を使うことで対処しました。これで、鉱油が混じる心配のないおがくずがとれるようになりました。

搾油の手順

種子の採集　椿油は、椿の種子から搾ります。種子は固い実の中に入っていて、果皮が少し割れ始め、地面に落下する前に、二～三回に分けて採集します（千葉県では十月初旬）。所によっては落ちた種子を拾うようですが、虫が入ったり、カビがついたりする場合があります。

天日干し　採集したらすぐに天日干しをして、じゅうぶんに乾燥させます。果皮が割れていないものでも、干せば自然に割れて種子が出てきます。決して雨や夜露に当てないよう注意します。午後は早めに取り込みます。しまうときに、ビニールシートなどに包んだままにしておくと、翌朝白いカビが出ることもあります。通気性のあるコンテナや竹ザルに入れるようにしましょう。

搾油　私は搾油機を持っていないので、『現代農業』で紹介された、三重県の中尾久之助さんに送って搾ってもらっています。最初は椿油そのものを中尾さんから格安で譲っていただいていましが、私の山ブドウ園（三反

ツバキの種と果皮を分ける。晴れた日によく干すと、いい椿油に

五畝）の周囲にもヤブツバキが生えているではありませんか！　これは使えると思い、二〇〇一年秋からはこの椿の実を集めて搾油してもらっています。椿の種子の含油量は約三五％とされていますが、実際に搾れるのは、種子二〇kgから油三・六〜四ℓで、一八〜二〇％のようです。

中尾さんは蒸すなどの加熱処理をせずに、「アンダーソン式エキスペラー」（スクリュー式搾油機）で搾っていますから、生搾りの油がとれます。中尾さんによればこのように種を直接圧搾するのが漢方の椿油で、万病に効く秘薬だとか。実際、中尾さんの知り合いに、日常的な料理にこの油を使っていたら、循環器系の病気がよくなった人がいるそうです。

石鹸、ヘアオイルにも

椿の実が身近なところにあるとわかってからは、搾った油をいろいろな方面に使うようになりました。チェーンソーオイル以外に、刃物の手入れ用、石鹸、シャンプー、スキンオイルなどに使用しています。椿油はリノール酸の含有量が少ないので、酸化がおこりにくいといわれています。比較的長期の保存が可能です。

椿油石鹸は、陶芸仲間の桜田晴美さんが作ってくれます。手洗い、洗顔は無論のこと、ヘアシャンプーとしても使うことができます。ただ、石鹸はアルカリ性なので、髪を洗った時は、酢やレモンのクエン酸など酸性のものでリンスをして中和しましょう。その他、そのままスキンオイルとして使ってもベトつかず大変いいものです。

椿油は食用油によく、天ぷら油にすると絶品といわれています。そこで、私も相当期待してマヨネーズ、ドレッシング、天ぷら油などに試してみましたが、私にはくせが強いように思われ、今は食用には使っていません。

搾りかすはネコブを防ぐ肥料に

椿の種子を搾ると油だけでなく、搾りかすもとれます。種子二〇kgから約七〇〇gと量はわずかですが、それだけに貴重です。搾りかすにはサポニンが含まれており、ネコブセンチュウ（ネマトーダ）を防ぐ効果があります。私は大根、にんじん、ごぼうなどの根菜類や、白菜、トマト、きゅうりなどを作る場合にうないこんでいます。効果は無論絶大です。

以前、福岡の実家に帰省した時、福岡市の大壕公園前の街路樹が椿であるのを「発見」しました。お盆の頃でしたが、リンゴツバキと思われる大きな実が鈴なりでした。買えば高価な椿油ですが、意外にも身近な所に「宝物」がころがっているかもしれません。

サザンカの実、お茶の実でも椿油と同質のものがとれます。皆さんもぜひ「身近な宝物」をさがし出してください。

二〇〇四年九月号　万能油ツバキ

アケビ油、七十年ぶりに復活

高橋新子　秋田県西木村役場

かつてはゴマ油の三倍の値で売られていた

「かつて、昭和の初め頃まで、そちらの西木村でとれたアケビ油が、東京の高級天ぷら店や高級料亭などに取引されていたのをご存知ですか?」

雑誌記者からの一本の電話が始まりだった。わが秋田県西木村のアケビ油の話は、村の郷土史に載っているのを見たことはあったが、どんな油だったのか、よく知らない。アケビ油はゴマ油のなんと三倍という高値で取引されていたという。

幻のアケビ油を何としても見てみたい！と思うと同時に、アケビ油の復活を通して、伝統料理や質の高い食べものを守るきっかけになればと、さっそく情報収集を始めた。

明治時代の木製搾油器、発見

聞き取り調査を進めると、「アケビ油を搾るのを見たことがある」と答えた人はみな、八〇歳を超えて、記憶もあいまいであることがわかった。しかし、一軒の農家の蔵から、明治時代まで搾っていたという木製の搾油器が発見された！　また、実際に搾ったことがあるという八九歳のおじいちゃんもでてきた。そこで、遠い昔の記憶をたよりに搾油が始まった。

まず、収穫したアケビから種を取り出し、よく乾燥させる。乾燥させた種を煎って石臼で挽き、布袋に入れて四〇分間蒸す。温めることで油がさらさらになり、搾りやすくなるそうだ。これを搾油器にかけて、上下の太いケヤキで挟み、横から楔を打ち込んで締め、圧搾する。

少し間があって、搾油器の竹の筒からぽたぽたと七十年ぶりにアケビ油がしたたり落ちた。歓声が上がった。だが、これで終わりではない。搾った油から不純なものを取り除くため、湯を注いで分離した油だけを取り出す「湯洗い」を数回繰り返し、ついに黄金色の「アケビ油」が誕生した。

アケビ

種の収集については、珍しいことも手伝って関心が高まり、県外も含むアケビの栽培農家や村民など一九名が提供してくれて、八・八kgの種が集まった。その後、すべて手作業による根気強い搾油作業が三週間ほど続き、二七〇〇mlのアケビ油が搾れた。

黄金色の油で祝賀会

その後、協力してくださったみなさんを招

待し、アケビの皮や実など、アケビを丸ごと使った献立による祝賀会を開催。その夜は、黄金色の油を前に、先人が築いてきた村の食文化をあらためて見直すとともに、アケビ油の可能性に大きな夢を語り合ったのだった。

また、この取り組みを知った県内の大学から申し出があり、現在、アケビ油の成分分析が行なわれている。どんな結果が出るか、心待ちにしている。

二〇〇四年九月号　アケビ油、七〇年ぶりに復活

明治時代まで搾っていたという木製搾油器でアケビ油を搾る

グレープシードオイルを搾ってみた

鹿児島県高尾野町　神之田益一さん

編集部

ぶどうの観光農園を営む神之田《かんのだ》益一さんは、ぶどうの種からは油が搾れて、その上、人間の身体では作れないリノール酸が多く含まれていると書いてある本を読んだ（『食品加工総覧』農文協刊）。クロロフィルも含んでいるので、他の油と違って緑色になる。

ワイン醸造の副産物として、フランスやイタリア、チリなどで多く製造され、日本にも「グレープシードオイル」として輸入されている。

それまで自分で作った菜種や、ぶどう畑の周りに植えた椿を熊本の搾油所で油にしてもらい、その良さを実感していた神之田さん。「ぶどうならうちにもたくさんあるぞ」と思い、さっそく種を集めることに。

が、この集めるのがけっこう大変。お客さんが試食したぶどうの食べカスから毎日種だけを取り出しては洗って干して…を何日も繰り返して、ようやくバケツ一杯ほどの種を集めた。これを搾ってもらったところ、一升ぐらいの油がとれた。予想以上の歩留まりのよさに驚いた。そして、透明な薄緑色のきれいな色にもビックリ。

このぶどうの種の油は「コレステロールの心配な人にいい」と聞いて、ぶどうの手伝いに来た人にあげたら、評判がよかったそうだ。

ただし、ぶどうの種は硬いので、三年目に搾油を頼んだときは「機械が壊れてしまう」と断られた。でも、もう一度やってみたいと密かに思っている神之田さんだ。

二〇〇四年九月号　最近人気の「グレープシードオイル」を搾ってみたぞ

超人気！　エゴマ

広島県福富町　福富物産しゃくなげ館

編集部

福富物産しゃくなげ館では、町内の農家が栽培したエゴマの油を直売している。一回の搾油で、エゴマ二〇kgから、油四〇本が搾れるが、それが三日間で売り切れる。

搾油が間に合わず、焙煎しただけのエゴマを一袋一七五g五五〇円で売るが、これも好評。さらに、エゴマを使った味噌、豆腐、餅、クッキー、パン、ドレッシングなど、加工品もよく売れる。

もともと福富町ではエゴマが栽培されていなかったが、三年前、元生活改良普及員の甲斐智子さんが、食卓を豊かに、健康の増進にと四戸の農家に栽培を勧めた。

エゴマは病害虫もほとんどつかないので、栽培に手間がかからず、食べて美味しく、贈って喜ばれる。「イノシシもシカもエゴマには寄り付かない。この辺りは、ネットを張らなきゃ何も作れないところなのに不思議」だそうだ。今では八〇戸の農家が栽培するまでになった（一〇ha）。しゃくなげ館に搾油機を導入し、エゴマ一kg当たり四〇〇円（町外は五〇〇円）で製油を引き受けている。

おいしいし、身体にいいし

「エゴマ油はね、こうやって使うんよ」と渡辺克代さん（しゃくなげ館の味噌製造担当）。ニンジンジュースに、油をほんの数滴垂らす。すると香りがたち、味がまろやかになり、甘さが引き立つ。エゴマ油は調味のアクセントで、渡辺さんらが開発した加工品でも、そのように活かされている。焙煎したエゴマのほうは、エゴマ和えやパンなどさまざまな料理に使える。エゴマの葉も、焼肉を包んで食べる。

農家の自家用には、夫婦二人で子実を年間二〇kgも冷蔵保存しておけば足りる。毎月一～二回ずつ、しゃくなげ館で搾油してもらえばいい。

エゴマの加工品

エゴマ料理

機械化できないからこそいい

「いい油を搾るには実をきちんと水洗いして、しっかり脱水すること」と中川俊幸さんと井上光徳さん（製油担当）。水洗いには流しを使う。上質のエゴマほど水に浮くから、質の悪いのが泥やゴミと一緒に沈むという。

搾油には手間がかかる。「実一kgからとれる油は三一〇〇円で販売している、そのうち、搾油作業のコストに三〇〇〇円かかる」そうで、つまり、エゴマ油はほとんど利益が出ない。「焙煎したエゴマは一kg三一四〇円で販売しているから、そちらのほうが利益が出るし、お客さんにとっても重量がある分、割安感がある。でも、油があるから実も売れる。搾らないわけにはいかないね」という。

エゴマ栽培では、収穫・調製作業はすべて手作業だ。草刈機で刈り倒し、道端に広げて乾燥し、束ごと叩いたり、千把扱きや「からさん（殻竿）」で脱穀。機械化も検討されているが、エゴマの実は、力が加わるとヒビが入り、割れやすい。今のところ、昔の道具のほうが役に立つ。唐箕や小米通しもフル稼働。「エゴマを作るようになって、みんな納屋に眠ってた古い道具を持ち出した」という。

「むしろ、簡単に機械化できないところがいい。機械が使えないからこそ、お金が残る」という。米を作れば反当り六〇〇kgで一五万〜一六万円の販売額だが、機械代や肥料代を引かれて半分も残らない。エゴマなら反当り八〇kgしかとれないが、販売額は一二万円で、ほとんど残る。以前は転作といえばソルゴーやイタリアンなどの牧草、ソバ、ダイズだったから、エゴマは立派な「換金作物」だ。

ただし、「そもそもエゴマは親類縁者への贈答用も含めた自家用が基本。しゃくなげ館もそのためにある。将来、助成がなくなったとしても作付けは減らないと思う。そのへんが福富町の強みかな」という。

二〇〇四年九月号　超人気！エゴマ

①水洗4回。水が濁らなくなるまで洗う

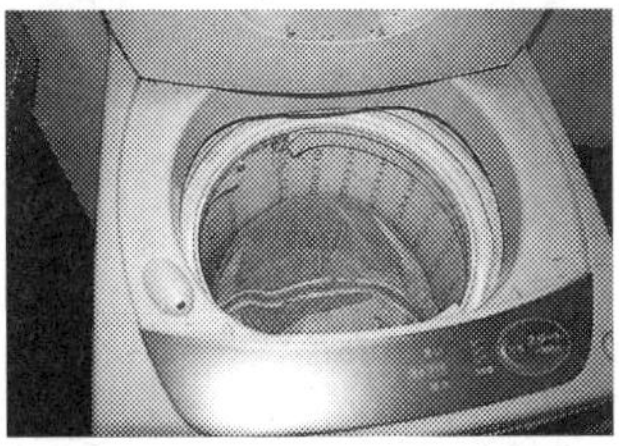

②脱水5分。洗濯機を利用して、水をよく切る

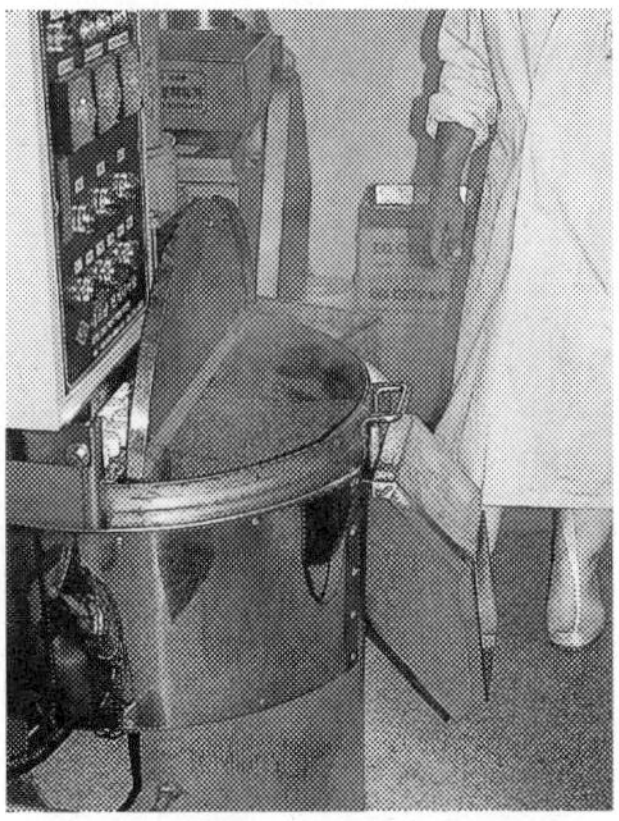

③焙煎20分。油が出やすくなり、子実についている細毛もとれる

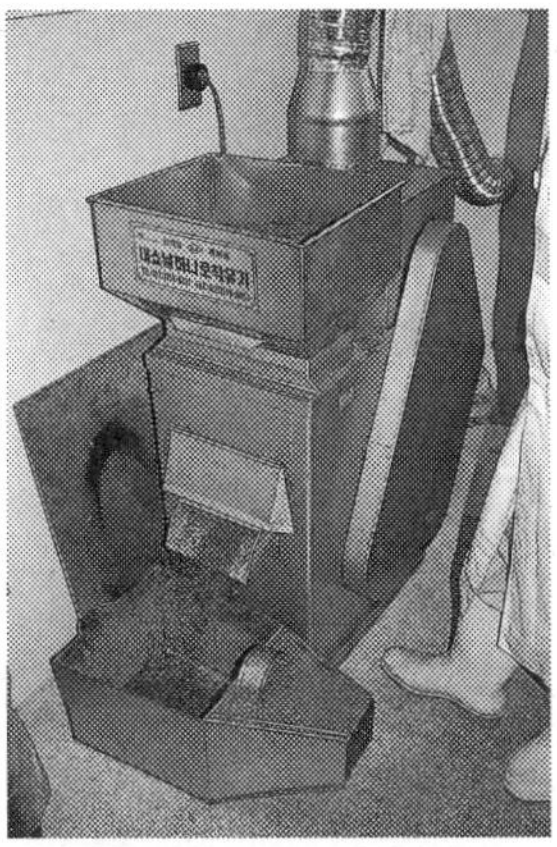

④唐箕でとりきれなかったゴミを飛ばす

⑤搾油20分。圧搾法でゆっくりと搾り、ろ過する（搾油機、焙煎機、唐箕などは韓国・ナショナルエンジニアリング製）

植物油の搾油と精製について

鈴木修武さん　鈴木修武技術士事務所

編集部

油の精製度を高める理由

――まずは、よくいう「サラダ油」というのはどういう油なのでしょうか？

調合サラダ油、コーンサラダ油、綿実サラダ油…といろいろありますが、精製度のグレードが高い油のことです。ちなみに、調合サラダ油とはおもに大豆油と菜種油を調合した油で、「天ぷら油」とか「白絞油《しらしめあぶら》」と呼ばれる油と原料は同じ。でも、サラダ油はその名の通り、サラダ用に作られたもので、加熱しなくても食べられるように、また、冷却しても凍りにくいようにロウ分が取り除かれて、念入りに精製されたものです（表１）。

――精製とは、具体的にどのようなことを行なうのでしょうか？

写真（次頁）の一番左が菜種を搾っただけの油で、「原油」（「粗油」）といいます。精製にはいくつもの段階があって、ガム質・遊離脂肪酸・色素・におい・微細な夾雑《きょうざつ》等の不純物を、製品の種類や使用目的に合わせて除去していきます。精製段階を経るにつれ、色が除去されているのがわかります。菜種の原油には、とくにカナダ産の品種にはクロロフィル（葉緑素）が多く含まれて、緑色に近い色をしています。この色素が油に残っていると、光と反応して油が褐色に変化してしまうんです。

オリーブ油も搾っただけのエキストラバージンオイルなんかだと、けっこうクロロフィルが含まれているので、半年で色が変わることがあります。商品の回転が悪い店にずっと置いてあると、補充したものと色が違う、なんてことがけっこうあるんですよ。

大豆はクロロフィルがないけど、βカロチンやビタミンEが変色を引き起こす要因になります。

変色すると色素の分解産物が災いして、光が当たると油の酸化が早まるんですよ。そこ

表１　用途と精製度による植物油の分類と、その特徴

	精製しないか軽度精製油	精製油（白絞油・天ぷら油）	サラダ油
風味・色	特有な風味 濃厚	独特な味と香り サラダ油より濃い	味も香りも淡白 淡黄色透明
特徴	風味良好	耐熱性がある 主に揚げ物用	耐寒性（冷蔵庫でも凍らない） 生食用
食用油以外の成分（不けん物）の多少	非常に多い。色素（クロロフィル、カロチノイド等）、抗酸化成分（ビタミンE、レシチン、ポリフェノール類、植物ステロール類）、風味成分	多い（サラダ油よりも精製度がマイルド）	同一素材の白絞油より少ない
主な用途	風味付け、色付け	業務用揚げ油	ドレッシング、マヨネーズ用、揚げ油等
市販品	エキストラバージンオリーブ油、焙煎ゴマ油、芳香ラッカセイ油、赤水（焙煎ナタネ油）等	ダイズ白絞油 ナタネ白絞油 等	綿実サラダ油、コーンサラダ油、ダイズサラダ油、ヒマワリサラダ油

で、原因となる色素などを精製して抜いておくわけです。とくにマヨネーズに使われる油は精製のレベルが高く、純粋に油分だけ、といってもいいぐらいまで精製します。クロロフィルもビタミンEもレシチンも変色・酸化を引き起こす要因となるので、加工する側にとっては不純物という位置づけになるのです。

　また、精製しないと、オリが沈殿するおそれがあります。変色したり、オリが沈殿した油は誰も手に取らないでしょうから。商品として二年の賞味期限を保障するにはここまで精製が必要なのです。

精製によって栄養素も除去される

――賞味期限を保障するために精製するんですね。でも、βカロチンとかビタミンEとか身体にはよさそうなものも多く除去されるんですね。

　じつは「脱ガム」もそうなんですね。性状がガムっぽいからこう呼ばれていますが、中身はレシチンなんです。レシチンは大豆や卵黄にも含まれているリン脂質で、天然の酸化防止剤。人間では脳や生命をつかさどるものです。抜き取ったレシチンは乾燥させて、おもに飼料や肥料になります。

　また、わずかですが人間が摂取する栄養補助剤、いわゆるサプリメントにもなります。

「脱臭」の過程で出るビタミンEは栄養補助食品となります。大豆油を搾ったあとの大豆レシチンやビタミンCなども添加して酸化防止剤として商品化もしています。

　パーム油（あぶらヤシ）などは、真っ赤なんですよ。これがβカロチンの宝庫で、この成分だけ抜き取ってサプリメントにしています。

――サプリメントになるものなのに、精製して抜き取ってしまうなんて、惜しい気がしますね。

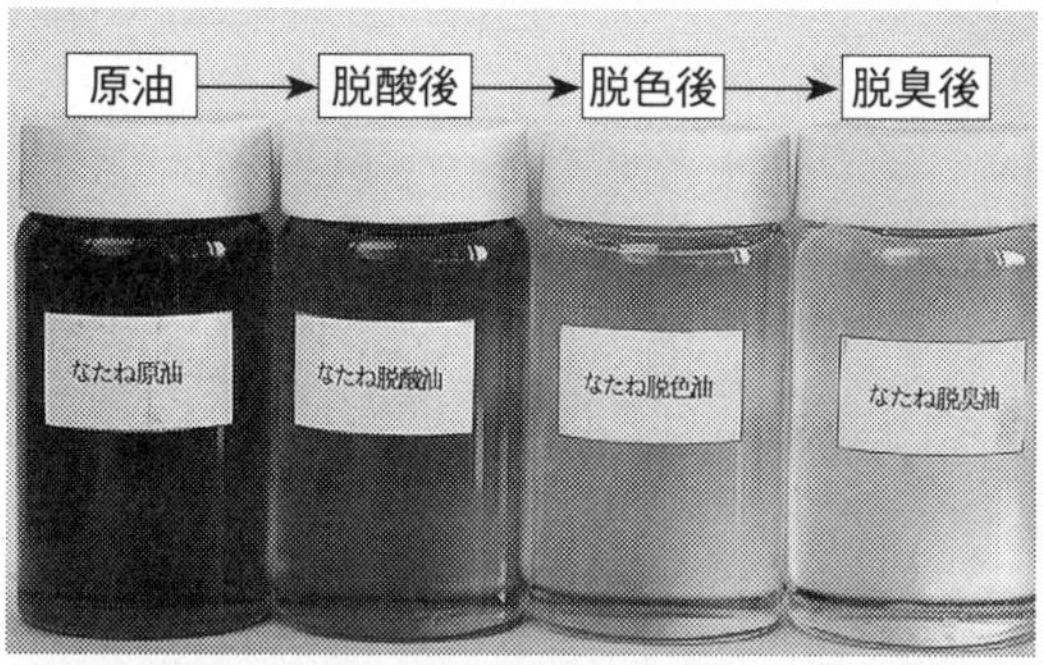

左から脱酸、脱色、脱臭と菜種油の原油が精製されていくにつれ、色が薄くなる（写真　鈴木氏提供）

　たしかにそうなんですよね。私はふつう抜いてしまう大豆レシチンをあえて配合して、はねない油を発明したのですが、今もよく売れています。そんな開発をした立場からすると、そんなに精製しすぎなくても、と思います。

　今、にがりの混じった天然塩や黒砂糖が見直されているのと同じですよ。塩なんか漬物にすると味が全然違う。天然塩のほうがうまい。昔のサトウキビから煮詰めただけの黒砂糖もうまかった。

　ただ、ビタミンEは天然の酸化防止剤となりますが、その反面、クロロフィルなどの色素は酸化を起こす引き金にもなります。つまり、あまり精製されていない油は酸化を促進する物質と酸化を抑制する物質の両方を持ち合わせているのです。そこで、市販の油は酸化しないだけの必要な量のビタミンEを残し、酸化する物質のほうは精製することで、賞味期限を確保しているのです。

　自家製の油なら、賞味期限を長くすることを考えないで、説明するときには栄養分が多いことをアピールしながら早く使い切ってもらうようにすれば、魅力のある油になると思います。

搾油法について

――今度は搾り方についてお尋ねしたいと思います。

　自分で搾る場合は、ほとんど「圧搾法」と呼ばれる方法で搾っているのだと思います。圧搾法とは、原料に圧力をかけて物理的に搾油する方法で、油分を多く含む菜種油（キャ

図1　精製法による植物油の分類と、各精製段階

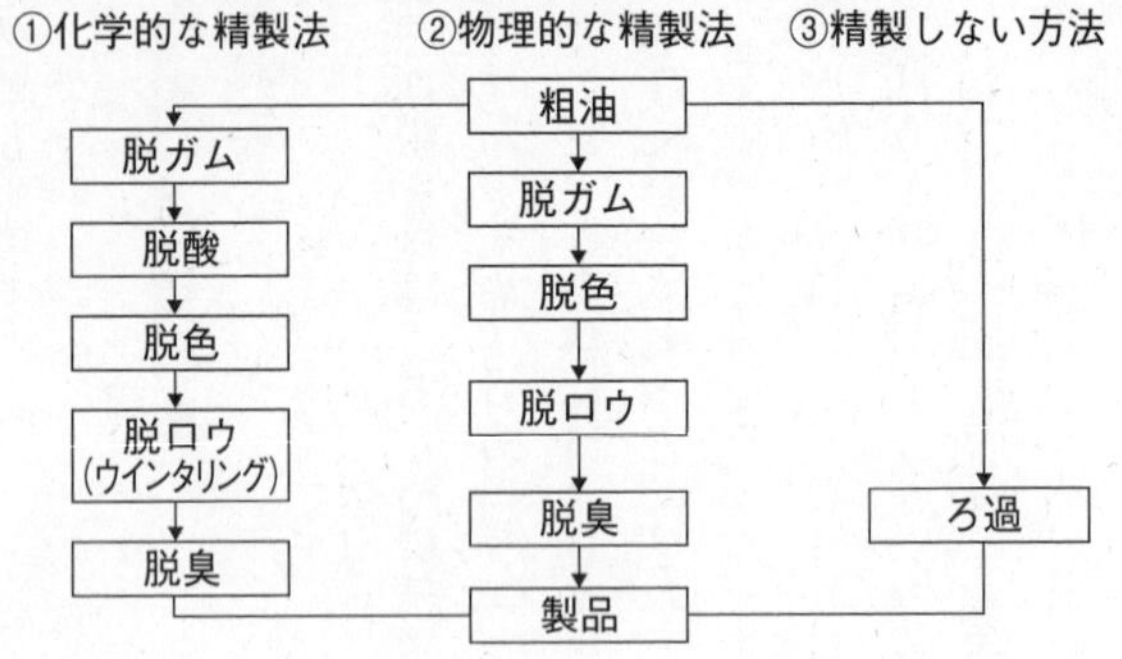
①化学的な精製法
②物理的な精製法
③精製しない方法
粗油
脱ガム
脱酸
脱色
脱ロウ
(ウインタリング)
脱臭
脱ガム
脱色
脱ロウ
脱臭
ろ過
製品

●精製法

①化学的な精製法‥‥大豆や菜種などレチン含量の多い油で行なわれる。

②物理的な精製法‥‥蒸留脱酸法や水蒸気精製法とも呼ばれる。ヒマワリ油、菜種油、サフラワー油、パーム油などで行なわれる。

③精製しない方法‥‥オリーブ油、ゴマ油、芳香落花生油、焙煎菜種油（通称「赤水」）など、風味を大切にする油は精製処理をしない。

●各精製段階

脱ガム‥‥原油に温水を加え、レシチン類（リン脂質）を水和させ、遠心分離機で油と分離し、除去する。なお、昔から行なわれている「湯洗い」というのも精製法の一つで、原油にお湯を加えて「洗う」ことでリン脂質（細胞膜の成分、水に溶ける）などを取り除く。

脱酸‥‥油に遊離脂肪酸が残っていると泡立ちや粘度の原因になるので、水酸化ナトリウムを加え、遊離脂肪酸の成分を石鹸にして、遠心分離機で除去する。ここで微量ミネラルや色素の一部も除去される（上記の物理精製法はこの工程がない）。

脱色‥‥活性白土（酸で処理した粘土）を加え、クロロフィルやカロチノイド系色素を吸着させる。色素類を吸着させた白土は、ろ過して除去する。

脱ロウ‥‥油を冷却して低温で固まるロウ分を析出させたあと、ろ過して除去する。ベニバナ油やコーン油等、ロウ分の多い油で行なう。

脱臭‥‥高温・高真空の状態で水蒸気を吹き込み、有臭成分を除去する。この工程の副産物がトコフェロール（ビタミンE）。

ノーラ油）、ベニバナ油（サフラワー油）、ゴマ油等に行ないます。

搾油方法は、他にも抽出法と、圧搾法と抽出法を併用する圧抽法があります。

抽出法とは油分の少ない大豆等に行ないます。圧扁・破砕した大豆にノルマルヘキサンという溶剤を加えて、油分を溶剤に移す工程です。原料投入↓溶剤の添加↓浸漬↓脱油剤の添加↓カス出しまでの一連の作業を連続的に行ないます。最後に油脂の溶けた溶剤を蒸留するのですが、溶剤は揮発性なので蒸発して溶剤と油分とが分かれて油がとれるのです。

もう一つの圧抽法とは、圧搾と抽出とを併用している方法です。菜種やベニバナ等の油分を多く含む原料に行ないます。最初に圧搾法で搾って「一番搾り」をとったあと、その搾りカスにはまだ一〇～二〇％の油分が残っているので、さらに抽出法で採油する、という二段構えで採油する方法なのです。最終的に脱脂カスの油分は一％以下になります。

製油会社はコストのうち、原料代が八〇％以上を占めるといわれます。醤油メーカーの知人によると醤油は約五〇％なんだそうで。ですから、いかに搾って原料の歩留まりを上げるか、が重要になってくるのです。

――歩留まりを上げるには、どうしたらいいんでしょう？

多く搾るために、搾油する前に原料を加熱したり、破砕・粉砕や圧扁するなどの前処理を行なうわけです。前処理も素材により方法が変わります。大豆は圧扁しますが、菜種、ゴマ、エゴマ、ヒマワリ等は、焙煎や蒸煮など加熱してから搾ることが多いです。加熱すると、組織が柔らかくなって搾りやすくなり、歩留まりがよくなります。また、不純物も除去されやすくなるので後の精製工程もラクになります。

でも、たくさん搾ることだけを追求すると、商品にならない場合が多いです。加熱が強すぎたり、圧力が強いと搾られた油の温度が高くなって酸化しやすくなるからです。保存性も悪くなりおいしくありません。製油会社と違って、農家は原料を自分で栽培できるわけですから、たくさん搾るよりもいかに風味豊かな油にするかを考えたほうがよいでしょうね。

——焙煎や蒸煮の温度は何℃ぐらいが適度でしょうか？

温度は原料や目的によります。じつは、前処理で加熱するのは、植物の酵素の働きを止める目的もあります。酵素が働くと嫌な香りが出たり、酸化が進んで傷んでしまうので、搾る前に加熱して酵素の働きを止めるのです。

酵素が活性を失う温度はだいたい六〇℃ですから、前処理でも、なるべく瞬間的にこの温度にもっていくのが理想です。一〇〇～一二〇℃になると油が酸化してしまうのでよくないですね。

それ以外に、独特の風味と香りをつける目的もあります。菜種はふつう一〇〇℃以下で軟化する程度に焙煎します。ただし、「赤水《あかみず》」といって精製しない菜種油を搾る場合は、菜種が焦げるぐらいに焙煎して色と焙煎臭を出します。

ゴマなんかがそうですよね。焙煎の温度は、およそ淡色なら一七〇～一八〇℃、濃色は二〇〇℃以上で焙煎します。表面と種子内部の温度が違うので、中のほうはそれほど高くなっていないかもしれませんが。ゴマは高温で焙煎すると天然の抗酸化物質・セザモールが増加して、かえって安定性がよくなります。残念ながら焙煎によってこれだけ変化するのはゴマだけなんですけど。

油には天然の酸化防止剤がいっぱい

——ゴマは自分で天然の抗酸化物質を持っているんですね。

他の植物だって天然の抗酸化物質を持っているんですよ。たとえば、オリーブ油。以前、イタリアでスパゲティーを食べたら口がヒリヒリしました。これはオリーブ油に含まれているポリフェノール類です。お茶や渋柿の渋味と同じで、植物が病害虫から身を守るための防御物質なんです。オリーブ油が酸化しにくくて安定性がよいのは、この天然のポリフェノールがあるからです。

エキストラバージンオリーブ油なんかは、ほぼ原油と呼んでよいと思いますが、これも精製していないからこそ酸化しにくいのでしょうね。ポリフェノールやビタミンEも豊富ですし、オレイン酸は七〇％あるし。

米にはオリザノール、植物ステロール類、フェルラ酸といろいろとあります。菜種や大豆は、トコフェロール（ビタミンE）が多いです。

椿油も他の植物油と脂肪酸組成がまったく違って、オレイン酸七五％と非常に高いために、酸化しにくく、保存性の高い油です。

オレイン酸が数％違うと保存性はかなり変わりますよ。同じ菜種でもふつうの菜種ならオレイン酸六〇％、オレイン酸が高いハイオレック種だと七二％で、酸化するまでの時間（CDM値）を比べると、ハイオレック種のほうが一・五倍長くなります。

——油はどんな植物からとれるのでしょうか？

基本的に植物油は種子と果肉からとれます。種子を搾るのは菜種、ゴマ、大豆、トウモロコシ等。果肉を搾るものに、オリーブ、パーム、アボカド等があります。

花や葉からは、おもに香料として使われている精油がとれますが、ごくわずかです。身近な精油は、バラやラベンダーなどのハーブ類があげられます。

その他にも、落花生、クルミ、カヤノミ、ツキミソウ、シソ、茶の種子の油など。茶油は、椿油によく似た脂肪酸組成をして、とてもいい油になります。

二〇〇四年九月号　あぶら博士に聞く

廃天ぷら油からディーゼル燃料

広島県三原市　秦　秀治

天ぷら油で製粉機を動かす

私たち「環境ネットワーク三原」というグループでは、小麦に注目し、自ら種を播き栽培して加工し、消費するまでを体験することで、それに関わるエネルギーの問題や自然とのかかわり、流通や農業に関わる問題などを多岐にわたって勉強しています。

一昨年、京都にお住まいの平賀緑さんにお会いして、天ぷら油から作ったＢＤＦ（バイオディーゼル燃料）二〇ℓを分けていただきました。そのＢＤＦでディーゼル発電機を稼働させ、小麦の脱穀、唐箕選、精麦、製粉という一連の作業をしたり、耕耘機で畑を耕すことができました。どの作業でも、排気筒から出る排煙（というか煙はほとんど出ないのですが）のにおいにまず感動し、もとは天ぷら油だったことがとてもうれしくなりました。

そんな折に知ったのが、本誌に臼井健二さんが書かれていた食用油や廃食用油をそのまま燃料にするＳＶＯ・ＷＶＯ（straight vegetable oil・waste vegetable oil）です。これなら天ぷら油の廃油をＢＤＦにするための作業（水酸化ナトリウムやメタノールを使ってのエステル交換）が不要なので、廃油をもっと手軽に利用できそうです。しかし問題は、発電機で使うには、油を温めて粘度を下げる装置が、構造的に取り付けられないのではないかということでした。

廃植物油が簡単にディーゼル燃料になった

臼井さんに相談してみたところ、教えていただいたのがＷＶＯ（廃植物油）のディーゼル機関への利用について研究している和智一雄さんからの左囲みのような情報です。さっそくこの一〇分の一の分量で混合し、ディーゼル発電機に使ってみたところ、うまくいきました。

天ぷら油の廃油から作ったディーゼル燃料

私たちの、小麦一〇kgの製粉に必要な発電機（唐箕選、精麦、製粉、コンプレッサーによる清掃）の燃料の作り方は次のとおりです。

①廃油を、コスロンフィルターで濾過。（コスロンフィルターの入手先は丸五産業㈱ＴＥＬ〇五四五―五一―〇九七一）

②一ℓの廃油に、灯油二〇〇ccとＢＤＦ二〇〇ccを入れてよく攪拌。

③ガソリン一〇〇ccと燃料用アルコール（エタノール）六ccを混ぜる。

この方法ではガソリンやアルコールといった揮発性のものを混合するため、鮮度が決め手のような気がします。混ぜてすぐの温かい燃料を使いきってしまう気持ちで、その都度作るのがいいように思います。というのも、半月ほど前に作ってポリ容器に移しておいた混合燃料を始動に使用したところ、調子がよくなかったからです。排気臭も気になり、いくぶん不完全燃焼を起こしているような感じでした。和智さんによれば、排気臭は、混合する灯油の比率を外気温が上昇するごとに減らすと、緩和されるそうです。

グループ内では、ガソリンやアルコールを何のために添加するのか、という質問がありました。これに対する和智一雄さんからの回答は次のとおり。

「混入させる三種類の添加物にはそれぞれの効果（役割）があります。灯油は、おもにWVOの粘性を下げる目的。マイナス一五℃以下では、灯油の比率をいくぶんか増やしながら、少量で実験してみることをお勧めします。（中略）ガソリンを添加するのは、トリグリセリド（油脂）の含有酸素が軽油のパラフィン系より多いために起こる燃焼転派速度変化などを、既存のディーゼル機関の噴射タイミングと調整するため。エタノールは沃素価を上げるために使います（以下、略）」

ＢＤＦは入れなくても大丈夫らしいのですが、私のやった実験では、廃油の状態が悪いとエンジンが不安定になり発電が正常にできない場合があったので、安全策として加えています。

廃植物油の粘性を下げて低温でも点火しやすくする方法

（和智一雄氏による）

▩用意するもの

廃植物油……10ℓ

暖房用灯油（ケロシン）……2ℓ

ガソリン（低オクタンが望ましい）……1ℓ

エタノール（イソプロピル系）……100g

▩手順

①廃油は1日沈殿させた上澄みをとり、女性の使うストッキングの上にペーパータオルを敷いてろ過する。

②10ℓの廃油にまず2ℓの灯油を混ぜてよく攪拌。

③次に1ℓのガソリンと100gのエタノールを混ぜる。こうしてできた燃料で、マイナス8℃程度までなら問題なく始動する。粘性は2号軽油と同等となり寒冷地でも問題ないはず。

廃油持参で小麦を製粉

今まで、小麦一〇kgの製粉を引き受けるときは、五〇〇円をいただいていたのですが、ディーゼル発電機の燃料として天ぷら油の廃油を持ってきてもらえば、もっと安く引き受けられるようになりました。このやり方だと、燃料代は灯油、ガソリン、ＢＤＦ、エタノールの代金を合わせても七三円ですみます。

ちなみに廃油持参の場合以外では、未使用の植物油を持ってきた場合は三一円、自作のＢＤＦを持ってきた場合は無料、何も持ってこなかった場合は二一〇円です。これらの燃料代の実費に、基本料金三〇〇円を加えて製粉代金としていただくようになりました。

私たちの製粉機は、一九九九年十一月に地元の三原市から「まちづくり支援事業補助金」を受けて購入したものです。製粉作業を容易にすることで、麦作りを身近なものにしたいと申請したところ認められ、小学校の総合学習や麦を自作している個人や数か所の作業所などに利用されています。

二〇〇八年五月号　天ぷら油から簡単混合燃料

手作り搾油機

原材料を入れた
上に当てる木
金網（さらし布
の袋に詰めたナ
タネをこの内側
に入れる）
篠竹をスダレ状
に編んだもの

ジャッキ
原料袋を
入れる筒
下の隙間から
搾った油が流れ
出る

丈夫で簡単な搾油機の構造

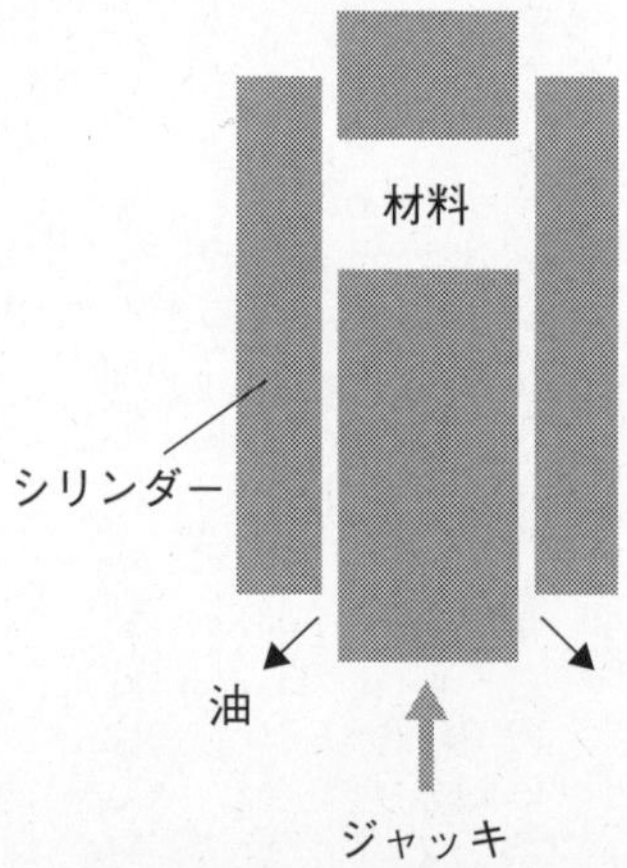
材料
シリンダー
油
ジャッキ

市販の搾油機は高価なので、福島県三春町の渡辺一久さんは、搾油機を自分で製作している。もともとはブドウジュースを作るための搾り機として使っていたのだが、一〇tのジャッキを使えるくらい頑丈なので、菜種の搾油も可能という。

手作りろ過装置

青森県横浜町の沖津俊栄さん手作りのろ過装置。福島の搾油所を視察したときに見た機械を真似たそうだ。障子紙を何枚も重ねて、菜種油をろ過する。真空ポンプで下へ吸い出すようになっている。

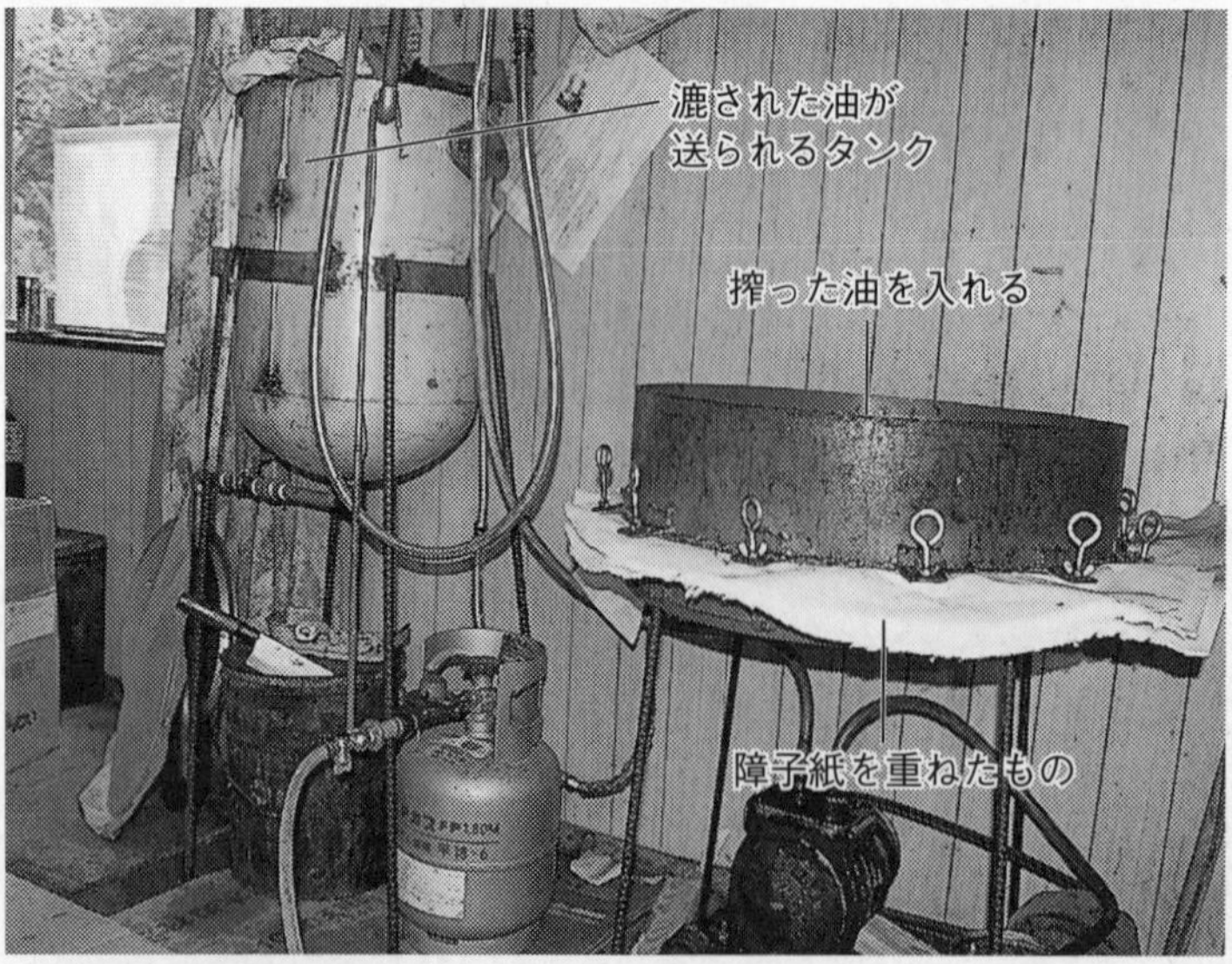
漉された油が
送られるタンク
搾った油を入れる
障子紙を重ねたもの

2004年9月号　搾油関連機械の手作りに挑戦

梅干し漬　しそ梅漬（左）、白干し梅　和歌山県西牟婁郡中辺路町（撮影　千葉　寛『聞き書　和歌山の食事』）

青梅の内果皮が黄変したころあいをみて青梅をもぎとる。これを水洗いして、一晩そのまま水につけてあく出しする。いかきに上げてよく水切りし、三割塩で桶に漬けこむ。一番上に塩を多めにかぶせ、重石をかけておく。塩は粗塩を使うが、かますで買っておいてほかの漬物にも使う。

半月から一か月すると、梅酢が上がる。そのころになると梅雨も明け、夏の日ざしが焼けつくように暑くなるが、この日和が梅干しに最適なのである。

梅の土用干しは、梅を桶から梅干し用の木のだら（深さ二寸くらいで一畳ほどの大きさの専用箱）にとり出し、一粒一粒並べて干す。梅の少ない家はもろぶたなどに干す。昼は日光にあてて肉をしめ、夜は夜露にあてて果肉をやわらかくする。これを三日三晩続ける。雨が大敵なので注意しなければならない。

これをそのままかめに保存するのが白干し梅で、土用干しのあと、赤しその葉を塩でもんであく汁をすて、梅酢をふりかけて少し日にあて、赤くなったしそと交互に漬けこんで保存するのがしそ漬梅である。しそ漬梅は昔から毒消しになるとされており、たくさんつくる。弁当には必ず梅干しを入れる。

（文・『聞き書　和歌山の食事』より）

青みかんジュース

熊本県熊本市　村上浮子

沖青みかん（摘果果実）と青みかんジュース

「フレッシュ河内グループ」は、平成十三年に熊本市河内町でみかん農家が立ち上げた女性グループです。グループの例会の中でよく出ていたのは、ジュースの話でした。「やっぱりみかんジュースの、いちばんうまかとは青みかんジュースよね」「そうそう」と、何回となく出てきました。家庭での青みかんジュースの作り方は、以下のとおりです。

①八月のお盆過ぎの摘果みかんを使う。

②みかんを洗って半分切りにし、搾って布で漉して火を通す。

③そこへ砂糖と蜂蜜を少々入れ、水を三倍程度で割って冷やして飲む。

④②を容器に入れて冷凍保存して、暑い夏をさわやかに過ごしていた。

おもしろいことに、青みかんジュースを作るという会員のほとんどが、みかん農家出身ではありませんでした。町からお嫁に来られた人だったのです。町から来たお母さんたちは「もったいない」「売っても通用する味だ」といいます。みかん農家出身のわたしの母は、青みかんジュースを作りませんでした。子どものころから、完熟みかんを食べていたからでしょうか？

わたしたちの出した結論は、①青みかんを捨てるのはもったいない、②青みかんはおいしい、③青みかんは身体によいの三つでした。そして、県の食品技術センターと検討を重ねてできたのが、青みかんジュース「青二彩」（六〇〇㎖一九九〇円）です。

原料は、マシン油を一回かけただけの専用畑（三〇ａ）の摘果みかん。八月下旬の二週間に収穫し、皮ごと搾汁します。県内にある福田農場ワイナリーで委託加工し、年間生産量は一二〇〇本（原料の青みかん三ｔ分）になります。健康をお届けする青みかんジュース産地作りをめざし、歩き出しています。

※「青二彩」のお問い合わせは販売部門の(株)オレンジブロッサム（ＴＥＬ〇九六—二七六—〇二四一）まで。

二〇〇九年七月号　青ミカンをジュースで売る

さわやかな香りの摘果みかんジュース

小清水正美　元神奈川県農業技術センター

温州みかんは、隔年結果防止と品質向上のために摘果が行なわれる。ふつう、摘果したみかんは廃棄されるが、神奈川県湯河原市のみかん農家の女性たちは、酸っぱいけれど香りのよい摘果みかんを無駄にしたくないと思い、摘果みかんジュースの製造に取り組んだ。搾汁方法、砂糖の添加量、保存方法などの検討をすすめ、摘果みかんジュースの加工技術を確立した。

この技術をもとに、摘果みかんジュースを加工・販売するために、農協の支援を受け、一九七一年、神奈川県で初めての女性農業者が主体となって運営する加工施設が設置された。ただ、最初の取組みということもあり、原料入手から製造管理、労働管理、経営管理などあらゆる課題が噴出した。いろいろな問題を解決しながら進展し、現在では地域の特産飲み物として紹介されるようになり、地域振興に一役買うまでになっている。

酸を四％含んだ果実を使う

みかんは摘果の時期により、大きさ、成分、果汁の量が異なる。九月一〇日頃の直径が三～四㎝くらいの小粒の摘果みかんでは、果汁が原料の四〇％くらい搾れる。糖度は九月一〇日頃には五～六％、九月下旬になると七～八％になり、徐々に上がる。クエン酸は九月一〇日頃には四％くらいあるが、九月下旬になると三～二％に減る。

ここで紹介する摘果みかんジュースは、ジュースに対し水を三～四倍量加えて飲む。希釈したときの甘さ（糖度）は砂糖を加えるので調整が効くが、酸っぱさ（酸）はクエン酸を添加することはないので、原料に含まれる酸に依存する。みかんは、糖と酸の比が一三のときがおいしいといわれている。四％の酸を含んだ摘果みかんを原料にして作った摘果みかんジュースに、水を三倍量加えると酸は一％になる。このとき、糖度が一三％であるなら、糖酸のバランスがよく、味の濃いみかんジュースになる。もし、水を四倍量加えると酸は〇・八％となるが、糖度を一〇・四％にすれば糖酸比一三で、やや薄くなるが味のよい飲み物となる。

酸を二・五％含んだ原料で摘果みかんジュースを作ると、希釈したときに酸を〇・八～一％にするためには加える水の量を減らさなければならない。酸を〇・八％にするなら加える水の量は二・一倍量、酸を一％にするなら加える水の量は一・五倍量となる。

以上のように、摘果みかんジュースに対する加える水の量を三～四倍にするには、原料に含まれる酸は四％以上なければならない。そのため、原料の収穫、加工の時期は果実の酸が高い九月上旬になる（神奈川県の場合）。

なお、農産物を食べ物として供するための必須の要件として、残留農薬の問題がある。一般のみかん園では、摘果みかんは廃棄することを前提に、防除作業が組まれている。摘果みかんをジュース原料とするのであれば、収穫時期に応じた防除体系に変更しなくてはならない。

糖酸比を一三に調節

砂糖は、原料を搾汁して得た果汁の四〇～六〇％量を準備する。

表1　糖酸比の計算法

原料果汁の酸4%、糖度6%の場合

	糖分	酸	
40%の砂糖を添加	33%(a)	2.9%(b)	
上記の果汁を３倍量の水で希釈	8%(c)	0.7%(d)	→糖酸比11.4で、酸味が強い
50%の砂糖を添加	37%	2.70%	
上記の果汁を３倍量の水で希釈	9%	0.70%	→糖酸比13.7で、やや甘味が強い
60%の砂糖を添加	40%	2.50%	
上記の果汁を３倍量の水で希釈	10%	0.60%	→糖酸比15.9で、甘味が強すぎる

原料果汁の酸5%、糖度6%の場合

	糖分	酸	
60%の砂糖を添加	40%	3.10%	
上記の果汁を３倍量の水で希釈	10%	0.80%	→糖酸比12.8で、適度の甘味

※計算方法　$a=\dfrac{0.06+0.4}{1+0.4}\times100$　$b=\dfrac{0.04}{1+0.4}\times100$

$c=\dfrac{0.33}{1+3}\times100$　$d=\dfrac{0.029}{1+3}\times100$

果汁の酸四％、糖度六％の場合、四〇％の砂糖を添加すると、摘果みかんジュースの糖分三三％、酸二・九％となり、これを三倍量の水で希釈すると酸〇・七％、糖分八％、糖酸比一一・四となり、酸味がまさった味となる。

同じように、五〇％の砂糖を添加して、三倍量の水で希釈すると、糖酸比は一三・七となり、こくはあるが、多少甘味が強くなる。

六〇％の砂糖を添加して、三倍量の水で希釈すると、糖酸比は一五・九で、甘味が強すぎる。しかし、原料に五％の酸が含まれている果汁では、糖酸比は一二・八で、こくのあるおいしい飲み物となる。また、四倍量の水で希釈した場合は、酸と糖分のバランスは変わらないが、飲み物全体の味が薄くなる（表1）。

ジュース作りの手順

洗浄　みかんをきれいに洗い、水を切る。洗浄は原料の選別をかねて行なうことが多い。収穫直後の原料をすぐに使用するときは腐敗果などは少ないが、一時保管・貯蔵された原料は、微生物の増殖により腐敗・変質が進むので注意する。また、洗浄水が汚れていると全部の果実を汚染するので、適宜交換したり、流水で洗浄する。

搾汁　皮を剥いて、ジューサーを使うこともできるが、皮を剥くのが大変な作業になるので、皮つきで搾汁する。

摘果みかんを搾るには、みかんを横に切るとよい。搾汁器具はいろいろなものが利用できる。搾汁量が少なければ、料理用のレモン搾り器が手軽だが、羽子板のような板二枚を丈夫な布でつなぎ、その間に半分に切った摘果みかんを挟んで、果汁を搾ることもできる。

果汁を搾るときに強く搾ると果皮に含まれる精油が果汁に入る。精油はさわやかな香りをもっているが、保存中に酸化され、色や香りが変化する原因となるので、果汁を搾るときに、果汁に精油がわずかに入る程度にとどめるほうがよい。また、強く搾ると精油ばかりでなく、アルベド（白い皮の部分）に多く含まれる苦味物質（ナリンギン）も多くなるので、皮のかすを果汁の中に入れない。

ろ過　搾った果汁は濾して、搾汁のときに入った果皮や内皮のかす、種などを除くために行なう。小規模な加工なら、調理道具の一～一・五㎜目のストレーナーが便利だが、金ざるでもよい。

加糖・びん詰め　びんをきれいに洗って、加熱殺菌する。果汁を鍋に入れて温める。果

図1　摘果みかんジュース作りの手順

《原料と配合，仕上がり量》
原料配合：摘果ミカン2.5kg（果汁1kg），砂糖400～600g（果汁に対して40～60%）
仕上がり量：1.5kg

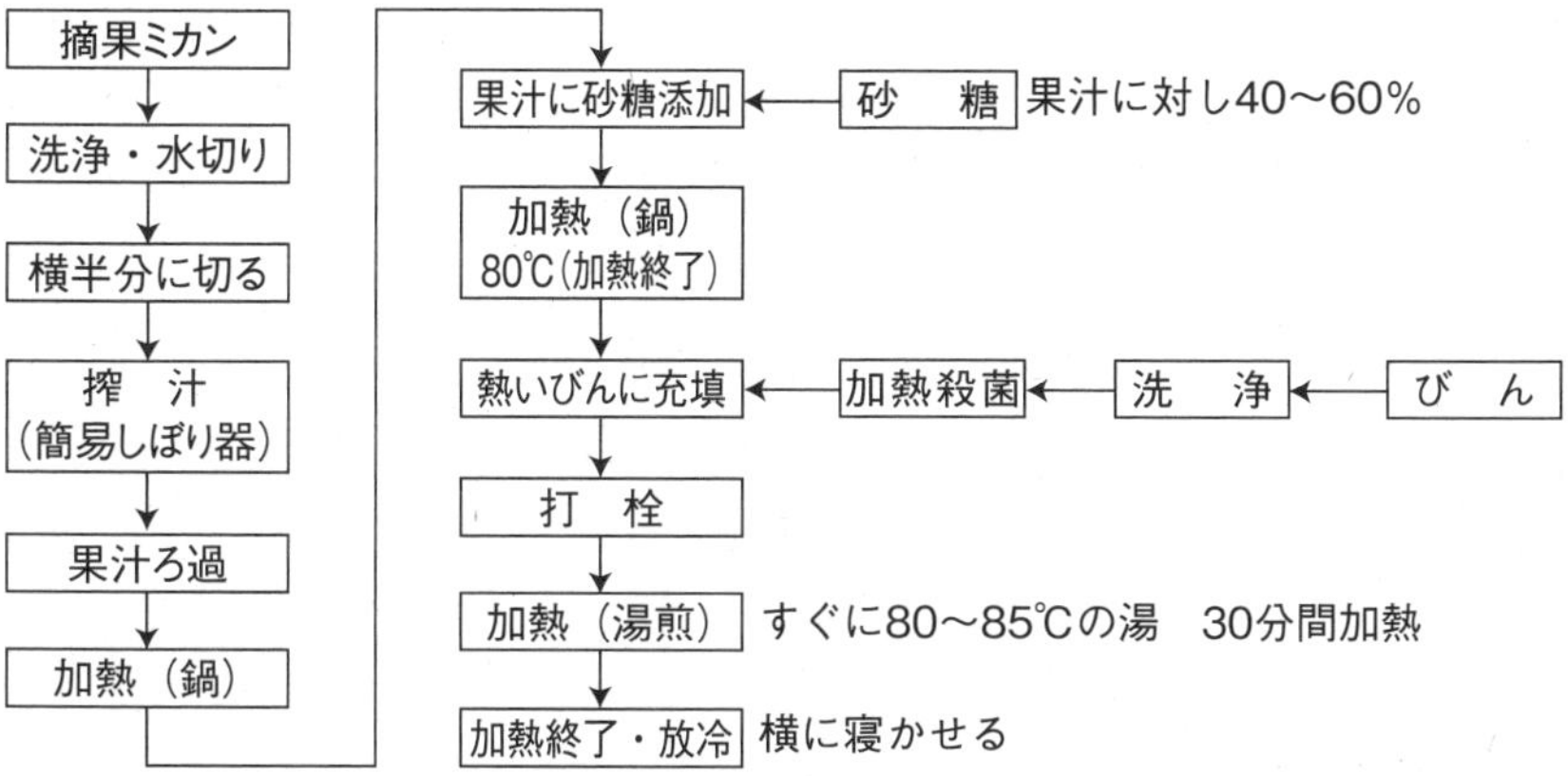
摘果ミカン
洗浄・水切り
横半分に切る
搾　汁（簡易しぼり器）
果汁ろ過
加熱（鍋）
果汁に砂糖添加
砂　糖
果汁に対し40～60%
加熱（鍋）80℃（加熱終了）
熱いびんに充填
加熱殺菌
洗　浄
び　ん
打　栓
加熱（湯煎）
すぐに80～85℃の湯　30分間加熱
加熱終了・放冷
横に寝かせる

汁の四〇～六〇％（果汁一ℓなら四〇〇～六〇〇g）のグラニュー糖を入れる。八〇℃まで熱して、火を止める。熱いびんに八〇℃の果汁を入れて、栓をする。

摘果みかんジュースの保存容器としては一ℓのびんが多く使われているが、一回開けると冷蔵庫に保管しなければならないので、もう少し小さいびんが扱いやすい。びんの栓は新しいものを使わなければならない。びんの栓は購入数量が多くなるので、製造量によっては長期間、保管しながら使うことになる。保管中の汚染に注意する。

びんの栓は打栓機が必要。製造量に応じた、打栓機を使用する。

加熱殺菌　打栓後、すぐに八〇～八五℃の湯に三〇分間入れて、加熱する。加熱を終えたら、横に寝かせてそのまま冷ます。

保存　びんに詰めたジュースは、冷暗所に保存する。みかんの精油が表面に浮き、パルプがびんの底に沈むので、飲む前にびんの中身を攪拌するように表示する。

Q　摘果みかんジュースに、必ず砂糖を入れなければならないのですか？

A　今回紹介したのは、水で希釈して飲むことを前提に考えた加工品。砂糖を入れない摘果みかんジュースや摘果みかん酢もできる。飲み物とするときは、四～五倍に薄め、コップ一杯に砂糖一五gくらいあるいは蜂蜜などを入れると飲みやすい。摘果みかん酢とするなら、ポン酢や香り酢として使用できる。

Q　びん詰めしたジュースが発酵してしまうのですが…。

A　殺菌不良です。少数のジュース作りでは、手早くびん詰めの作業をできるが、本数が多くなると、ジュースをびんに詰めるときの温度が五〇～六〇℃に下がってしまうことがある。温度の下がったジュースをびん詰めし、八〇～八五℃の湯煎に入れても、びんを回転させるなどの工程を加えなければ、中心部分の温度は上がりにくい。殺菌不良となり、微生物が生き残ってしまう。八〇℃を維持できるような、作業工程にしなければならない。

Q　他の柑橘類でもジュースにできますか？

A　レモン、ライム、ユズ、スダチ、カボス、ダイダイなど、酸の多いものなら原料となる。レモンは酸が五～六％あるので、ジュースで飲むなら砂糖の添加量と希釈する水の量を多くする。酸が四％以下の柑橘類ならば、砂糖の添加量と希釈する水の量を減らせばよい（先述の計算法を参照）。

Q　摘果時期が遅くなったみかんでも、ジュースになりますか？

A　摘果時期が遅くなると、酸が減少して糖度は高くなる。酸を加えないならば、砂糖の添加量と希釈する水の量を減らす。

食品加工総覧第五巻　ジュース・果汁　二〇〇五年

りんごジュース作り

小池芳子さん　小池手造り農産加工所

りんごを搾っただけの一〇〇%果汁

りんごジュースは、九月頃から加工を始め、もっとも忙しくなるのは十二〜一月である。当加工所のりんごジュースは、生のりんごを搾っただけの一〇〇%ストレート果汁で、添加物を最小限に抑えて、りんご本来の味を出している。

りんごジュースの味は、原料りんごの品種に大きく左右される。ふじは果汁が多く、甘味が強い。ふじのジュースは、消費者が好んで購入するので、需要量が多い。紅玉は、果汁が多く酸味強く芳香がある。紅玉のジュースは、ピンク色で、甘味と酸味のバランスがよく、とても人気が高い。

1ℓ入りのりんごジュース

文・本田耕士

また、原料りんごの品質も重要で、とくに収穫してからの時間によって、ジュースの加工の仕方が変わってくる。もぎたてのりんごの場合は、酸が強いために酸化が早く、すぐに茶色になってしまう。色よく仕上げるには、手早い作業を心がけ、できるだけ短時間で仕上げる。

三月を越した貯蔵りんごの場合は、貯蔵中に水分が少なくなり、味がボケはじめてくる。果肉も軟らかくなり、ジュースにすると沈澱物が多くなる。そのため、沈澱物を少なくするよう、加熱の仕方を工夫する必要がある。

また、りんごは皮を剥いて置いておくと、すぐに茶色く変色してしまう。これはりんごに含まれているポリフェノールが空気中の酸素と結びつくためで、ジュースの場合も同様に、次第に色が悪くなってくる。そこで、酸化防止剤として、ビタミンCを〇・一〜〇・二%を目安に入れている。ビタミンCの量は、必要最小限としている。

ジュース作りの手順

洗浄　りんごを洗浄機できれいに洗う。

破砕　原料の〇・一〜〇・二%のビタミンCを、水溶液にしておく（りんご一三〜一五kgに対し二〇〇cc）。洗浄したりんごを、ジューサーにかける。このとき、りんごをすりおろしながら、合間にビタミンCを添加していくことがポイントである。こうすれば、破砕されたりんごが茶色くならない。

搾汁　破砕したりんごを搾り布で搾る。かすが残った搾り布を遠心分離器にかけて、残っているジュースも搾る。

搾ってから、ジュースを煮釜に移して加熱するまでの時間が短ければ短いほど、品質のよいジュースができる。とくに、もぎとったばかりのりんごは酸化しやすいので、搾汁から加熱までの作業を、できるだけ早く行なう。

加熱　煮釜に移したジュースを加熱する。沸

図1　りんごジュース作りの手順

《原料と配合，仕上がり量》
原料配合：リンゴ13～15kg，ビタミンCは原料の0.1～0.2%量
仕上がり量：10kg
※原料の状態によって変わるので一例としてあげた

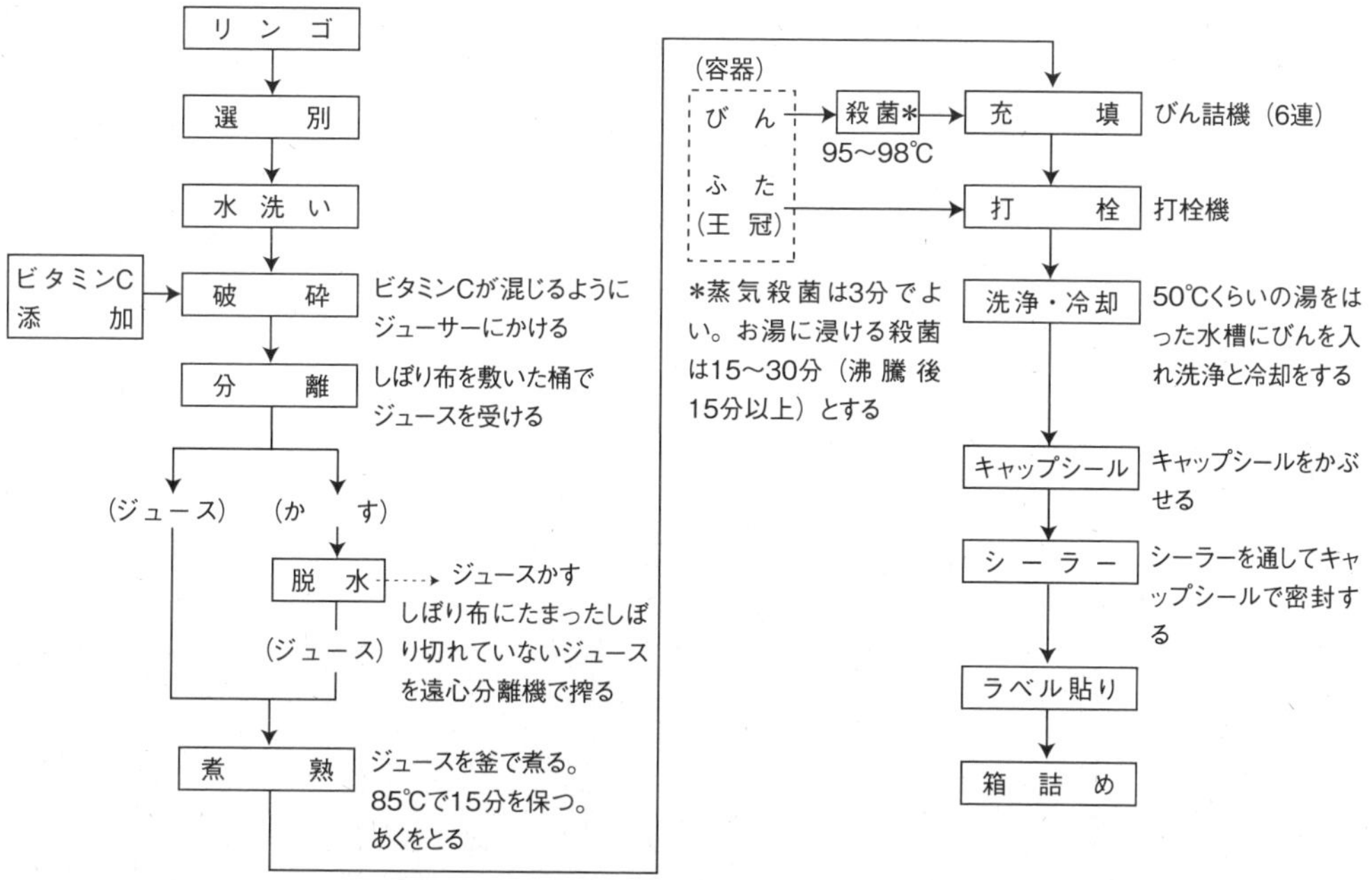
リ　ン　ゴ
選　　別
水　洗　い
ビタミンC添　加
破　　砕
ビタミンCが混じるようにジューサーにかける
分　　離
しぼり布を敷いた桶でジュースを受ける
(ジュース)
(か　　す)
脱　水
ジュースかす
しぼり布にたまったしぼり切れていないジュースを遠心分離機で搾る
(ジュース)
煮　　熟
ジュースを釜で煮る。85℃で15分を保つ。あくをとる
(容器)
び　ん
ふ　た
(王　冠)
殺菌*
95～98℃
*蒸気殺菌は3分でよい。お湯に浸ける殺菌は15～30分（沸騰後15分以上）とする
充　　填
びん詰機（6連）
打　　栓
打栓機
洗浄・冷却
50℃くらいの湯をはった水槽にびんを入れ洗浄と冷却をする
キャップシール
キャップシールをかぶせる
シ　ー　ラ　ー
シーラーを通してキャップシールで密封する
ラベル貼り
箱　詰　め

騰させず、八五℃、一五分間でよい。果汁中の酵素活性の停止と殺菌が目的である。加熱中にあくが出るので、細目すくい網で、こまめに取り除く。

びん詰め　蒸気殺菌したびんに、ジュースを充填する。六連の充填機を使っている。品質を保つには、びん詰がいちばんよい。

充填後は打栓機で王冠で密封し、びんをコンテナに入れて、コンテナごと五〇℃の湯をはった冷却槽に浸け、洗浄を兼ねて冷却する。その後は、キャップシールをかぶせ、シーラーを通して密封する。

つがるの場合　つがるは、ジュース加工がたいへんむずかしい。早生で八月末から収穫が始まるつがるは、ペクチン質が多い。そのため、びん詰めしたあと、底の部分に固まりができてしまう。さらにその固まりが浮いて、次第に黒く変色する。

つがるを加熱するときは、温度をゆっくり上げ、八五℃になるまで、攪拌もしないし、あく取りもしない。このようにすると、あとでびんの底に沈澱するものが、分離して浮いてくる。八五℃に達してから、浮いてきたあくを取る。これで、沈澱物の多くを取り除くことができる。また、つがるは、もぎとった果実を追熟させてから、ジュースにするのがよい。

貯蔵りんごの場合　三月を過ぎた貯蔵りんごは、貯蔵中に水分が少なくなり、ボケはじめ、果肉が軟らかくなる。ジュースに加工すると、どうしても沈澱物が多くなってしまう。そこで、つがると同じように攪拌せずにゆっくり加熱する。八五℃に達してから、あくをとることで、沈澱物のないジュースを作ることができる。

※小池手造り農産加工所　長野県飯田市下久堅下虎岩五七八―八

食品加工総覧第五巻　ジュース　二〇〇五年

未熟果実でりんごジュース

城田安幸　弘前大学農学生命科学部

摘果りんごはポリフェノールの宝庫

無農薬りんご園での害虫管理の研究で、いつも気になっていたのが、摘果されて捨てられる未熟りんごたちです。「もったいないな。この未熟りんごにはポリフェノールがいっぱい入っているのに…」。未熟りんごの中には、成熟果実に比べ、五～一〇倍のポリフェノールが含まれることが、知られているのです。

津軽のりんご農家の方から、「昔は未熟りんごを漬物にしたり、そのままでも食べたりしたものだ」と言われてかじってみると、酸っぱくて渋くて食べられたものではありません。

そこで、成熟果実の甘いジュースに、未熟果実ジュースを二五％加えてみました。未熟果実は、八月までに収穫した無農薬の果実です。

甘味と酸味が適度にあり、とても飲みやすくおいしいジュースになりました。ポリフェノールをたくさん含んだ、「甘さ控えめのジュース」の完成です。

免疫力が高まる

このジュースを毎日コップ一杯、五週間続けて飲むことで、ヒトのガン細胞を最初に攻撃するナチュラルキラー細胞が一〇％以上活性化されることが、三〇人以上のヒトを対象にした研究から明らかになりました（「免疫賦活剤」としての特許を取得）。

さらにジュースで血糖値が下がることも判明しました。免疫力が高まるかどうかを調べていた人たちの血糖値が、五週間で約一〇（mg／dℓ）下がったのです。

今後、このジュースを一万人規模の人に毎日一本飲んでいただき、一〇年間病気の記録をとり、飲んでいない人と比較する計画をもっています。

未熟果実を25％含んだリンゴジュース「医果同源」と筆者

現在、日本では毎年五二万人もの人がガンと診断されます。さらに、三十数万人もの人がガンで亡くなります。未熟りんごを含んだりんごジュースで、少しでもガン予防に寄与することは、私たちが果たさなければならない急務の課題だと思います。

これとあわせて、機能性食品や化粧品から医薬品に至るまで、さまざまな企業が、りんごの生産地である青森（また長野や日本）に集まるようになることを、小さなりんごの大きな力で実現したいと願っています。

二〇〇八年七月号　免疫力を高める未熟果実入りりんごジュース

りんご品種の加工特性

紅玉 豊産性で、最も広い加工適性をもつ。果肉は黄色で緻密、香気も優れる。搾汁率が良好で加工中の褐変が少なく、混濁、清澄果汁、ネクターに最も適す。

ふじ 晩生種で貯蔵性に優れ、多汁質で、香気がある。搾汁率が最も高く、加工中の褐変も少ないが、混濁果汁の場合パルプが分離しやすく、ネクター用としては果肉が軟化しにくい。りんご酒にも適す。

恵 中生種で、果汁は黄色、甘酸比は適度であるが、芳香は紅玉より少ない。搾汁率がよく、色沢良好で加工用に適す。

陸奥 貯蔵性に富み、香気が強く、甘酸適和である。搾汁率も高くジュース用品種として適す。アップルソース、りんご酒にも適す。

グラニースミス 身が引き締まって、果皮が緑色で多汁であり、酸味がある。アップルパイやジュースに適す。

スターキングデリシャス 果肉は黄色で、きめは中くらいで多汁である。ぼけやすく、ぼけた果実の肉質は粉質となり、搾汁が困難になる。加工適性品種とは言い難く、他品種果汁と混合したほうがよい。

王林 貯蔵性があり、混濁果汁として風味、濁度などに適性がある。

ジョナゴールド 香りが強く、ジュースやアップルソースに適す。多汁質で、混濁果汁にも、清澄果汁にも適す。

つがる 早生種の生食用として優れているが、香気が弱く酸が少ないため、ジュース用には向かない。搾汁率は高い。

デリシャスその他 アメリカでは、デリシャスやゴールデンデリシャス、旭（McIntosh）の20％は加工に利用されている。しかしながらデリシャスは生食では甘くて果汁が多いため、高品質なジュースはできるが、果皮が厚いため、アップルソース加工では収量が悪く、よい製品ができない。特に、食感と色調が悪い。ゴールデンデリシャスはジュースでもアップルソースでもよい製品ができる。

（田中敬一『食品加工総覧』第11巻）

リンゴ品種の搾汁率と糖酸比 （竹内ら，1992）

品種名	搾汁率（%）	糖度（Bx）	酸度（%）	pH	糖酸比
ふじ（未熟）	80	12.6	0.42	3.54	30.0
ふじ（適熟）	79	14.3	0.32	3.81	44.7
紅玉（摘果）	82	12.4	0.63	3.55	19.7
紅玉（無摘果）	82	12.9	0.61	3.70	21.1
王林	76	13.1	0.19	4.07	68.9
恵	83	11.3	0.38	3.61	29.7
ゴールデンデリシャス	54	12.9	0.33	3.72	39.1
つがる	81	12.6	0.24	4.17	52.5
ジョナゴールド	76	12.3	0.32	3.70	38.4
グラニースミス	74	12.6	0.71	3.34	17.8

リンゴ品種の加工適正 （伊崎，1986）

品種名	清澄果汁	混濁果汁	プレザーブ	ジャム	ソリッドパック	シロップ漬	アップルソース	ネクター	乾燥リンゴ	クリスタル
ふじ	○		○		○	○				◎
紅玉	○	◎	◎	◎	○	◎	○	◎	○	
国光	○		○	○	○	○	○			○
デリシャス系		×	×		×	×			○	
陸奥	○	○		○		○	◎	○	○	
恵	○	○	◎	◎	◎	○	○	○	○	
ゴールデンデリシャス	○	○						○	○	○
つがる	○	×	×			×				

注 ◎適正優良 ○適正良 ×適正不良
・プレザーブ：果肉の原形を残しているジャム
・ソリッドパック：缶詰にする際にほとんどあるいはまったく液汁を注入しない肉詰め方法
・クリスタル：飽和糖液に漬けた後，乾燥させて表面が光るように砂糖結晶で包んだもの
お菓子でたとえるならウィスキーボンボンみたいなもの

河内晩柑のゼリーが大好評

熊本県玉名市　川田洋子

デパ地下で飛ぶように売れた

　柑橘のゼリーは、初めは地元の直販所で販売しようと、夜に家族で楽しく作っていました。その後、パッケージのデザインやシールなどを次女が手作りして、インターネットのホームページ上で販売するようになりました。

　昨年、デパートの方から声がかかり、地元のデパートで試食販売したところ大盛況。持っていった「晩柑ジェリー」が飛ぶように売れ、午後三時には完売。急いで次の日の分の商品を搬入すると、それもその日のうちに完売してしまいました。今年は四月から八月まで月一回、一週間の試食販売をし、デパートのお中元にも使っていただくことができました。

　もともとわが家は、ハウスみかんと露地みかんを栽培し、生協を中心に出荷する経営でした。老木で収穫量が少なくなったため、新品種に改植しようと思っていました。

　そんなとき、大学生だった長女の奈々が農作業を手伝いに来たときに、数本あった河内晩柑の樹を見て「みかんの実と花が一緒に着いている！　それになんて花の香りもいいの！　このみかんを増やして、ここで五月のみかん狩りをしたらどう？」と言ったことから、河内晩柑を増やすことにしたのです。

　やっと河内晩柑の収穫ができるようになったとき、二五歳で奈々が亡くなりました。奈々は画家だったため、河内晩柑園の一角に絵を飾るために画廊を建てました。そして毎年、五月の連休のときにギャラリーを開園し、絵を見に来てくださるお客様をもてなしたのです。そのとき、お客様に出していたのが、河内晩柑で作ったゼリーやフレッシュジュースやピールでした。

　若いときからいろいろな種類のゼリーを作っていましたが、河内晩柑のゼリーはすこぶる好評で、お客様から「商品化はしないのですか？」と言われていたのです。ネーミングは、キラキラ輝く「ジュエリー」のイメージで「晩柑ジェリー」にしました。

家族と「晩柑ジェリー」

注文を受けてから収穫して製造

　河内晩柑は、生産量は多くありませんが、年々、人気が出てきている品種です。文旦の血を引いており、さわやかな香りとジューシーさが特徴です。三月頃から収穫ができ、無理をすれば十月頃まで樹上に成らせておく

晩柑ジェリーの製造工程

（注　文
↓
収　穫）
↓
洗　浄
↓
消　毒 ― 食品アルコール
↓
切　断 ― 半分に切る
↓
くり抜き ― 手作業
↓
果汁圧搾
↓
煮　る
↓
果汁に材料を混ぜる ― 水／グラニュー糖／アガー（海藻由来のゲル化剤）
↓
皮に流し込む
↓
冷　蔵
↓
パッケージ

ことも可能です。

家族経営の工房なので、企業にはできないことを考え、基本的には、注文を受けてから河内晩柑を収穫し、そのお客様一人のために作ります。約三時間後に商品になり、その日のうちに発送します。

河内晩柑の果汁は時期により酸が強すぎて固まりにくかったり、逆に酸が弱く味がいまひとつだったりするので、酸の目安であるpH（ペーハー）を一定にします。最初はクエン酸ナトリウムとクエン酸を使ってみましたが、自然の味ではなかったので、果汁と水の割合で調整するように研究しました。

しかしなんといっても、素材の味が決め手。果実の味がゼリーの味を直接左右します。低農薬で除草剤を使わずに、安心安全で、おいしい河内晩柑を作ることに力を入れています。

周年でゼリーを製造、販売

河内晩柑のほかにも、清見、ハウスみかん、木村早生、ハウスデコポンなど、ほぼ一年を通じてゼリーを作っています。

昨年はハウスキンカンのゼリーを試作してみました。今年は種なしキンカンが成り始める予定なので、丸ごとキンカンを入れたゼリーに挑戦しようと楽しみにしています。さらに、グレープフルーツ、ブラッドオレンジの苗も植えているので、二〜三年後はまたバラエティに富んだ色とりどりのゼリーができると、これもまた楽しみにしています。

今後は、年間を通して収益が上がるように、いろいろな柑橘を作り、加工を取り入れていきたいと思います。

※ななみかん園（川田果実）熊本県玉名市天水町立花一二四八　TEL〇九六八―七一―五三五五

二〇〇六年十一月号　みかん園の中のギャラリーから、皮まるごと晩柑ジェリー

ゼリーの作り方

長野県飯田市　小池芳子さん

ゼリーに入れる具の下調理

ゼリー液の糖度（20度）と同じになるように仕上げるのがこつ。軟らかく煮るよりも、少し歯ごたえを残したほうが「果物の本物感」が出る。

りんご

①皮をむいて刻み、砂糖に漬ける。りんご1kgに対して砂糖250gの割合。

②1～2日おくとりんごの水分が出てくるので、その水分で煮る。煮る時間は量にもよるが、さっと煮て果肉が少し軟らかくなる程度でよい。

③ゼリー容器の中に1かけら、小さければ2かけら入れる。角切りなら10粒程度。

※煮ないとゼリーにしたあと褐変して色が悪くなる。とくに秋のりんごはアクがあるので茶色くなりやすい。長期に貯蔵してスカスカになったりんごでは煮崩れしやすい。

ブルーベリー

①洗浄した果実を砂糖に漬ける。果実の糖度が低いので、1kgに対して、砂糖300gの割合。

②1～2日おくと水分が出てくるので、その水分でさっと煮る。果肉が少し軟らかくなる程度。

③ゼリー容器の中に10粒程度入れる。

※小池さんのところはドライのものを使用している。

梅

砂糖漬けの小梅を使う。ゼリーには1個につき1粒ずつ入れる

ゼリー作り

①果汁100％のジュースを加熱する。

②沸騰したらグラニュー糖を足して、糖度20度にする。

③さらにゼリー用の寒天を入れて、攪拌する。小池さんは熱に強い寒天を使っているので、熱いうちに入れてしまう。

ジュースの酸味は寒天の力を弱めることが多い。梅のように酸味が強いものはジュース1ℓに対して寒天15g、りんごやブルーベリーのジュースには寒天14gと少し減らす。ただし、寒天の適量は製品（メーカー）によって違うので、あくまで目安。

④火からおろし、果物の具を入れて、並べておいたカップにゼリー液を注ぐ。しっかりと、シール（蓋）をする。容器の中に空気が入っていると、そこから傷むので注意。

⑤殺菌する。80℃ぐらいで15分間、容器ごとボイルする。容器が薄いので早く熱が入る。

（2005年8月号　ウリは果物感　ゼリーの巻）

上はゼリーの原料となるジュース。品質の良いジュースを使うことが、おいしいゼリーにつながる

あっちの話こっちの話

皮だけで作るぶどうジャム

能勢裕子

青森県鶴田町でぶどうを作っている佐藤留美子さんは、何でも作るのが大好きです。ある日「ぶどうの栄養は実と皮の間にある」という話を聞き、ぶどうの皮でジャムを作ってみました。

ぶどうの果汁を入れるとゆるくなってしまうので、皮だけを使うこと、さらに皮が溶けやすい品種（キャンベル）を使うことがこつです。

ぶどうの皮を鍋に入れ、そのまま何も加えずに弱火でトロトロ煮詰めます。量が半分になったら出来上がりです。砂糖なしでもとても甘いので、食べるときは酸味のあるアンズジャム（これも砂糖を加えず煮詰めたもの）と合わせます。それぞれ収穫時に作って冷凍してあるので、鍋に半々に入れて弱火で煮て、最後に蜂蜜で味を調整します。

まさか皮だけでジャムができるなんて！ぜひ食べてみたいですね。

二〇〇八年十一月号　あっちの話こっちの話

干し柿のワイン漬け

黒須　祥

琵琶湖の西に位置する滋賀県大津市仰木地区は、温暖な気候でおいしい柿が実るうえ、比叡山から晩秋に下りてくるカラっとした冷たい空気のおかげで、おいしい干し柿が作れるところとして有名です。堀井弘子さんに、硬くなってしまった干し柿をおいしく食べる方法を教えてもらいました。

硬くなった干し柿を容器に入れ、上から干し柿がまんべんなく湿るくらいの量のワインを振りかけます。蓋をしてしばらく置くと、干し柿がワインを吸って乾いてくるので、もう少し振りかけてそのまま二〜三日おきます。すると、硬かった干し柿が、羊羹のように柔らかく、風味豊かな食べ物に生まれ変わります。

ふりかけるワインは赤でも白でもよく、ブランデーやリキュール、焼酎でも大丈夫。堀井さんはワインの風味が好きだそうです。ふりかける量が多いと軟らかくなりすぎて、食感が悪くなるので注意。容器の底のほうにお酒がちょっとたまるくらいの量で十分です。

二〇〇八年一月号　あっちの話こっちの話

白菜の熟柿漬け

朽木直文

「このあたりじゃ、なーんにも珍しくないわよ」という福島県保原町の菅野愛子さんから、柿を使った白菜の漬け物の作り方を教えていただきました。

まず、白菜を四つ切りにして軽く塩漬けします。あまり塩加減を強くしないこと。これを取り出して水切りし、今度は完熟した柿を白菜の間に重ねるように入れていきます。そうすると、柿は自然にすり込んだようになります。重石はのせずとも三日過ぎたころにはもう出来上がり。

こつは一週間以内で食べられる量ずつ作ること。あんまりたくさん作ると、味が変わってしまうそうです。柿の香りと風味が白菜になじんで、食べる人の郷愁を誘うような漬け物になるそうです。

菅野さんは、この他にも柿の切り干しも作っており、「漬け物」に「干し柿」にと、見事に柿を無駄なく活かしていました。

一九九八年十一月号　あっちの話こっちの話

素材の香りと色を活かしたイチゴジャム

小清水正美　元神奈川県農業技術センター

ここで作るのは、素材のイチゴの香り、色、食感を活かしたジャムである。添加物ではなく、原料果実に依拠したジャム作りである。糖度は六〇～六五度で、イチゴの軟らかい食感が残り、香り高く、色鮮やかで透明感のあるものを目指す。

栽培農家であれば、過熟、形が悪い、きずもの（損傷果）、未熟（形状不良）などの理由で市場出荷できないイチゴがでる。その割合を知り、原料として使えるものと使えないものを明確にする。過熟なイチゴばかりで作るのか、出荷熟度ではあるが形が悪いイチゴを使うのか、未熟なものが混じるのか。ジャムは一回しか作らないのか、複数回作るのかなどによって、これらの原料構成が変わってくる。原料の確保とともにジャム加工の年間計画を作る。

イチゴの熟度が、過熟から未熟までばらついているならば、ペクチン量を調節するなどして色、固さなどの品質が一定になるようにする。また、いつも同じような果実の熟度構成に揃える。例えば、過熟なイチゴは濃い赤色に仕上がるが、ペクチンが弱くなっているため軟らかめになる。そこでペクチンの添加量を増やすことも検討する。

なお、イチゴが大粒から中粒、小粒まで混ざっているときはイチゴを同じくらいの大きさに切り揃えてもよいが、手間を省くにはポリエチレン袋に入れて、押し潰すほうが簡単で早い。

材料と道具の準備

ヘタ取り、洗浄　イチゴの品種は果肉が軟らかい章姫にしている。ヘタは包丁で切り取るが、手早くやるにはヘタ取り用の小道具を使う（写真）。ヘタが製品に混入すると異物と間違えられるので、ヘタ取り作業は大切である。ヘタ取り後、丁寧に洗浄する。

冷凍保存　すぐに加工しないイチゴは、洗浄してヘタを取り、再度水洗いして、冷凍用のプラスチック製袋に入れ、空気を押し出して冷凍保存する。砂糖を入れておくと解凍が楽になる。このときの砂糖の量は、ジャム作りに使う量の一～二割量とする。冷凍保存用に加えた砂糖の量を必ず記録し、ジャム加工する際の砂糖量から差し引く。また、解凍したときに出るドリップも捨てずに使う。

砂糖　素材の香りや色を活かして透明感のあるジャムにするために、砂糖はグラニュー糖、あるいはグラニュー糖より精製度の高い白ざら糖を使う。三温糖や赤ザラメ、黒砂糖などはサトウキビに由来する香りが強く、仕上がりの色も黒っぽくなる。

酸　レモン果汁やクエン酸は、仕上がりの色をよくするとともに、ペクチンのゼリー化を強める。大きなレモンなら一個から五〇㎖の果汁が取れる。半分に切り、レモン搾りで搾る。小さな種はガーゼで濾して除く。レモン果汁の代わりにクエン酸を使う場合は、三gのクエン酸を五〇㎖の水に溶いて加えるか、クエン酸を砂糖に混ぜて加える。

りんごペクチン液の抽出　市販のペクチンでなく、りんごや柑橘類を原料として、自分でペクチン液を作ることができる。柑橘ペクチンは、柑橘の種類によって苦味が強いので、

図１　イチゴジャム作りの手順

《原料と配合, 仕上がり量》
糖度60度で，1kgのジャム原料配合（糖度65度なら950g）：イチゴ1kg，砂糖500g，リンゴペクチン液300g，レモン果汁50g

工程	内容
原料調製	表面の洗浄，水切り，ヘタ取り，再度洗浄
煮熟（水煮）	イチゴを大鍋に入れ，水 100 ㎖を加える。強火で大鍋を加熱する。沸騰後，やや弱火にし，浮いてきた泡を取り除く
砂糖の添加	ヘラでかき混ぜながら500g の砂糖を加える
リンゴペクチン液を添加*	再沸騰後 10～15 分でリンゴペクチン液を加え，中火～強火で加熱
煮熟攪拌	再沸騰後レモン果汁を加え，中火～強火で加熱。焦げつかせないように攪拌する。沸騰したら浮いてくる泡を取り除く
ゼリー化の判断	ゼリー化の具合を確かめる。適度にゼリー化したら加熱を終了する
充填	熱く加熱したびんに熱いジャムを入れる
脱気加熱	脱気（100℃10 分間）した後，栓をする
倒立放冷	びんを倒立させ放冷する(30 分間)。水で冷却しびんの外側を洗浄
製品	ラベルを貼る
保存	冷暗所で保存する

＊あらかじめ，分量の砂糖の一部とペクチンを混合しておく

苦味抜きをしなければならない。これに比べて、りんごペクチンははるかに手軽に作ることができる。

　りんごを厚さ五㎜くらいに薄切りしたらすぐに、りんごの二倍量（重量）の水に浸けて、クエン酸（りんご分量の〇・五％、一kgなら五gのクエン酸）を加え、加熱してペクチンを煮出す。

　クエン酸は市販の食品添加物のクエン酸を使ってもよいが、レモン果汁で十分に代替できる。レモン果汁は五～六％のクエン酸を含んでいるので、レモン果汁一〇〇㎖なら五～六gのクエン酸を加えたことになる。

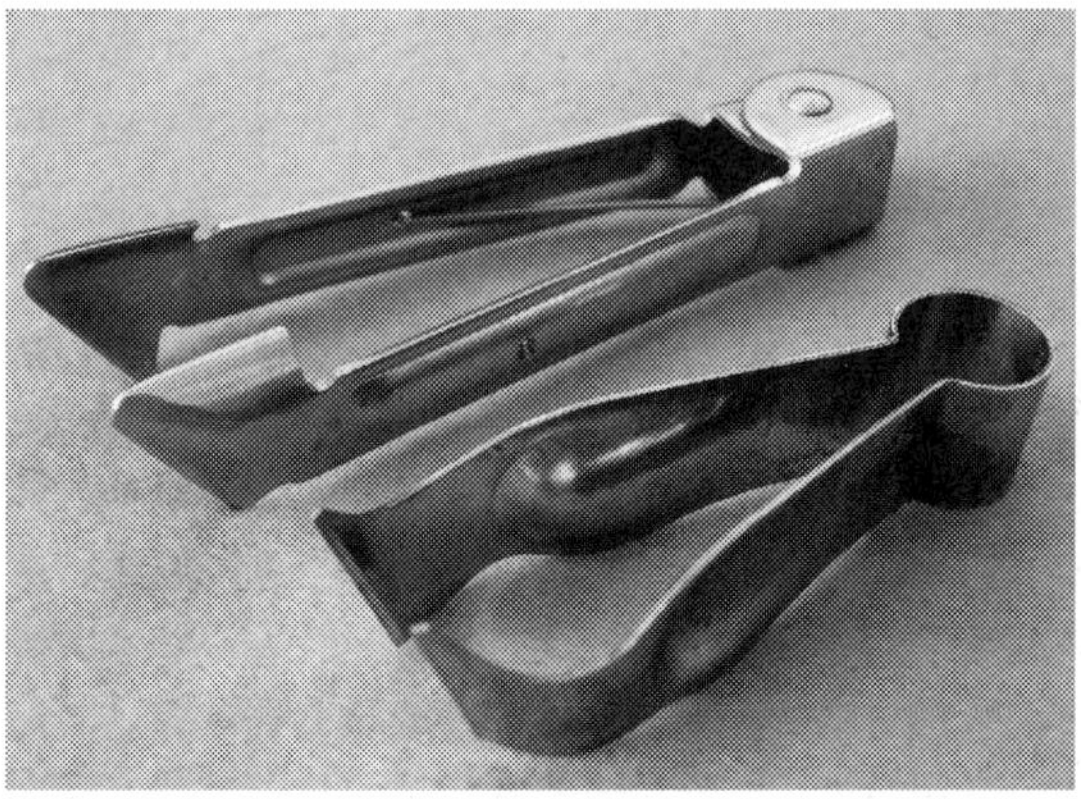

ヘタ取り機

　鍋で、三〇～四五分くらい加熱する。加熱は水分を蒸発させるのが目的ではないので、軽く沸く程度に火を調整し、アルミホイルなどで蓋をして、水分蒸発を防ぐようにするとよい。

　りんごが煮えて透明感が出てきたら加熱を終え、布巾で煮汁を濾し取る。布巾は目の詰まったものを二枚重ねで使う。布巾を強く絞ると、果肉中の繊維が布巾の目を通して抜け出てくるので、もみ出すような搾り方はしないこと。繊維質が混入するとペクチン液が濁ってしまう。こうして濾し取った煮汁が、りんごペクチン液である。

　りんごペクチン液は、イチゴジャムを作るたびに調製するのではなく、一度にある程度の量のペクチン液を調製し、保存する。ペクチンはガラクチュロン酸という糖類が長くつながった構造をしているので、酸性のもとに長くおくと加水分解されてしまう。一週間以内に使用するなら冷蔵、一週間以上保存するなら冷凍する。イチゴジャムに使うのに都合のよい量に、小分けしておくとよい。

　なお、作ったりんごペクチン液がどのくらいのペクチンを含んでいるかを調べる必

要がある。ペクチン液二〇〇㎖に、砂糖二〇〇gを加えて鍋で加熱し、水分を蒸発させる。総量が三三三gになったら加熱を終え、びんに詰める。そのまま冷却し、一〜二日おいてゼリー化の程度を観察する。なめらかなペクチンゼリーを形成していればそのまま利用できるが、ゼリーができていなければ、ペクチン濃度が薄いので濃縮して使う。逆にゼリーが固かったり、泡を抱き込んでいるならペクチンが濃いので、希釈するか量を減らして使う。

ステンレス製鍋　鍋はステンレス製がよい。銅製やアルミ製の鍋は、果実の酸で金属が溶出し、色調の変化や香味の変化につながるので使用しない。ホウロウ鍋でもよいが、鍋に傷が付くとジャムと鉄が接して色調変化が起きやすい。

ジャムびん　広口の一四〇〜二五〇ccのびんが、手ごろな大きさである。びんの種類は、何回も回転させるねじ式よりも、九〇度ほど回すだけで開閉するツイスト式がよい。

一度使ったびんも使用できるが、欠けたりヒビのあるものは絶対に使わない。蓋が完全に締まらなかったり、びんが割れることがある。蓋は一度使うとパッキンが凹み、密着しにくくなるので、長く保存するには、新しい蓋を使わねばならない。

注ぐための道具　ジャムをびんに注ぐときに、びんの口を汚さないために片口レードル、片口・太口ロート、ジョッキ、粉つぎなどを用いる。ただし、片口レードルを使うと、びんの口を汚すことが多い。鶴の首のように注ぎ口が長い片手ジョッキはびんの口を汚すことなく、手早く作業ができる。たこ焼きに使う、「種おとし・チャッキリ」はなお具合がいい。口を汚さないだけでなく、ジャムの上部に浮いた気泡を入れずに充填できるからだ。

ジャム作り

煮熟　ヘタ取りして洗浄したイチゴを、ポリエチレン袋に入れて潰す。これを鍋に移し、一〇〇㎖の水を加えて水煮し、果肉を軟らかくする。

焦げつきを恐れて、弱火で長時間加熱すると色が悪くなる。できるだけ強火で、焦げつかせないように攪拌するのがポイントである。

攪拌は、鍋底や鍋のふちを木ベラでこするように行なう。ガスの直火で加熱すると、鍋底だけでなく、鍋の側面が焦げやすくなるので注意する。どうしても側面が焦げつき始めたら、濡れ布巾で焦げ始めたところを拭き取る。

攪拌中に、木ベラでイチゴを潰す必要はない。完全なペースト状よりも、少しイチゴの形が残るジャムのほうが、イチゴ特有の軟らかな自然な食感になる。

泡取り　ジャムの中に泡やあくがたくさん入ると見栄えが悪い。ジャムに泡が入る理由は、ペクチンゼリーが強すぎる場合と加工中のあく取りが悪かった場合である。あく取り網やレードルで丁寧に除く。また、加熱終了後にラップフィルムまたはアルミホイル、キッチンペーパーなどをジャムの上面にのせると、泡やあくが付いてきれいに除去できる。

砂糖の添加　軟らかくなったイチゴに、砂糖を加えてさらに煮詰める。短時間で仕上げるため、一度に砂糖全量を加えるが、砂糖が鍋の底にたまると焦げやすい。そこで、ヘラで鍋底をこするようにかき混ぜながら、砂糖を加える。かき混ぜながら砂糖を加え、砂糖が溶けたら次の砂糖を加えることを繰り返し、砂糖が鍋底にたまらないようにする。

ペクチンの添加　ペクチン液は、砂糖全量を入れてから加える。ペクチン液を加えると粘度が増して焦げやすくなるので、鍋底を木ベラでこするようにして攪拌し、焦げつかないようにする。

市販のペクチン粉末を使う場合　りんごペクチン液を自分で作れないときは、市販のペクチン粉末を使う。その際にいくつか注意しなければならないことがある。ただし、ここでは、LMペクチン（カルシウムイオンと反応してゲル化するペクチンで、牛乳を用いたデザートなどに利用される）は使わない。

①ペクチン粉末は、その五倍量以上の砂糖と混ぜないとダマになる（ペクチン三gなら砂糖一五g）。実際の作業では、一〇〇gくらいの砂糖に混ぜ込むとよい。

②あらかじめ、一〇〇gくらいの砂糖にペクチン粉末を混合しておくが、これは別にしておく。ペクチンを混合していない砂糖を全部加え溶かしてから、ペクチン混合の砂糖を加える。ペクチンが入ると粘性が増して、鍋にへばりつき、焦げやすくなるからである。

コップ法によるゼリー化の判断。ペーストが塊まりとなって底まで沈んでいくようならOK

ゼリー化の判断　最適な煮詰め具合（ゼリー化）の判断には、いくつかの方法がある。

①木ベラについたジャムがサラッと流れるなら煮詰め不足、モッタリとしてくれればＯＫ。

②スプーンに取ったジャムを冷水に静かに滴下したとき、花火のようにパーッと散るようなら煮詰め不足。ゼリー状になって、ミズクラゲのようにコップの底に沈んでいけばＯＫ。

③ジャムを皿に付け、これを立てたときにスーッと流れれば煮詰め不足、ちょっと流れてスッと止まればＯＫ。

そのほか、温度で濃縮度合を確認することもできる。何度かジャムを作って、頃合いを確認する。

びん詰め　びんと蓋をきれいに洗い、蒸気の上がった蒸し器に口を下向きにして入れる。容器内部に水がたまらないようにして加熱する。

ジャム作りでは、ジャムが熱いうちに、熱いびんに詰めることが肝要で、できるだけ手早くびん詰めする。ジャムやびんの温度が低いと、脱気加熱の時間を長くしなければならない。また、温度の下がったジャムをびんに詰めて脱気加熱すると、ジャムが膨張してびんの外へこぼれやすい。

びんの口の上端から、六～八㎜くらい下までジャムを入れる。一四〇ccのびんなら一五五g、二〇〇ccのびんなら二一五gくらい入る。熱いジャムであるなら、この量を入れ、脱気加熱しても、膨張してあふれ出ることはない。

脱気加熱、殺菌　脱気加熱の目的は、びんの中に残った空気を追い出すと同時に、殺菌することである。

蒸気の上がった蒸し器に、軽く蓋をしたジャムびんを入れ、ジャムの中心温度が九〇℃くらいになるまで加熱する。加熱により残存空気を膨張させ、空気が希薄になったところで蓋を完全に締め、減圧状態にする。

これが不十分だと、混入した微生物が生き残り、保存性が低下する。

倒立放冷　脱気、殺菌が終了したら、びんを逆さに立てて三〇分ほど冷ましておく。蓋の締め方がゆるかったり、びんの口に傷があったりしてすき間があると、びんを逆さにしたときにジャムが漏れ出す。こうしたジャムは、保存せずにすぐに利用する。三〇分経過したら、水で冷やす。

保管　出来上がったジャムは、冷暗所に保存する。蓋を開けない限り、腐敗することはない。ただ、温度の高い所や明るい所に長く置くと、糖、酸、ペクチン、色素などの化学反応が進みやすく、色が変わったり、軟らかくなったり、水分が分離したりする。

Q　色が鮮やかにならない。どうしたらよいでしょうか？。

A　原料の色が悪くないか？　色の悪い原料では色のよいジャムはできません。砂糖はグラニュー糖を使っているか？　三温糖、黒砂糖、蜂蜜などでは褐色が強くなります。加熱時間が長くないか？　長時間加熱すると色の鮮やかさが無くなります。レモン果汁あるいはクエン酸を加えているか？　酸を加えpHを下げることで、イチゴのアントシアン色素が鮮やかな赤色に変わります。

また、出来上がりはよくとも、びんに詰めたあと半年も置いておくと、だんだん黒くなってきます。空気酸化による色素の変化なので、ヘッドスペースに含まれる酸素の影響があると思われます。

Q　ねじ式の蓋のびんを使っていましたが、どうやっても開かないという苦情がありました。

A　ねじ式のびんの蓋が開かない理由は、いくつか考えられます。

①ねじ式のびんは、ねじ山と蓋の接着面が大きいので、締める力が強すぎると、蓋が開けにくくなります。ツイスト式の蓋のびんに変更します。

②びんの真空度が高いと、蓋が開きにくくなります。この場合は、びんと蓋の間にヘラを差し込んだり、蓋に穴をあけて真空を破ると、簡単に開けることができます。

③ねじ山部分にジャムが付着し、蓋がこびりついて開かないことがあります。ジャムをびんに充填するときに、ねじ山を汚したことが原因です。拭き取ってもジャムが残っていることが多いので、ねじ山を汚してしまったびんのジャムは販売しないことです。

Q　健康志向の時代だからと糖度を二五度にしたら、賞味期限を一か月にしかできないと言われ、結局売れ残ってしまいました。

A　びん詰の場合は、糖度二五度だから賞味期限を一か月にしかできないというわけではありません。糖度二五度であっても、他の成分、加工工程、殺菌処理等が適切であれば、問題なく一か月以上の保存が可能です。ただし、糖度が低いジャムは、開封後の保存性が劣るので、早く食べ切る必要があります。

また、低糖度のジャムを作ろうとすれば、ペクチンをLMペクチンに変え、カルシウムを添加しなければ、うまくゼリー化しません。本来ジャムは、糖と酸とペクチンのバランスでゼリー化するものです。新しい商品を製造販売するのであれば、新たな製造法を開発し、製品の品質が安定したら賞味期限設定の試験を行ない、その上で適切な表示をする必要があります。

Q　びんの周りに青カビがつくのですが。

A　びんの周りでも、ねじ山の部分なら、充填の際に、ねじ山をジャムで汚した可能性があります。ジャムを充填するときにねじ山を汚さないような、道具を使いましょう。汚した場合、完全に拭き取ることはむずかしいので、そのびんは商品にしないことです。びんのねじ山以外のところに青カビがついているなら、加工工程のいずれかでの青カビ汚染が考えられます。加工所施設、作業者、加工工程、保管状況などをチェックして、どの工程で汚染されたかを明らかにし、改善しなければなりません。

食品加工総覧第七巻　ジャム・マーマレード
二〇〇五年

あっちの話こっちの話

梅酢と米酢は相性がいい

飯塚ひろみ

和歌山県田辺市龍神村で「こすげ茶屋」というお店をやっている小川さんは、米酢と梅と砂糖を二か月くらい漬けて、自家製の食酢を作ります。「これを使ったらほかの酢は使えん」というくらい、まろやかな風味。お店で出す寿司、あえ物、きゅうりもみ、何にでもこの酢を使います。お客さんにも「この酢は売ってないの？」と聞かれるのですが、量がないため、売れないのが申し訳ないくらいだそうです。

いっぽう、茨城県大子町の白井さんは、梅の酢漬けがなにより好きで、毎年たくさん作ります。まず青梅にフォークで穴を開けて漬物樽に入れ、米酢をひたひたになるくらいまで注ぎます。二か月くらいしたら梅を取り出し、天日で二日間くらい干します。これを好みの量の砂糖と赤シソで、一か月くらい漬け込めば出来上がり。甘酸っぱくてさっぱりした味で、親戚にも「これが一番おいしい」と喜ばれるそうです。

二〇〇七年七月号　あっちの話こっちの話

簡単　梅シロップ

佐藤　圭

梅の実の活用法はいろいろありますが、簡単に梅シロップができてしまう方法を、宮崎県佐土原町のSさんに聞きました。

梅の実のヘタを取ってよく洗い、水分を拭き取ります。梅の実一kgに対して砂糖を五〇〇～八〇〇g用意し、炊飯器に入れます。あとは「保温」にセットして七～八時間待つだけ。寝る前にセットして、翌朝、開けてみると梅がトローンととろけたようになり、シロップの出来上がりです。

種をとってびん詰めし、冷蔵庫に入れて保存すれば一年近く食べられます。そのまま舐めても冷水で薄めても、夏の食欲のないときには最高です。ミキサーにかければ梅ジャムに大変身。

短時間でできるので、「直売所のお客さんや周りの友達に、とれたての梅を真っ先に食べてもらえる」と嬉しそうに話してくれました。

二〇〇六年七月号　あっちの話こっちの話

美味　梅酢漬けのシソおにぎり

住吉大助

岩手県千厩町の金野たね子さんは、毎年シソの梅酢漬けを作ります。作り方は、梅酢を容器に取っておき、そこに数十枚ずつ束ねた赤シソの葉を入れ、重石をしておくだけ。梅干を作るときに別に漬けてやればいいわけだから、手軽にできそうですね。このシソをおにぎりに巻いて食べますが、これがとってもおいしいのです。

ポイントは、丸葉の品種のシソを選ぶこと、摘むときに葉柄を一cmくらい残しておくこと。これによって、食べるときに、束ねたシソを破らずきれいにはがすことができます。

シソは一週間も漬けておけば塩味がしみておいしく食べられるようになりますが、そのまま一年漬けておいても腐りません。

二〇〇五年七月号　あっちの話こっちの話

自家栽培した果実で手作りジャム

神奈川県藤沢市　井上節子さん　ふるうつらんど井上

編集部

「ふるうつらんど井上」の直売所

「ふるうつらんど井上」は、藤沢市の長後集落にある古くからの農家である。二・五haの樹園地に二十数種の果樹を栽培し、直売と通販で販売している。農園でとれる果実をもとにジャム、甘露煮、シロップ煮のほか、国産小麦と天然酵母を使ってパンも焼いている。

材料と道具

自家栽培の果樹　ジャムの主原料はすべて自家栽培の果樹である。果樹の種類と品種が豊富で、ぶどうの品種は、キャンベル、スチューベン、ロザリオビアンコヒムロット、藤稔、安芸クィーン。びわは田中、プラムはハニーローザ、メスレー、リオー、ソルダム。なしは新高、かおり、菊水、幸水、筑水、八里、明水、新水、豊水、秀玉、秋月、かおり、南水、新星など。りんごはあかね、千秋、フジ、陽光、紅玉、アルプス乙女。柿は太秋、早秋、クリは利平、国見、森早生。このほかキウイフルーツ、桃、イチジク、プルーン、山桃、バントウ（蟠桃）、青切りみかん、ゆず、梅なども栽培されている。最近ハウスの一角にブラジル原産のジャボチカバも栽培し始めた。

砂糖、レモン汁　砂糖はグラニュー糖を使う。スプーン印にしている。業者によって精製度が違うらしいが、それほどこだわっていない。クエン酸は使わず、もっぱらレモン汁を使う（国産レモン）。ペクチンはまったく必要ない。

道具　鍋はホウロウの厚鍋、またはステンレス製のものを使う。梅ジャムやキウイフルーツのジャムの場合は、銅鍋を使うと色が鮮やかになる。びんに充填するときには、たこ焼きに使う種落としが便利である。少ない量でも、こぼすことなくきれいにびんに入れることができる。温度計（棒状温度計）、糖度計、真空計、打検棒などもある。とりわけ糖度計はジャム作りに欠かせない道具である。

ジャムびん　主力のジャムびんは、当初は四五〇㎖びんだったが、今は一五〇㎖の六角びんにしている。なしのあめは九〇㎖、梅肉エキスは三〇㎖など種類によっていろいろ選択している。

ぶどうジャム作り

材料　ぶどうの品種は、キャンベルかベリーAがよい。ほかの品種では酸味、香り、色、味の点でジャムに向かない。材料はぶどう一kg、グラニュー糖四五〇〜五〇〇g、レモン半個から搾ったレモン果汁（およそ大さじ一杯）である。ただ、ぶどうの酸味によっても違ってくる。ゼリー化が悪い場合や色の悪い場合には、レモン果汁を多めにする。

洗浄　ぶどうを房から取り、水洗いする。水切りしたあと、皮つきの粒のままボールに入れる。

砂糖をまぶす　準備したグラニュー糖の三分の一量（一五〇〜一六〇g）を、ぶどうにまぶす。

収穫したぶどうが多いときには、添加するグラニュー糖の半分量を一度にまぶしてしまい、当面加工に必要な量を取り分けたあと、残りを冷凍して保存する。グラニュー糖を半量まぶして冷凍するのはほかの果実でも同じ。ただし、プラムは冷凍すると、色が茶色くなるので注意。

レモン汁添加　グラニュー糖をまぶしたぶどうに、分量の半分量のレモン汁を加える。

煮熟　ホウロウ鍋かステンレス鍋に移して火にかける。強火で煮立てると、あくが出てくるので、これはこまめにあく取り器かレードルで取り除く。強火でもぶどうの液が出てくるので、焦げ付く心配はない。ぶどうが煮崩れたら火を止める。

破砕　煮たぶどうをコンロから下ろして、氷水につけるなどして粗熱を取ってから、ミキサーに移す。粗熱を取るのは、ミキサーにかけたときにぶどうが吹き上がってしまうのを防ぐためである。

家庭用のミキサーなら、二カップくらいずつ入れて、数秒間破砕する。ミキサーにかけすぎると種が潰れるので注意。

裏ごし　破砕したぶどうを、ざるとヘラを使って裏ごしする。裏ごしすると種は自然に分かれる。

以前は、ミキサーにかけずに、煮たあとすぐに裏ごしして、皮と種を除いていた。しかし、皮にも栄養が豊富に含まれるので、ミキサーで皮を砕いて、果肉と一緒に煮詰めるようにした。今の作り方に変えてから、こくのある味になり、「ぶどうをそのまま食べているような味」と言われるようになった。

糖度を測る　果汁の糖度を、糖度計を使って測る。完成品の糖度を四五度にしているので、一kgのジャムなら糖の量は四五〇g（1,000×0.45）となる。測った果汁の糖度が三〇度なら、グラニュー糖はあと一五〇g（450−300）加える必要がある。加える砂糖を量っておく。

煮熟　ぶどう果汁を再びホウロウ鍋に入れ、残りのレモン汁と、量ったグラニュー糖の半分量とを加えて、火にかける。強火で煮立て、出てくるあくを取り除く。この時のあく取りは仕上がりのぶどうのジャムの味に影響するのでまめに行なうことが肝心。水分が少なくなり糖度も上がっているので、焦げ付きやすくなる。鍋底をこするようにヘラで混ぜながら煮詰める。途中で果汁の糖度をもう一度測り、残りのグラニュー糖を投入する。

びんの煮沸消毒　この間に大鍋に湯を沸かし、ジャムびん一〇個ほどを煮沸しておく。大鍋の底に四㎝くらいの水をはり、これにジャム用びんを、蓋を取った状態で浸ける。鍋を火にかけて沸騰させていくことで、びんを煮沸消毒する。一五分間煮沸した状態を保つことで殺菌できる。

ゼリー化の判断　一方、ジャムは、煮詰め

図1　ぶどうジャム作りの手順

《原料と配合，仕上がり量》
原料配合：ブドウ1kg，グラニュー糖450～500g，レモン半個の果汁（およそ大さじ1杯強）
仕上がり量：150mgびん10本分

ブドウ
↓
水洗い
↓
水切り
↓
グラニュー糖をまぶす　──　グラニュー糖とレモン汁は，それぞれ分量の半分を投入。グラニュー糖をまぶしたあと，残る原料は冷凍へ
↓
加熱　──　ホウロウ鍋を使う。あくはレードルかあく取り器でていねいに除く
↓
ブドウが煮崩れたら火を止める
↓
粗熱をとる　──　ミキサーにかけたときの吹き上がりを防止するため
↓
ミキサーにかける
↓
裏ごしする　──　ざるとヘラをつかう。種は除くこと
↓
裏ごしされたブドウ液
↓
糖度測定　──　追加のグラニュー糖量を計算
↓
再び加熱　──　グラニュー糖は必要量を2分割し，2回に分けて投入。底をこするように攪拌する。レモン汁は残りの全量を加える
↓
コップテスト
↓
加熱中止
↓
ジャムびんに充填　←　ジャム用びん（150mℓ）→ 煮沸殺菌
↓
脱気殺菌　──　ふたを緩めて空気を抜きながら煮沸させて15分間
↓
倒立放冷　──　びんのふたを下にして放冷する
↓
ラベル貼り

びんのいろいろ

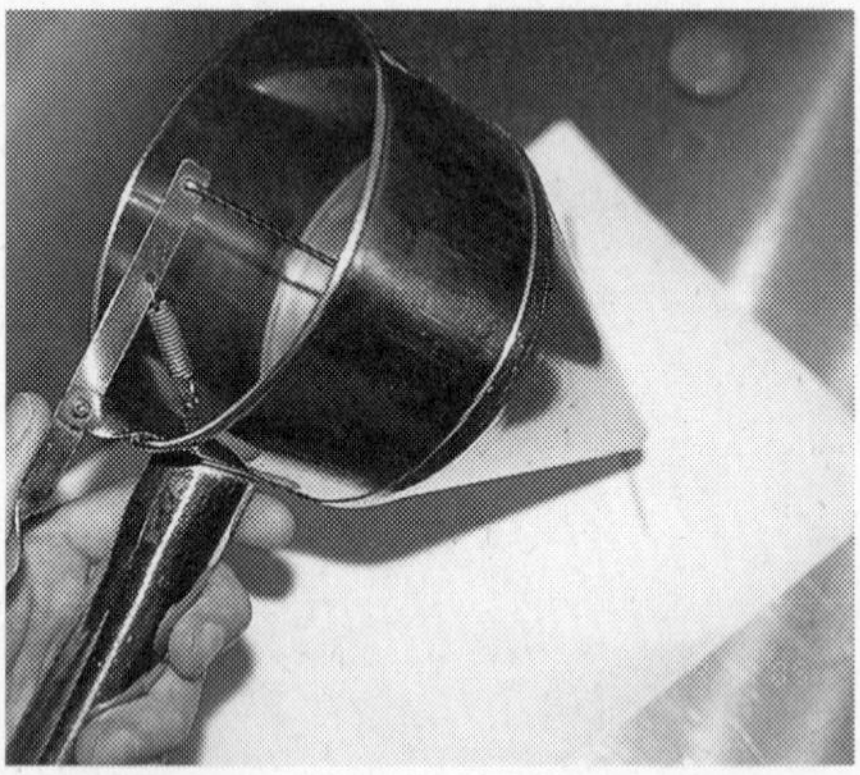
ジャムをびんに充填するのに使う種落とし

ながらコップテストを行なって、ゼリー化の仕上がりを見る。コップテストの要領は次のようにする。コップに冷水を準備する。ヘラでジャムをほんの少し取り、これを冷水の入ったコップに落としてみる。ジャムがかたまりのままコップの底まで落ちるようなら、煮詰め具合がちょうどよい証拠（本誌一〇四ページ写真参照）。冷水に落としたジャムがぱっと散ってかたまりにならないようなら、煮詰め方が足りないということになる。

　コップテストはジャムを作るたびに行なう。梅は酸が強いからジャムが硬くなりやすく、逆に桃は酸が少ないからゼリー化しにくい。果樹の種類によって差があるし、同じ果樹でも果実による差がある。何回作っても、コップテスト抜きにはできない。

びん詰め　ジャムのゼリー化がちょうどよくなったと判断したら、火を止める。ジャムが熱いうちに、たこ焼き用の種落としを使って、手早くびんに詰めていく。ぶどうジャムは一五〇㎖入りだが、口の下五㎜くらいまで入れる。

脱気　大鍋にお湯を入れ、これにジャムを詰めたびんを、軽く蓋をして入れる。びんの蓋を緩めて沸騰させることで、びん内の空気を抜きながら殺菌する。一五分間沸騰させたら、蓋を強く締める。

倒立放冷　殺菌が終了したら、木の板の上に蓋を下に逆さにびんを立て、そのまま冷ます。

ラベル　ラベルを貼って商品に仕上げる。井上さんのところでは、ジャムの種類が多いので、商品名、原材料名、製造年月日、賞味期限をラベルに手書きしている。

素材ごとの作り方のポイント

りんご　洗って皮を剥き、芯をとってから、グラニュー糖とレモン汁をかける。一時間ほどおいて、水が出てくるのを待つ。水分が少ないので、こうしないと気泡が多く入ったジャムになってしまう。紅玉などの品種は、赤い色を活かすために芯をとり、ミキサーを使って皮ごとジャムにする。

プルーン　水洗いして半分に切り、種を取り除く。ぶどうと同じく皮をミキサーで砕いて、皮のうま味を生かす。

桃　酸が少ないので、レモン汁の量を多めにする。

梅　酸が強いので、ジャムが硬くならないよう注意する。レモンは使用しない。

梅はあくが強いので、ゆでこぼしてから一日水に浸けておき、あくを抜くこと。あくが残ると苦味のあるジャムになってしまう。あく抜きを短時間で行なうには、ヘタをとった梅を鍋に入れ、沸騰させてから冷まし、水を換えて一時間浸けておく。

水を切って、裏ごししてから重量を量る。加えるグラニュー糖の量は、この裏ごしした梅の五〇〜六〇％が目安となる。梅ジャムの糖度は五〇度以上にすること。また梅ジャムの色を良くするために、銅鍋で煮熟するとよい。

イチジク　イチジクは皮を剥いて使う。

ブルーベリー　生食用品種は、ジャムにするとこくがないので、価格がやや高いが、中が白っぽくない加工用品種を使っている。

柑橘類　ゆずなど柑橘類でマーマレードを作るときには、皮をよく洗い、表皮のぶつぶつを包丁で薄く削りとり、中のぶつぶつが見えるようにする。米のとぎ汁を、皮がひたひたになるくらいまで入れて煮立てる。皮が軟らかくなったら火を止めて、冷めるまでそのままにしておく。冷めたら汁を捨て、皮の水分を搾ると苦味がとれる。

キウイ　キウイは完熟すると色が悪くなる。熟して軟らかくなる前に銅鍋で煮ると、グリーンの鮮やかな色のジャムになる。

※ふるうつらんど井上　神奈川県藤沢市長後一五一二、TEL〇四六六―四四―二五一〇、FAX〇四六六―四六―三五一九

食品加工総覧第七巻　ジャム・マーマレード
二〇〇五年

ジャム作りの原理と加工方法

津久井亜紀夫　東京家政学院短期大学

ゼリー化の原理

ジャム類は、果実の果肉パルプや果汁に糖類を添加して加熱し、ゲル状に固めゼリー化させたものである。ゼリー化はペクチン、有機酸、糖の相互作用による。ゼリー化には出来上がり製品時において、ペクチン（ＨＭペクチン）量一～一・五％、酸pH二・八～三・一、糖六〇～六五％が必要である。場合によっては、この三要素が原料では不十分のため補われることがある。以下にペクチン質、酸、糖についてそれぞれ説明を加えた。

ペクチン質

プロトペクチン（Protopectin）　プロトペクチンは、未熟な果実、野菜、いも類、その他植物体の細胞間物質や細胞膜の構成成分として含まれ、ペクチン（ペクチニン酸）にセルロース、ヘミセルロースなどの繊維質、アラビノース、ガラクトース、ラムノースなどの糖質およびリンその他の無機質と結合し、水に不溶性成分として存在している。果実の成熟が進むにつれて水溶性のペクチンに変化していき、肉質が軟化していくようになる。酵素プロトペクチナーゼはプロトペクチンを加水分解して水溶性のペクチニン酸にする。プロトペクチンはゼリー化に関与しない。

ペクチン（Pectin）　広義にはペクチン質ともいい、プロトペクチン、ペクチン（ペクチニン酸）、ペクチン酸、ポリガラクツロン酸を総括している場合もあるが、狭義には「ペクチニン酸（Pectinic acid）」のことをいう。

ペクチニン酸はD-ガラクチュロン酸を構成基本単位とし、これがα-1、4結合で直鎖状に連なった高分子電解質の一つで、D-ガラクチュロン酸のカルボキシル基が部分的にメチルエステル化されたものである。メチルエステル化されたカルボキシル基のメトキシル基含量は理論的には〇～一六・三％であるが、自然界では七～一二％である。

メトキシル基含量が七％以上の場合を高メトキシルペクチン（High-methoxyl pectin＝ＨＭペクチン）といい、七％以下の場合を低メトキシルペクチン（Low-methoxyl pectin＝ＬＭペクチン）という。ジャムのゼリー化に必要なペクチンは可溶性のＨＭペクチンで、〇・六～一％の範囲で十分ゼリー化する。

ＨＭペクチンは、水溶液中では遊離カルボキシル基が解離し、負の電荷を示すようになる。製品時にpH二・九～三・五になるように調整すると、解離が抑えられ、凝析し、水素結合による網目構造を保ったゲルを形成する。これがＨＭペクチンゼリーである。糖はこの水素結合を安定化させる役割がある。普通の高糖濃度ジャムはこのタイプである。

ＨＭペクチンを酸、酵素またはアンモニアで処理してＬＭペクチンを調整し、pH二・六～六・五の範囲内で、多価金属イオンなどのカルシウム溶液を加えると、糖がなくてもカルボキシル基にカルシウムがイオン結合しゲルを形成する。これがＬＭペクチンゼリーである。

ＬＭペクチンゼリーは糖、酸、ペクチンの相互作用によるゼリー化と違い、糖をそれほど必要としないので低カロリーのジャムに用いられる。しかし糖濃度が高いほどゼリー強度は増大する。

ペクチン酸（Pectic acid）　ペクチニン酸のメトキシル基含量がゼロ％のものをいう。メトキシル基含量が少なくなるに伴い水に溶けにくくなる。ペクチン酸は水に不溶性で、ゼリー化に関与しない。

有機酸

果実に含まれる有機酸は大部分クエン酸とリンゴ酸で、その他酒石酸、コハク酸、シュウ酸なども果実の種類によっては含まれる。果実が成熟するにともなって酸の含量も変化し、未熟の果実に酸が多く、成熟するにつれて減少する。

ゼリー化には酸の種類ではなく、仕上げ製品におけるpHが関係している。各種酸のpH低下能力は酒石酸＞クエン酸＞リンゴ酸＞乳酸である。pHが二・九～三・五のときにゼリー化力が最適となる。pHが三・五以上ではペクチン量や質に関係なくゲル形成が部分的となる。またpH二・九以下ではペクチンが加熱中加水分解を起こしたりして、ゼリー化も不均一な状態となりゼリー化が低下する。

糖

未熟の果実には澱粉が含まれるが成熟にとも

ない減少し、還元糖やショ糖が増加してくる。成熟した果実はブドウ糖、果糖、ショ糖などの糖類が大部分で、果実の甘味の主体となる。その他微量ではあるが、ガラクトース、キシロース、ソルビトールが含まれるものもある。

果実中に含まれる糖の含量は約六〜一二%ぐらいで、ゼリー化に必要な製品の糖含量を得るには六〇%以上の糖がないと良質のゲルが得られない。

ジャム類の加工工程

洗浄・調製　原料を水洗、原料によっては除蔕、除核して、工場においてはチョッパー、パルパーフィニッシャーで破砕、裏ごしを行なう。家庭ではミキサーを使用することもあるが、果実そのまままたは破砕、薄片に加水して煮熟する。

材料の配合　原料果実の種類によってペクチン含量（ゼリー化力）、酸や糖の含量が異なり、配合割合が違ってくる。ペクチン含量の測定は、試験管に果汁と九五%エチルアルコールを等量加えて振り混ぜ静置後、アルコール試験結果からペクチンの凝固状態を観察し、以下のように加糖量を決める。

①全体がゼリー状に凝固した場合は、ペクチン量が豊富であるので、果汁と同体積の加糖量とする。

②大きいゼリー状の塊が多数に浮遊した場合は、ペクチン量は中ぐらいであるので果汁の二分の一から三分の二の体積の加糖量とする。

③少数の薄膜状の沈澱か、またはまったく生じない場合はペクチン含量が少ないので、ペクチンを加えるか、またはいったん濃縮してペクチン量が多くなったところで、その体積と同量の糖を加える（例参照）。

煮熟（濃縮）　開放型蒸気釜（常圧濃縮法）による製造法は、果肉に糖類を加え、目標糖度となるまで攪拌しながら加熱を続ける。ここで所要量のペクチン溶液を添加し、さらに加熱を続ける。煮熟時間は一五分以内に終了することが望ましい。加熱時間を長くすると色調と香味を劣化させるので好ましくない。最終目標糖度は屈折糖度計を使用して六二%の手前で加熱を停止する。そのとき酸、色素、塩類、香料、ビタミンを品質向上のために添加することがある。

真空濃縮法による製造は、連続生産方式による場合に行なわれる。あらかじめ八〇℃に加熱した配合ジャム液を、六〇〜七〇℃で減圧下で濃縮する。目標糖度に達した時点で、ペクチン溶液を添加し、最終目標糖度の直前に達したら、ジャム温度が九〇〜一〇〇℃となるように真空度を調整する。真空濃縮はより大きなバッチで濃縮が可能であり、低温で処理され、果実成分や香味成分のロスが少ない。糖の転化やカラメル化も少なく品質の良いジャムやマーマレードを製造することができる。

予備冷却・充填・殺菌　煮詰終了したジャム類は、香味の劣化や褐変色をできるだけ抑えるために八三℃に急冷し、容器に充填する。殺菌は八〇℃、三〇分行ない、水冷または空冷する。

製品　ジャムの品質は、屈折糖度計、pH、ゼリー強度（カードメーター）、流動性、粘度計さらに官能検査（色、香味、性状など）について管理する。

びん詰め　びん容器はオムニアびん、ツイストびんを使用し、スチームインジェクション（蒸気噴射）によるびん詰法が多い。ジャムを詰めたびんのヘッドスペースに高温蒸気（0.3〜0.7kg/cm²　170〜200℃）を吹き付けながら密封するので、びん内の真空度（冷却後の真空度20cmHg以上が望ましい）を保ち、ヘッドスペースの殺菌にも効果がある。びんに詰める場合は濃縮釜から直ちに冷却して通常八〇℃ぐらいでびん詰めする。プレザーブスタイルのような浮きやすい場合は凝固温度近くまで冷却して充填するのが望ましい。充填後八五〜九五℃で一〇〜二〇分間の殺菌が行なわれる。

例）

濃縮率を80%にして、製品糖度62度のジャム10kgを仕上げる。糖度10%の果実を使用したときの、果実量と加える砂糖量（糖度99%）は次のように求める。

原料総量＝果実量＋加える砂糖量
仕上量＝原料総量×濃縮率（80%）
原料総量＝仕上量（10kg）÷濃縮率（0.8）＝12.5kg
全糖量＝果実糖量＋加える砂糖の糖量
＝仕上量×糖度（62%）
果実糖量＝果実量×糖度（10%）
加える砂糖の糖量＝加える砂糖量×糖度（99%）
なので、
（12.5kg－加える砂糖量）×0.1＋加える砂糖量×0.99
＝10kg×0.62
これを計算すると
加える砂糖量＝5.56kg、果実量＝12.5kg－5.56kg
＝6.94kg

食品加工総覧第七巻　ジャム・マーマレード
二〇〇〇年より抜粋

自家採種したシソで真紅の梅干

宮城県　伊藤喜美子　テイスティ伊藤

兼業農家の伊藤喜美子さんが梅干を販売し始めたのは、今から三十年ほど前のこと。PTAなどの会合時に、家で作った加工品を持っていってご馳走したことが何度かあった。その加工品がとても好評で、家にまで求めに来る人もいた。そんなことから、いつのまにか加工品を販売するようになった。一九八四年に保健所の許可をとり、本格的に販売を始め、口コミでお客さんが増えていった（編集部）。

農産加工の「（有）テイスティ伊藤」という会社を平成六年に創業し、梅干、味噌、セリのさなえ漬を作ってきた。主力の梅干は、薄い色ではなく、鮮やかな真紅の色に仕上げている。

材料と道具

梅　品種は白加賀で、宮城県岩出山町の農家に委託して生産してもらったものを用いる。青梅は鮮度が悪いと、軟らかくなって傷みやすい。鮮度のよいうちに作業する。

シソ　シソの鮮度が悪いと色が出ない。真紅の香り豊かな梅干に仕上げるためには、柔らかく、赤い色が鮮やかで、鮮度のよいシソが必要である。鮮度のよしあしは、梅干の色や香り、味にただちに影響する。そこで、自家採種して自分で栽培したシソを使っている（後述）。

塩　当初は精製塩を使っていたが、現在は天日塩を使っている。値段は二〜三倍違うが、溶けやすく、まろやかな味に仕上がる。

樽　下漬けに使う樽は、塩や酸に強い材質のものにすること。当初は鉄のキャスター付きのポリエチレンの樽だったが、これは鉄が酸にやられて使えなくなった。それ以来FRP（繊維強化プラスチック）製の樽に切り替えて十年経つが不具合はない。

重石　下漬けに使う重石は、一個一五kgのものを準備している。梅と重石の重量を同じにする（梅六〇kg漬けるときには、六〇kgの重石）。重石をしっかりしないと梅酢が出てこない。

干し網　梅を干すには、幅八〇cm×長さ一二〇cmのプラスチックでできた専用の干し網（せいろという）を使う。これは当加工所で特注したものである。せいろ一枚で一二・五kgの梅を干すことができる。

梅の下漬け

あく抜き　鮮度のよい梅を水に漬けて、あく抜きをする。梅がかくれるくらいまでたっぷりの水に漬ける。水漬け時間は約十時間だが、青いものはやや長く水漬けする。青梅とはいうが、いく分透きとおるくらいになったものが最適である。黄色く見えるものは除くこと。これは熟しすぎているもので、長く水に漬けると腐りやすく、ほかの梅まで台無しにしてしまう。

水切り　水漬け後に、梅をざるに上げて水を切る。ざるは竹製のものにしている。竹製でないと水の切れが悪いからである。

塩をまぶす　梅の重さの二五〜三〇%ほどの塩で漬け込む。塩を甘めにという風潮もあるが、常温でもしっかり保存できるためには塩分はないがしろにできない。

梅に塩を使うのは、下漬けのときだけなの

図1　梅干作りの手順

《原料と配合，仕上がり量》
原料配合：下漬けにはウメ60kg，塩15kg。これで梅酢20ℓがとれる。シソは10kgに3kgの塩でもむ
仕上がり量：60kg相当（270g入りパックで210パック分）。ウメの歩留りは60％程度である

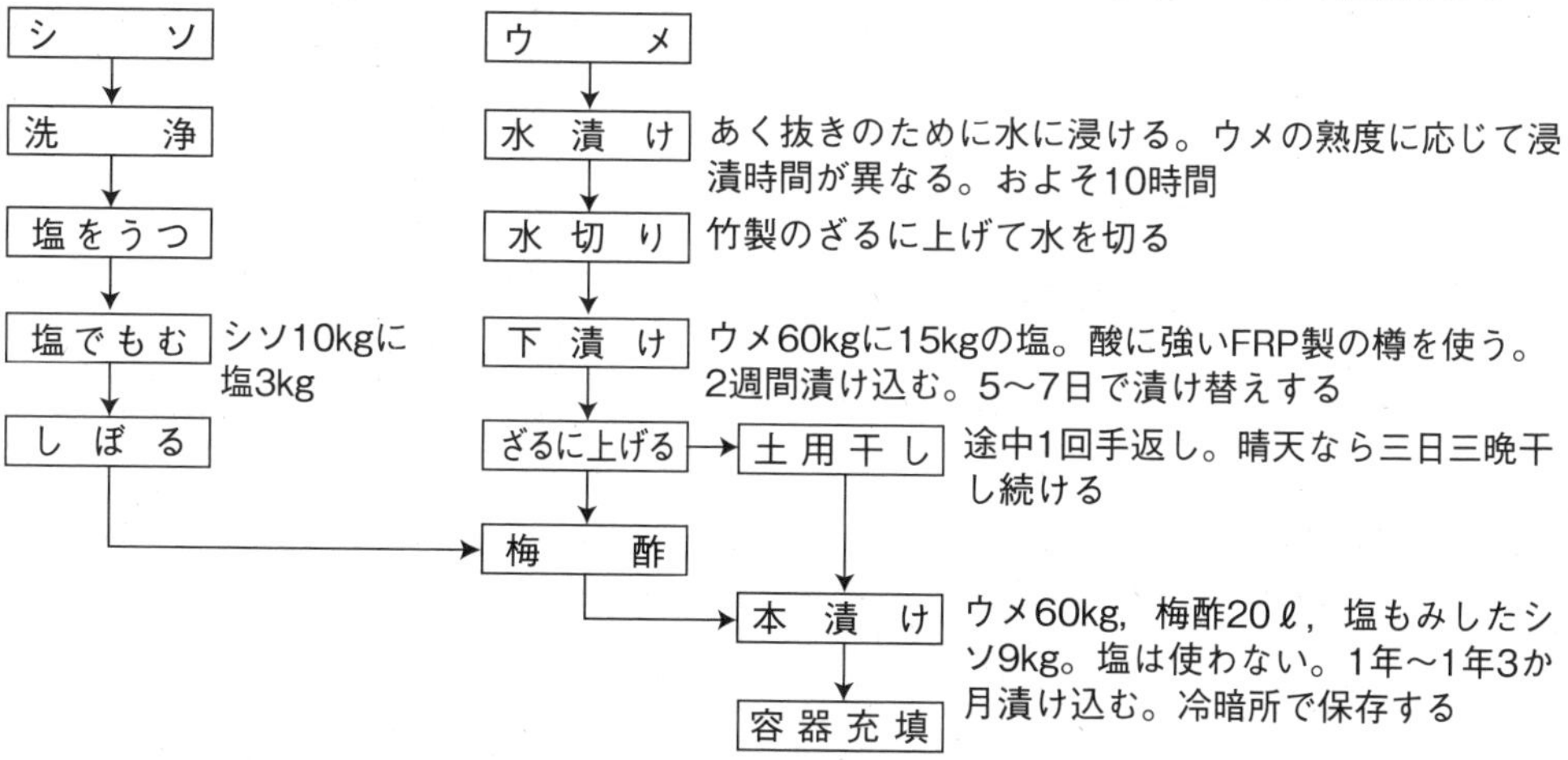
シ　ソ
洗　浄
塩をうつ
塩でもむ
シソ10kgに塩3kg
しぼる
ウ　メ
水漬け
あく抜きのために水に浸ける。ウメの熟度に応じて浸漬時間が異なる。およそ10時間
水切り
竹製のざるに上げて水を切る
下漬け
ウメ60kgに15kgの塩。酸に強いFRP製の樽を使う。2週間漬け込む。5～7日で漬け替えする
ざるに上げる
土用干し
途中1回手返し。晴天なら三日三晩干し続ける
梅　酢
本漬け
ウメ60kg，梅酢20ℓ，塩もみしたシソ9kg。塩は使わない。1年～1年3か月漬け込む。冷暗所で保存する
容器充填

で、計量をきっちりする。七五ℓの樽で梅六〇kgを漬けるのに、塩一五kgほどを使う。いつも一定の味に仕上がり、保存性もよく安心な製品に仕上げるには、塩の量が肝心である。

塩は重いのでだんだんに下に沈む。だから樽の底には塩をまかない。梅に塩をまぶすようにして塩を使っていく。天日塩はこのかますときによく溶けて梅となじみがよいので使いやすい。樽の上にいくほど塩が増えるようにまぶしていく。

重石　七五ℓの樽には、六〇kgの梅が入る。これに六〇kgの重石をする。六〇kgの梅からは、二〇ℓしか梅酢がとれない。上手に重石をして梅酢を確保することが必要だ。一昼夜で水がたっぷり上がってくる。

天地返し　漬け込んでから五～七日で、天地返しをして梅を漬け替える。漬物は生き物なので、子育てと同じで、こういうところに気をつかわないと良いものにならない。

ざるに上げる　こうして二週間ほど塩漬けしたあと、竹のざるに上げる。残りの漬け液が梅酢になる。梅酢は腐らないからそのままシソと合わせるまでとっておける。

シソもみ

塩もみ　シソを収穫したら、ただちに葉を洗い、塩を振って軟らかく、しなっとさせる（塩で殺すという）。

塩の量は、シソ一〇kgに対して塩三kgである（シソ重量の三〇％）。塩が強すぎると塩で葉を傷める。塩が弱すぎると手でもむときになかなかしなっとしないので、もみすぎて葉を傷めてしまう。

塩をしたシソの葉は香りもよくしなやかだが、手で広げるとおにぎりに巻くこともできるようなシャンとしたものになる。

梅酢に漬ける　青紫のあく汁をしっかりとしぼって捨ててから、シソの葉を梅酢に漬ける。二〇kgの梅からとった四〇ℓの梅酢に、一八～一九kgのシソを漬ける。

この作業を滞りなく進める。仕上がった葉は、鮮やかな真紅になる。手も真っ赤になるが水で流すとすぐにとれる。これが合成着色料と違うところだ。

土用干し

梅干は、水分がきちんと抜けたものほど、

土用干し

保存性が優れる。また、梅肉の部分と種の離れがいいものほど品質がよい。

そのためには、塩加減と土用干しがポイントである。

天日干し　七月の土用の時期に、下漬けを終えた梅を天日に干す。天日干しは、加工所の庭と屋根を使って行なう。屋根に上げるには専用の昇降機を使う。庭と屋根とで三t分の梅を干すことができる。

三日三晩干す　夜もずっとそのままにし、三日三晩干し続ける。夜は露に当てて、昼間は天日で乾燥させる状態を繰り返す。途中で一回「手返し」をして、まんべんなく天日に当てる。天気が悪ければ、五～七日かけて干す。

手返しの方法　「手返し」は以下のようにする。まんべんなく干し上がるように梅をひっくり返す。せいろ（干し網）を手で振ると梅の八割くらいはひっくり返る。返らなかった梅を手で返していく。手返し作業は、子育てと同じように、丁寧に行なう。パートも頼んで一〇～一三人の人手をかけている。

雨対策　土用の時期に雨が降る場合もある。雨が降りそうな日には、せいろを取り込み、乾燥棚に差し込んで除湿機にかける。除湿装置は、特注したものである。

本漬け、出荷

本漬け　いよいよ本漬けの作業に入る。分量は、梅六〇kg、塩もみしたシソ九kg。梅酢二〇ℓの割合（本漬けには塩を使わない）。

梅を一段並べたら、その上にシソの葉を広げ、梅とシソを、交互に重ねていくように漬け込む。蓋をして冷暗所で保存する。

漬け込みの期間は一年から一年三か月である。

出荷　本漬け後一か月くらいから、出荷できる。容器は二七〇g入りで、多少割高だが、自然環境に負荷の少ない生分解性の素材のものを使っている。

シソの自家採取と栽培

シソの品質は、栽培法と鮮度に左右される。

品種　シソの品種は「両面縮み赤シソ」だが、自家採種して選抜を続けているうちに、肉厚のよい品種となった。

畑　土作りをした転作田は、シソ栽培に適する。転作田はちょうどよい湿り気があり、病虫害も少ない。

施肥　牛糞堆肥を二年に一回四t入れる。基肥は、一反五畝に油かすを六〇kg、化成を四袋ほど施す。

種播き　四月に播種する。赤シソは下葉まで陽が当たらないときれいな赤い色が出ないので、密植を避ける。うね間を広く（六六cm）し、一尺（三三cm）×八寸（二四cm）の千鳥植えにする。

間引き　丈が一五cmくらいになったら、色がおかしいものは間引く。色鮮やかなシソだけを収穫するには、密植栽培を避け、間引きをまめにすること。

収穫　七月上旬に一回目、条件がよいところは半月後に二回目の収穫ができる。ふつうの株は、一回目の収穫は葉だけを取り、二回目は茎刈りにする。充実した株は、三回の摘採ができる。

種採り　葉の色や生育の良い株を残して、他の株を抜く。十月末に採種する。

※テイスティ伊藤　宮城県石巻市中島字和泉沢畑二一九―一　TEL〇二二五―六二―〇三四九、FAX〇二二五―六二―一一四五

食品加工総覧第五巻　梅漬・梅干し　二〇〇五年

減塩梅干

前年の梅酢で下漬け

愛知県小原村　西村文子　西村自然農園

前年の梅酢を使った梅干し（写真はすべて小倉かよ撮影）

百人いれば百通りの漬け方があるほど、梅干は多様です。皆様もきっとご自慢の梅干を漬けていることと思います。私も二十五年間ずっと、一〇〇kgから多いときは四〇〇kgも漬けてきました。

近頃は減塩が主流ですが、あまり減塩しすぎると酸味が強く感じられるし、うま味も長く続きません。十年ほど前は、梅一〇kgに塩一kg、砂糖一kg、焼酎一升というのが近所で流行し、私も漬けてみました。食べやすく、おいしかったけれど、長く保存しておくと気の抜けたビールのようで、成熟したうま味がでませんでした。

一般の減塩梅干は、梅一〇kgに塩が一・八kg、焼酎二五〇ccというのが基本です。私もこれで何年も漬け、好評でしたが、何か新しいことにチャレンジしてみたくなるものです。焼酎の味がいやだという人もあり、焼酎を使ったものは微生物が発酵を止めてしまうのでよくないという先生もいます。

毎年たくさん出る梅酢が使い切れずに残るので、これを下漬けに利用してみようと思い、梅の一〇％の塩と、一〇％の梅酢で漬けてみました。これは、「フルーティー梅干」としてお客様には大好評だったのですが、少し酸味が勝っていました。

そこで、次の年、梅一〇kgに対し塩一・四kg、梅酢〇・五ℓで下漬けしました。少し塩っぱい感じでしたが、なんとかいい塩梅になりました。貯蔵するにつれ、だんだんうま味が増してくる、うれしい梅干です。

減塩梅干作りの手順

下漬け時に梅酢を加えるというだけで、あとはふつうの梅干作りと同じです。

梅　何といっても、おいしい梅を使うことにつきます。しみ一つない美しい梅よりも、農家の庭先のほったらかしの梅のほうが味も香りも良いもの。わが家も二十年以上経った梅の木が一〇本ぐらいあるのですが、無肥料、無農薬でよく実が成り、品質も良好です。

収穫　まっ青より少し黄ばんで、ぷっくりしたころ、手で一つ一つもぎとります。たたいたり、ゆすったりして落とすと傷が付くのはもちろん、梅の成分が種の中に入ってしまうといわれています（真偽のほどは不明）。

選別とあく抜き　傷や虫くいなどがある梅は別の用途があるので、一粒ずつ見て選り分けます。見た目より味、安全性を重視する方がいるので、ちゃんと売れますよ。あく抜きを行ないますが、完熟梅はよく洗うだけで水には浸けません。

塩　塩はニガリを含んだ自然塩にかぎりま

す。自然塩はまろやかでミネラル豊富です。一kg三〇〇円ぐらいの品でいいでしょう。

下漬け　一ザルを梅七kgにするのは、塩の計量がとても楽だからです。一回に、一kg入りの塩の半分を使えばよいので、仕事が早く間違いもありません。

漬け込んだら、樽の縁から去年の梅酢を静かに注ぎ、押し蓋をして重石をのせます。梅の倍の重石をのせるように本には書いてありますが、四〇kgも漬けた時は二〇kgで十分です。一〜二日で水が上がります。梅酢が上がったら重石を軽くします。

シソの用意　梅二kgぐらいならシソもみも楽ですが、梅二〇〇kg分のシソもみは大仕事です。入手が困難なら、薄い色の梅干でもいいでしょう。

それでもかなりの量になるので、シソをもんでいる時間がないときは、四斗樽に漬け込みます。しっかりあくを抜いたシソを梅の中へ、できれば梅とシソと交互に漬け込みます。こうして土用まで待ちます。

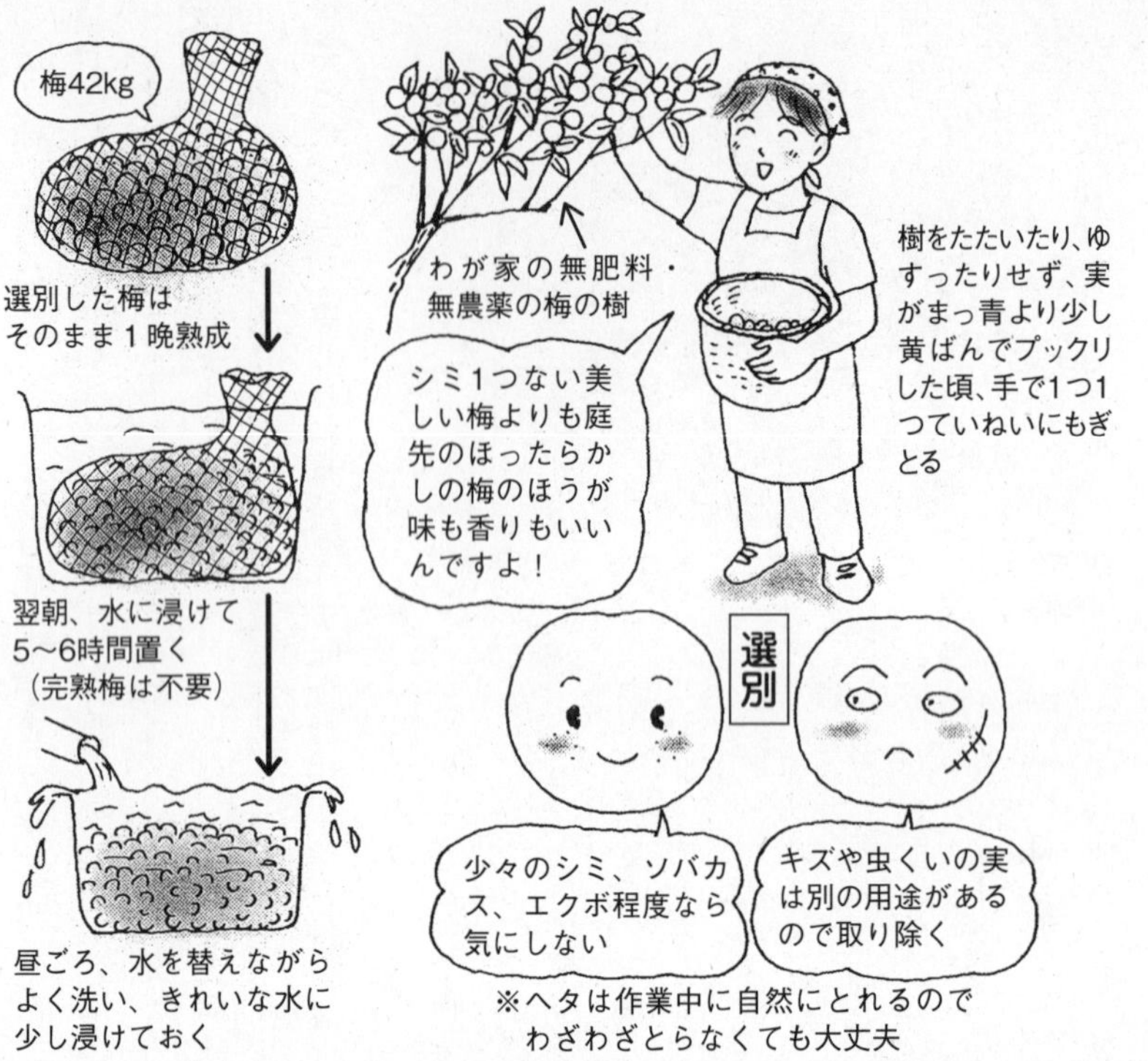

わが家の無肥料・無農薬の梅の樹
シミ1つない美しい梅よりも庭先のほったらかしの梅のほうが味も香りもいいんですよ！
樹をたたいたり、ゆすったりせず、実がまっ青より少し黄ばんでプックリした頃、手で1つ1つていねいにもぎとる
選別
少々のシミ、ソバカス、エクボ程度なら気にしない
キズや虫くいの実は別の用途があるので取り除く
※ヘタは作業中に自然にとれるのでわざわざとらなくても大丈夫
梅42kg
選別した梅はそのまま1晩熟成
翌朝、水に浸けて5〜6時間置く（完熟梅は不要）
昼ごろ、水を替えながらよく洗い、きれいな水に少し浸けておく

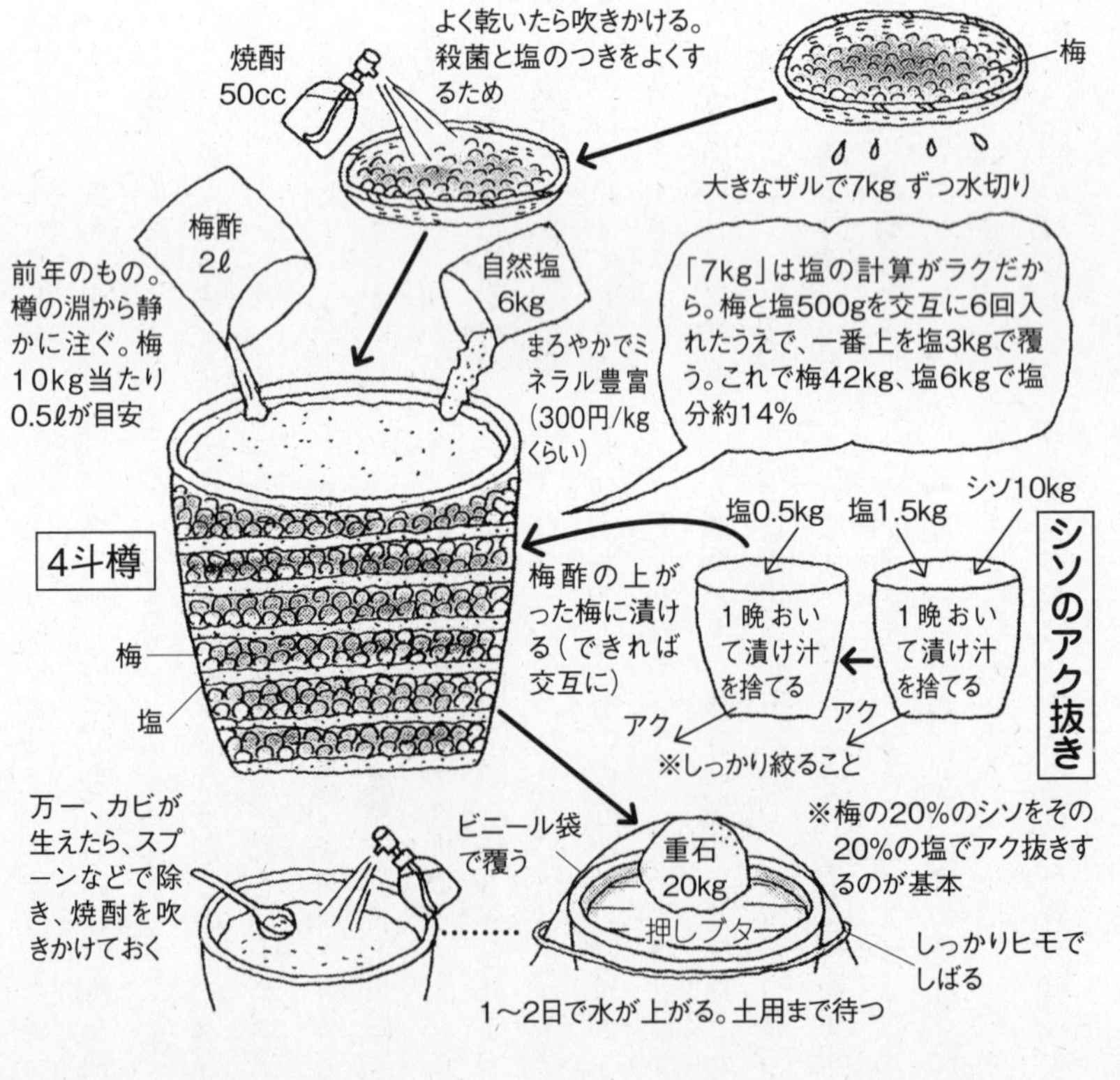

梅
大きなザルで7kg ずつ水切り
よく乾いたら吹きかける。殺菌と塩のつきをよくするため
焼酎50cc
梅酢2ℓ
前年のもの。樽の淵から静かに注ぐ。梅10kg当たり0.5ℓが目安
自然塩6kg
まろやかでミネラル豊富（300円/kgくらい）
「7kg」は塩の計算がラクだから。梅と塩500gを交互に6回入れたうえで、一番上を塩3kgで覆う。これで梅42kg、塩6kgで塩分約14％
4斗樽
梅
塩
シソのアク抜き
塩0.5kg
塩1.5kg
シソ10kg
1晩おいて漬け汁を捨てる
1晩おいて漬け汁を捨てる
アク
アク
※しっかり絞ること
梅酢の上がった梅に漬ける（できれば交互に）
※梅の20％のシソをその20％の塩でアク抜きするのが基本
万一、カビが生えたら、スプーンなどで除き、焼酎を吹きかけておく
ビニール袋で覆う
重石20kg
押しブタ
しっかりヒモでしばる
1〜2日で水が上がる。土用まで待つ

土用干し　ザルに梅を上げ、しっかり梅酢を切り、しっかり陽に当て干します。

梅酢に戻す　三日三晩干してしんなりした梅を、梅酢の中に戻します。三か月ぐらいするとふっくらして風味豊かになります。売る時は梅酢を切ります。しっとりとして味わい深い梅として好評です。まずは少量でお試し下さい。

除いた傷もので、梅ジュース

梅干作りのときに、傷などで除いておいた梅を使います。

①梅をよく洗い、水気を切る。傷んだところを切り捨てる。

②大鍋に湯をたっぷり沸かす。梅一kgを沸騰した中へ入れ一〇～二〇秒ほど湯通しする。

③ザルにとり水気を切る。熱いうちに清潔なビンに入れ、すぐに上から砂糖一kgを入れる。雑菌が繁殖する間を与えない。一晩でジュースが梅の上段まで上がる。

④冷暗所に保存し一か月以上おく。湯通ししてあるのでカビが生えたり発酵はまずない。

好みに薄めて飲みます。また、寒天で固めたり、シソジュース作りのときにクエン酸の代わりに使用します。

自然に落ちた完熟梅のジャム

熟して自然に落ちた梅を集めて、ジャムを作ります。少し傷んでいても、その部分を切り取って使います。

①耐酸性の大鍋に湯をわかし、梅を一〇分ぐらいゆで、冷めるまでおく。

②ザルで水気を切り、もう一度ゆで、そのまま一晩おく。ザルにあけ、水分を一日かけて切る。酸味をしっかり抜かないと、砂糖がたくさんいる。すると梅の香りやうま味などが感じにくくなる。

③粗目のザルで、種と果肉をこし分ける。

④果肉の重さの五〇～七〇％の砂糖を入れ、煮つめる。焦げやすいので注意。市販のジャム程度の硬さで火を止める。

⑤熱いうちにびんに詰め、蓋をせずに冷ます。

⑥冷めたら、表面に小さじ一杯の砂糖を平らに広げ、カビの発生を防止する。食べるときに砂糖とジャムが自然に混ざるのでまったく問題はない。冷蔵庫で保存。

加熱殺菌・脱気をするひまのない方にはいい方法です。

※西村自然農園　愛知県西加茂郡小原村北四二

二〇〇三年七月号　梅酢利用で、ふっくらしっとりうれしい梅干し

カリカリ梅漬の作り方

小清水正美　元神奈川県農業技術センター

カリカリ梅漬がその独特の食感をもつのは、梅に含まれるペクチンがカルシウムと結合して、硬い組織が保たれることによる。この硬い組織を作るのに必要な条件として、①若い梅を原料とする、②収穫したらすぐに漬け込む、③漬け込むときは食塩でもんで梅の表面に細かい傷をつけ、速やかにカルシウムを果肉の中に浸透させる、などがあげられる。この条件の一つでも欠けたらカリカリ梅漬にはならない。

梅のペクチンをカルシウムで硬くするため、カルシウムが必要になるが、カルシウムは食品添加物として販売されている化成品を用いるのが簡便である。また、「カリカリ梅漬の素」のような、塩化マグネシウムや塩化カルシウムなどを配合したものも販売されている。

ただ、一般家庭や農家では、化成品を入手したり、「カリカリ漬の素」のような商品を購入したりするのが難しいこともある。そこで、化成品のカルシウムの替わりに、卵や貝の殻が用いられている。

炭酸カルシウムを主成分とする卵や貝の殻を漬け込みのときに加えるが、化成品のカルシウムやカルシウム配合商品に比べるとカルシウムの効き方が遅くなり、カリカリ度合いが低くなったり、はじめは硬くても次第に軟らかくなってしまう。梅の中にカルシウムをよく浸透させるためには、卵や貝の殻のカルシウムを、あらかじめ溶かしておかねばならない。そこで、卵や貝の殻を梅酢に入れて加熱し、酸で煮溶かしたカルシウム液を作る。

材料と準備

梅の品種　カリカリ梅漬に使われる品種は、小梅品種であることが多い。小梅の代表的な品種に甲州最小がある。花は白色一重だが、花粉が多いことから、他品種への受粉樹として栽培されている。果実は一果重が五gくらいの、やや偏球形の小果。そのほか、カリカリ梅漬に用いられる品種には甲州深紅、竜峡小梅などがある。

梅の熟度　カリカリ梅漬にする梅は、若どりでなければならない。果実を割り種をみて、種の表面色が白い状態ならカリカリ梅漬の原料として適当で、種の表面色が茶色になっていれば適期が過ぎている。梅に含まれるペクチンは熟度が進むと分解され、水溶性のペクチンになってしまう。完熟の梅を使うと漬け上がりはカリカリしていても、だんだんと軟らかくなってしまうのはこのためであり、カリカリ梅漬に、完熟梅は向かない。

収穫した梅を、可能なかぎり速やかに漬け込まなければならない。収穫後の時間が経てば経つほど追熟し、ペクチンの分解が進み、組織が軟らかくなり、カルシウムを加えても硬くならなくなってしまう。また、青梅は五～六℃の低温におくと、低温障害でピッティングや果肉が褐変するが、短期間であるなら、収穫後できるだけ低温に管理して、追熱しないようにすることもポイントである。プラスチックの袋に入れたり、段ボール箱に詰め込んでおくと、梅の呼吸熱がこもって高温になり、熟度が進むばかりでなく、変質も進むので、呼吸熱がたまらないようにする。

塩　食塩は並塩（海水濃縮法で鹹水《かんすい》を煮詰めたもの。NaCl 95％以上）でよい。食塩にニガリ成分などが多いと、ペクチンと反応し組織を硬くするが、カルシウム液を加えるので、食塩に含まれるニガリ成分の多寡はあまり関係ない。

カルシウム液　あらかじめ梅酢とカルシウム原料でカルシウム液を作り、漬け込み直後からカルシウムが梅の中に浸透するようにする。カルシウム原料には卵の殻、貝（シジミ、アサリ、サザエ、アワビ）の殻、ウニの殻など、いろいろなものが利用できる。

カルシウム液に使用する梅酢は前年度までに作った梅漬から得られたものでよい。古いものでもまったく問題はないが、同じ品種、同じ製法で作った梅酢を利用したい。梅は品種によって香りや酸味が異なるので、同じ品種から得られた梅酢を使うと品種の個性がより引き立ち、個性のはっきりした商品となる。

大きめのガラス容器に、梅酢と卵の殻、またはシジミの殻を入れる。梅酢は、卵や貝の殻の量に対し一〇倍程度に調整する。容器を加熱し、泡立ってきたら、火を弱くして一〇分くらい加熱を続ける。泡立ちは、卵や貝の炭酸カルシウムなどが、梅酢に含まれる有機酸と反応しているためである。急激に泡立ち、ふきこぼれやすいので、火力を落として穏やかに泡立つようにする。加熱を終えたらそのまま冷却し、完全に冷えたら、ガーゼでろ過する。

カルシウム液を、梅酢とシジミの殻で作る

梅酢の有機酸とカルシウムが結合して、梅酢の滴定酸度が減少する（表1）。滴定酸度とは、農産物や食品の酢っぱさを、その含有する酸の量で表わしたものである。測定試料を調整し、水酸化ナトリウム液を加え、試料が中性になるまでの水酸化ナトリウムの必要量を滴定酸度という。農産物や食品に含まれている主要な有機酸に換算して示す。カルシウムがどのくらい溶けたかの目安になる。

表1　カルシウム液の酸度

	pH	滴定酸度（クエン酸）(％)
梅酢	2.26	3.12
卵殻入梅酢	3.12	1.90
シジミ殻梅酢	3.06	2.14

梅の漬け込み

洗浄　梅を洗い、水気を切る。

塩を半分まぶす　容器に梅と食塩の半分を入れ、よくかき回す。全部の食塩を一度に加えると、梅がキューッと絞られ、しわしわになってしまう。分量の食塩を三～四回に分けて加えると、梅が締まることなく、漬け上がる。

塩のすり込み　梅の表面を食塩でゴリゴリ

図1　カリカリ梅漬作りの手順

《原料と仕上がり量》
原料：小ウメ2,800g，食塩500g（小ウメの18%），カルシウム液（梅酢500mℓ，卵または貝の殻50g）
仕上がり量：小梅漬2,400ｇ，漬液1,350ｇ

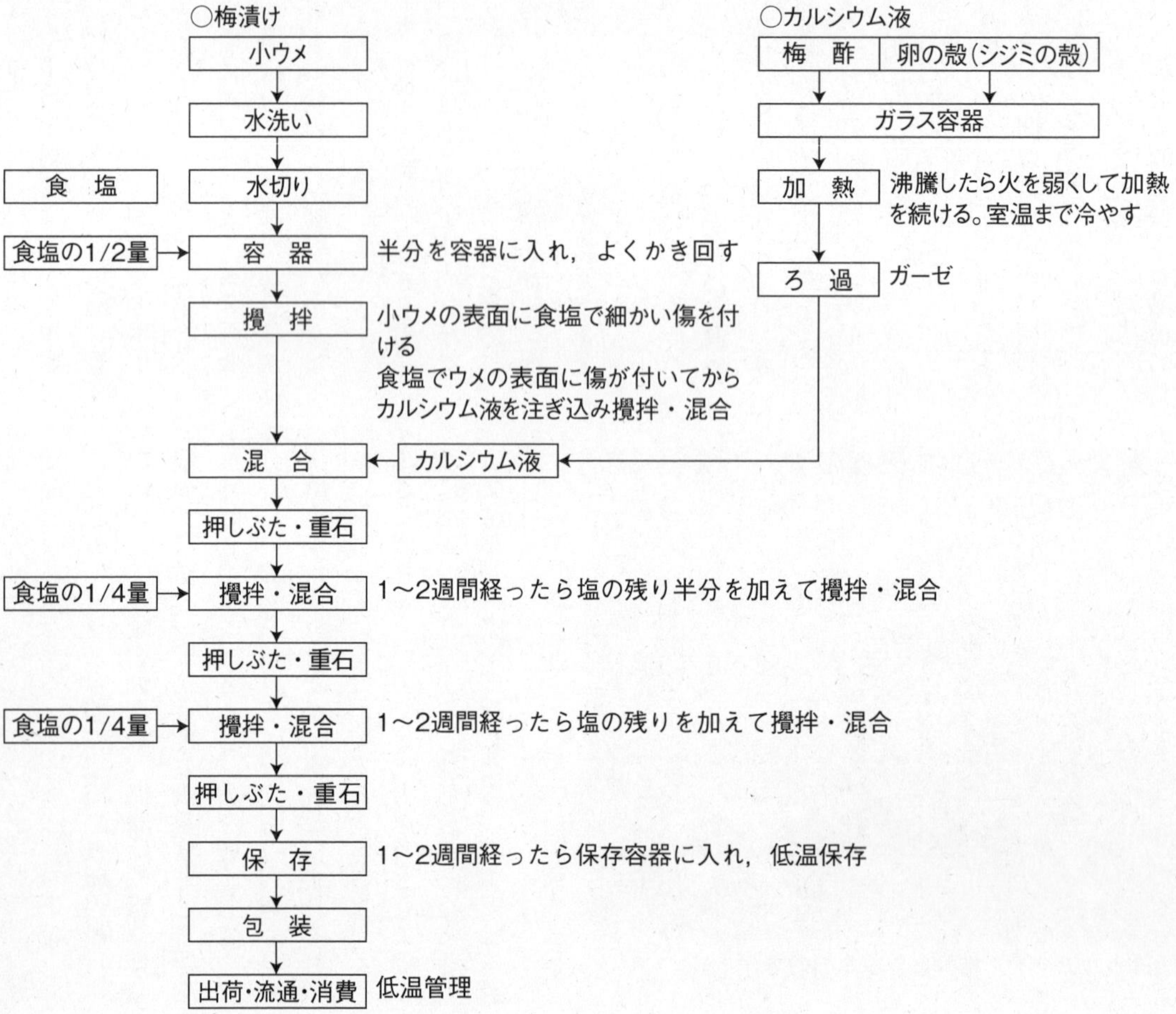

○梅漬け
小ウメ
水洗い
食　塩
水切り
食塩の1/2量
容　器
半分を容器に入れ，よくかき回す
攪　拌
小ウメの表面に食塩で細かい傷を付ける
食塩でウメの表面に傷が付いてからカルシウム液を注ぎ込み攪拌・混合
混　合
カルシウム液
押しぶた・重石
食塩の1/4量
攪拌・混合
1〜2週間経ったら塩の残り半分を加えて攪拌・混合
押しぶた・重石
食塩の1/4量
攪拌・混合
1〜2週間経ったら塩の残りを加えて攪拌・混合
押しぶた・重石
保　存
1〜2週間経ったら保存容器に入れ，低温保存
包　装
出荷・流通・消費
低温管理
○カルシウム液
梅　酢
卵の殻（シジミの殻）
ガラス容器
加　熱
沸騰したら火を弱くして加熱を続ける。室温まで冷やす
ろ　過
ガーゼ

とすり込むと、梅の表面に細かい傷が付き、果肉に食塩が浸透しやすくなるとともに、あとから加えるカルシウムの浸透も速やかになる。傷を付けずに漬け込むと、ゆっくりと塩が浸透するので、梅の追熟がどんどん進んでしまう。追熟を止めるためにも塩のすり込みが必要になる。

カルシウム液を注ぐ　梅の表面に細かい傷が付いたら、カルシウム液を注ぎ込み、全体を攪拌、混合する。カルシウム液だけで梅をカリカリに仕上げることができるので、それ以上に卵や貝の殻を入れる必要はない。卵や貝の殻があると梅に含まれる有機酸と反応し、カリカリ梅漬の酸味が減少する。

重石　押し蓋をして重石をのせる。重石は梅を押して漬液を出させるのではなく、梅を沈めるだけの役目を果たせばよいので、軽量でよい。

塩の添加　一〜二週間経ったら、食塩の残りの半分を加えて攪拌、混合し、押し蓋をして重石をのせて保存する。さらに、一〜二週間経ったら、食塩の残りを加えて攪拌、混合し、押し蓋をして重石をのせる。

保存用容器　最後の食塩を加えてから一〜二週間経ったら、保存用容器に入れる。漬け上がったカリカリ梅漬けは、漬物容器に入れ

手作りカルシウム液で漬けたカリカリ梅漬

たまま保存してもかまわないが、小さな容器に分けて保存すると利用しやすい。保存期間が長くなるとカリカリ感がなくなってくる。低温で保存するとカリカリ感を長く保つことができるし、色の変化も少ない。長く保存する場合は低温で保管する。

漬け上がり　三～四週間で漬け上がる。

包装　カリカリ梅漬は酸があり、食塩濃度も濃いので、微生物による急激な品質低下は少ない。包装容器としてプラスチック容器とガラス容器が考えられる。高級感を出すならガラス容器もよいが、一般的にはプラスチック容器で十分に品質保持ができる。

低温管理ができ、賞味期限を短めに設定するなら加熱殺菌処理は不要である。包装資材としては、耐酸性があり、流通中に受ける物理的衝撃に耐えるものでよい。包装容器、袋に、梅と漬液を入れ、空気が入らないようにシールする。

加熱殺菌する場合、温度を七〇℃以上に上げてはいけない。七〇℃以上になると、梅が急激に軟らかくなる。

Q　梅を漬けたら、梅酢の表面にカビが生えてしまいました。

A　梅酢の表面に生える微生物は産膜酵母が初めに生育し、その後、カビが発生します。産膜酵母、カビとも好気性微生物であり、酸素の供給を絶てば生育できません。そこで、梅漬の表面が空気に触れないよう、プラスチックシートをのせたり、ポリエチレン袋に水を入れ梅漬の表面全面に広げ、重石を兼ねて空気との接触を防ぎます。

Q　青梅を使い、漬け上がりはカリカリしていましたが、だんだんと軟らかくなってしまいました。

A　以下のような原因が考えられます。

①青梅であっても、熟度が進んでいた。―カリカリ梅漬の原料は若どりでなければならず、種の表面の色が、白色でなければカリカリになりません。

②塩だけで漬けた。―カリカリに漬け上げるにはカルシウムが必要であり、漬け込み時にカルシウム液を使わなければなりません。漬け込み時に、食品添加物のカルシウム剤を添加してみて下さい。

③収穫から時間の経った青梅を使った。―収穫直後の新鮮な青梅を使わなければ、カリカリになりません。収穫後の時間が長くなると、青梅であってもペクチンが分解してくるので硬くならないのです。

Q　包装したカリカリ梅漬の色が、黄色くなってしまいました。

A　梅に含まれる葉緑素とその分解物は、経時的に分解が進みます。温度が高いほど、光が当たるほど、分解スピードが速くなります。葉緑素とその分解物の分解が進むと、最終的には淡桃色になります。冷暗所に保存して、葉緑素とその分解物の分解を抑制するようにして下さい。

食品加工総覧第五巻　漬物　二〇〇六年

失敗しない梅ジャムの作り方

小清水正美

筆者

品種や熟度によって違うジャムになる

梅ジャムには、ゼリー状に固まったジャムや、ネットリと練り上げたペースト状のジャムなどいろいろなタイプがあります。ここでは透明感があり、フルフルと揺れるゼリー状に固まっているジャムについて説明します。

まずジャムに加工できる梅の品種は梅干しと違って、すべての品種が使えます。原料の特性を活かすことが前提なので、品種によって色、香り、味が違えば、ジャムの品質も当然、異なります。

また、同じ品種でも完熟、未熟をどう処理するかはじめに考えておかねばなりません。樹になっている状態でプックリと膨らみ、黄色に色づいてくれば完熟とわかりますが、梅によっては樹になっている状態では黄色に着色しにくい品種があります。これも黄色にはなっていなくても完熟と考えてよいと思います。ジャムには完熟のほうが適しています。

いっぽう、未熟、いわゆる青梅は、収穫してから一～二日以内に黄色くなるものをジャム原料と考えています。

では、品種や熟度によってジャムの品質にどのような差異が出るのでしょう。たとえば、果肉の色がだいだい色ならだいだい色、黄色なら黄色のジャムになり、濃緑色ならくすんだ緑色になります。香りも原料の香りに若干の加熱臭が加わった香りになります。酸は酸っぱさに関わることもありますが、ゼリー化の強さに影響します。

たとえば小梅品種の「甲州最小」は、大きな梅より酸が少ないので、所定の作り方をすると甘味が勝った味に仕上がり、それと同時にゼリー化が弱くなります。また、甲州最小の青梅は黄梅に比べ芳香成分が少ないので、芳醇《ほうじゅん》感は少なくなります。そしてペクチンが強すぎるので、ペクチンを薄める必要があります。

ペクチンテストのやり方

以上のことを踏まえて、黄梅を原料にした場合の加工の工程に準じて説明しましょう。

梅の下処理　黄梅は生果でも冷凍したものでも使えます。ここで注意するのはヘタや花ガラの存在です。茶色のヘタはピンセットでつまみとります。

加熱　そして原料の五～一〇倍量の水に、梅を入れて加熱します。沸騰水で加熱することで果肉が軟らかくなります。

裏ごし　梅に熱が入ると浮き上がってくるので、全部の梅が浮き上がったら揚げザルですくいとり、裏ごし用の網の上に置き、裏ごし。これがジャムの原料となる梅ピューレです。大切なのは、このピューレの品質がどのようになっているかを確認することです。

ピューレを確認　ピューレの品質を確認する場合、科学的な方法だと、糖度、酸は測れても、ペクチンの質と量を測ることは簡単ではありません。ペクチンテストを目的として試しにジャムを作ってみるのが一番適切な方法です（かこみ）。

このペクチンテストで砂糖に対する梅ピューレの割合が決まるので、次も同じような条件で加熱し、砂糖を加えて炊きあげ、重量で炊きあげの終点を決めれば、同じようなジャムに仕上がります。

青梅なら梅ピューレを水で希釈

重量での確認ができないときは、糖度計を使って、仕上がりの糖度五五％を測ります。ペクチンテストで一番よいゼリー化をしたジャムの糖度を測定し、この糖度に合わせて仕上げてください。このときの糖度は梅ピューレが持っている糖と酸の値が足されるので五五％以上を示します。

完熟黄梅では、梅ピューレに対し、砂糖をほぼ同量にすれば適正なジャムになります。いっぽう、青梅や青梅を追熟させた黄梅では、ペクチンが強いので梅ピューレを水で希釈しなければよいゼリー化のジャムは作れません。また、調整した梅ピューレはごく短期間の保存なら冷蔵で結構ですが、長期保存だとペクチンが変質するので、必ず冷凍してください。

ペクチンテストのやり方

①完成した梅ジャムの糖度が55％になるように設定する。完熟梅の場合、梅ピューレと砂糖の量をほぼ同量にすると、適度にゼリー化する。
②150ｇの梅ピューレと同量の砂糖を正確に量る。原料の梅には糖分がほとんど含まれていないので、仕上り重量×糖度＝砂糖重量の関係になる。仕上り重量＝砂糖重量（150ｇ）÷糖度（0.55）で求められる。すなわち、出来上がり重量が、272ｇになるように、梅ピューレと砂糖を煮詰めればよいことがわかる。
③梅ピューレには空気が含まれているので、そのまま加熱して短時間で煮詰めると、ペクチンの凝固力を正確に知ることができない。そこで、梅ピューレに200～300㎖の水を加えて、10～20分くらい加熱して沸騰させ、梅ピューレが含んでいる空気を除く。
④砂糖を加えて、目標重量（272g）に炊きあげる。
⑤びんに詰め、脱気加熱、倒立放冷など通常のジャム加工工程と同様に仕上げる。
⑥調整したその日はゼリー化しなくても、翌日になってゼリー化すればよいので2～3日はゼリー化の状況を確認する。
⑦ゼリー化が認められずゆるゆるのままなら、ペクチンを濃くしなければならない。そこで、梅ピューレの量を150～175g、あるいは200gまで増量して、再度ペクチンテストを行なう。
⑧ゼリー化している場合でもゼリーが固く、空気の泡をたくさん抱き込んでいるならペクチンが濃すぎる。梅ピューレを125gあるいは100gに減量して、再度ペクチンテストをすれば適切な配合と仕上り重量が計算できる。

二〇〇九年七月号　失敗しない梅ジャムのつくり方

梅味噌ドレッシング

長野県飯田市　小池芳子さん

編集部

最近、小池さんのところで売り上げが伸びてきているのが梅味噌ドレッシング。梅と味噌の相性が抜群の一本。

焼肉のたれのようなとろみがあり、そのまなめてもおいしく、ご飯がおかわりできそうな味。焼きおにぎりやコンニャクにつけたり、野菜のあえものにしてもいい万能だれ。視察に訪れた人もよく買っていく。

その理由として小池さんは「大豆の発酵食品がブームになって、味噌も身体にいいというイメージができたせいかな。味噌味って意外となくてね。競争相手が少ないから売れるのかな。今後は、にがりの入った自然の塩を売りにした味も注目だと思うよ」と話す。

作り方は大きくわけて三つ。小池さんのところでは、びん詰めして販売するので、保存性がよい①の方法で作っている。

小池手造り農産加工所のたれ・ソース類。真ん中が梅味噌ドレッシング

①梅エキスと味噌を混ぜる方法

梅の皮や果肉を入れると傷みやすいので、梅エキス（梅シロップ）を作ってから味噌とあわせる。

①梅を洗い、梅重量の七五％の砂糖を混ぜ合わせる。一週間おくと、果肉を割らなくても種の中身までエキスが抽出される。②抽出したエキス（シロップ）に軽く火を通す。発酵が止まり、傷みにくくなる。③味噌に梅エキスを混ぜて、ミキサーにかける。味噌と梅エキスの分量は、味噌の味にもよるのでお好みで。④鍋に移して煮立たせる。あまり煮詰めると味噌の色が黒くなるので注意。あくまで味噌の酵母などの活動を抑えるために火を通すだけ。

⑤出来上がった梅味噌が固い場合は、りんごジュース（甘すぎる場合は水でもよい）を混ぜてゆるくする。

生の梅の実を、同量の味噌、砂糖で漬ける（撮影　松村昭宏）

②煮た梅を裏ごしして味噌と混ぜる方法

①真っ黄色に完熟した梅を煮て、種をとり、裏ごしする。②裏ごし梅、味噌、砂糖（好みによるが梅の五〇％）を混ぜて、軽く煮立てる。③出来上がった梅味噌が固い場合は、りんごジュースまたは水を混ぜてゆるくする。

③生の梅を味噌に漬けこむ方法

①広口びんの中に、梅、味噌、砂糖の順に、同量ずつ入れる（写真）。③二〜三か月そのまま漬けると、梅の水分やエキスが味噌に移る。④味噌がドロドロになってきたら、梅を取り出し、梅味噌に軽く火を通す。

（二〇〇六年四月号）

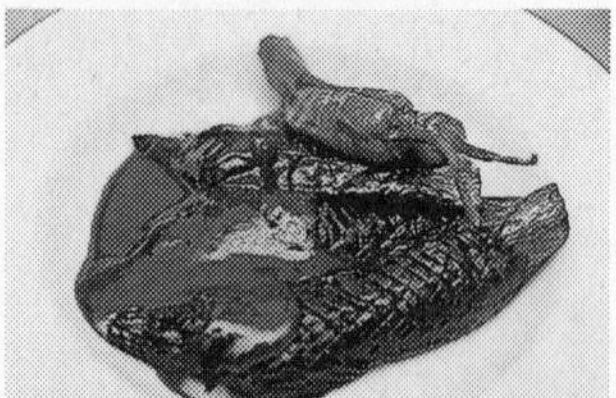
生梅を漬けてから一年後の梅味噌。梅のエキスが出てソース状になる

梅の種取り機、シソもみ機

佐賀県小城町　永石さと子

佐賀県小城町は、県下随一の梅どころ。私たち「里姫会」は、梅エキス、紅梅漬、みどり漬（氷砂糖で漬ける）、梅漬、梅干、梅ゼリーなど、昔ながらの梅加工品を作っています。梅の加工で苦労するのは、種を取り出す作業、そして、シソもみです。

梅の種取り機　梅の種を取ろうと、梅をしゃもじで押しても、なかなかうまく割れません。ところが、包丁で一粒ずつ梅に切れ目を入れ、この種取り機にはさめば、いとも簡単に割れます。

二枚の桐の厚板でできていて、蝶番の部分はステンレス。蝶番の手前に枕木をつけて、隙間を調整してあります。大工さんに頼んで、試作を重ねて完成した一品です。これを使えば、一kgの梅を一〇分ほどで割ることが可能。構造はとてもシンプルですが、軽くて使いやすく、掃除しやすいのも利点です。太い桐はなかなか手に入らないため、今はイチョウの木などで作るようです。

電動シソもみ機　昔ながらの梅漬、梅干なので、着色料などは使いません。シソだけで色をつけるのですが、ほうろうや焼き物のボールに入れて、手でシソをもむと、五kgもむだけで半日かかってしまいます。昼間の農作業を終えてからの加工作業でしたので、苦労しました。

そんな中で見つけたのが、電動のシソもみ機です（約一五万円）。機械の中央部に撹拌棒がついていて、これがいい角度でシソ葉を撹拌します。塩は使わず、生の葉を五〜七kg機械に入れ、二〇分ほど撹拌します。

しんなりしたシソをすり鉢に移し、今度は手でもんでアク出しをします。別のすり鉢に移して塩を加え、二人で交互にもんで、仕上げます。

使いやすいすり鉢を選ぶことも大事です。深さや斜面の角度と、溝の深さなどを考えて決めます。大きさも、二人で交互にもみ上げるのに便利な大きな作りです。

シソの品質はとても重要で、シソ葉を摘む時期や鮮度の保ち方で、着色の差が大きく出てきます。

また、年によって色のばらつきがでないように、スポイトで白い紙にたらして色を確認します。それぞれの製品にあった色見本を作るとよいと思います。私たちは手芸屋さんで売っている色のついた糸を貼った見本帳をもっています。

（二〇〇一年七月号）

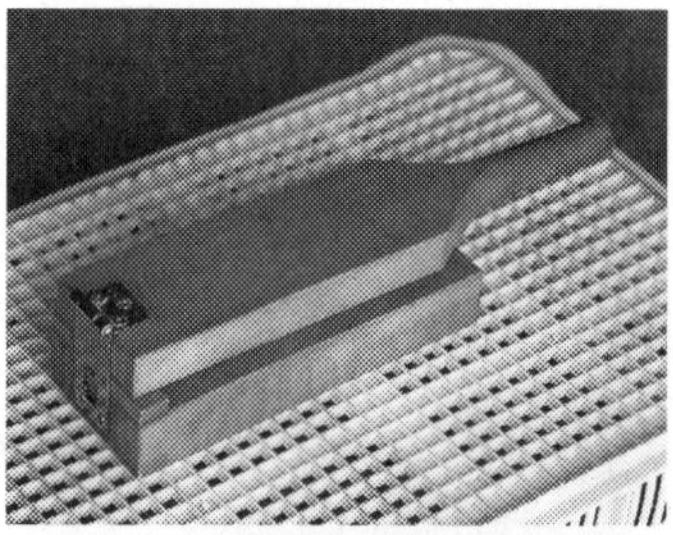

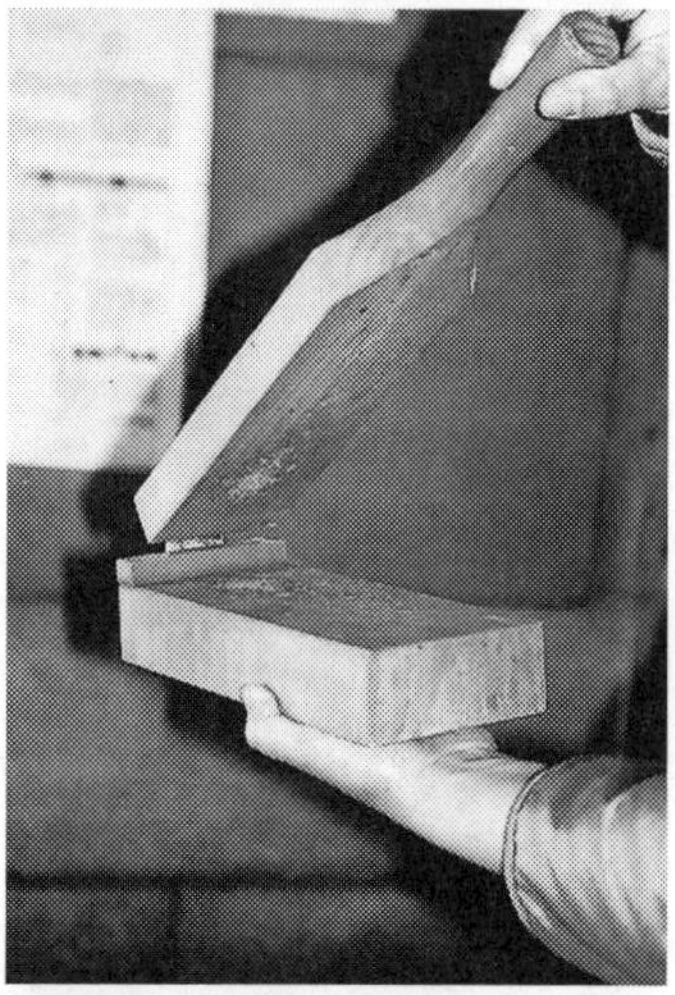

梅の種取り機と電動シソもみ機

ニホングリで焼き栗に挑戦

兵庫県三田市　小仲教示さん

編集部

「おっちゃん、こんなおいしい香りを漂わしてもらったら、かなんがな」

そう言いながらお客さんは、小仲さんが農産物直売所で焼く、焼き栗の香りについ寄ってくる…。小仲さんは、兵庫県三田市で、焼き栗の製造と販売に挑戦している栗の栽培農家だ。

圧力式栗釜。1回で3kg焼けるタイプで約40万円。1.8kg加工タイプも製造されている

渋皮が剥きにくいニホングリ

世界で栽培化されているクリには、ニホングリ、チュウゴクグリ、ヨーロッパグリ、アメリカグリの四種がある。もっとも渋皮が剥けやすいのはチュウゴクグリで、多くは焼き栗（「天津甘栗」）で消費されている。ニホングリは、果実は大きいが、もっとも渋皮が剥きにくい。

チュウゴクグリを焼き栗にする方法は、熱した小石と栗を、シロップを入れながら攪拌して焼き上げる。シロップを入れるのは味を付けるためではなく、栗が破裂するのを防ぐためだ。また、ヨーロッパグリは、ナイフで鬼皮に傷をつけフライパンなどで焼き上げる方法がとられる。鬼皮を傷つけるのは、破裂を防ぐためだ。

渋皮が剥けにくいニホングリは、焼き栗にはせず、ゆで栗にする。また、ニホングリは大きいので、ひとつずつ手作業で皮を剥いて、甘露煮、甘栗、菓子などに利用されている。

香ばしい、剥きやすい、ホクホク

栗を焼く道具は、ポン菓子機を改良した回転式の圧力釜だ。栗の水分だけで蒸し上げるため、栗の香りを逃がさず、また、輻射熱で栗の内部まで十分に火を通すためホクホクに仕上がるという。

小仲さんが使っている圧力式栗釜は、一回に三kgの栗が焼けるタイプ。今日の栗は早生の「丹沢」で、あらかじめ栗の座のところの鬼皮に、ハサミで切れ目が入れてある。切れ目を入れないと、釜の中で破裂して、中身が飛び散ってしまう。

栗を釜の中に入れ、蓋を閉めて着火。釜を回転させながら加熱し、内部の温度と圧力を上げていく。圧力計が五気圧に達したら焼き上がり。火を止め、圧力弁をゆっくり開くと、シューッと大きな音とともに蒸気が上がる。

釜の蓋を開けて栗をかき出すと、あたりに栗の甘くて香ばしい香りが広がる。「日本の栗は外国の栗に比べてにおいがあるのが特徴です」と小仲さん。出てきた栗はぱっくりと口を開け、黄色い果肉が見える。鬼皮のこげ茶色との色合いもきれいで、食欲をそそられる。

剥いてみると、簡単に実がポロッと出てきた。内部の水分が蒸発して果肉が膨張する際に、鬼皮と渋皮が一緒に剥がれてしまうようだ。栗を口にほおばると、ホクホクと軟らかくて甘い。焼き栗といえば天津甘栗しか知らなかったが、これなら天津甘栗とは違い、どちらかといえばおいしい焼き芋に栗の香ばしさを加えたような味だ。

お金にならないMサイズを焼き栗に

小仲さんがこの釜と出会ったのは平成十三年。雑誌に「ポン菓子機で栗も焼ける」と書いてあったのを見て、すぐさまメーカー（北九州市）まで機械を見に行った。開発したのは、ポン菓子機の専門メーカーであるタチバナ機工だ。その場で三kg加工用の栗釜を購入し、翌年には、仲間に知らせたくて全国栗経営者研究会の会場（東京）へ、車に積んで持っていったのだという。

現在は、JA兵庫六甲が運営する農産直売所「パスカルさんだ」で、九月下旬から十二月末（毎週土日）まで、焼き栗の実演販売をしている。

ニホングリは大きなサイズが好まれるため、Mサイズ以下の栗は、市場に出荷しても一kg一〇〇円にもならない。そこで、Mサイズの栗を焼いて、一五〇g三〇〇円で売る。一kg約二〇〇〇円になる計算だ。三か月の販売期間に焼く栗は約一tというから、売り上げは二〇〇万円ほどになる。お金にならない栗が、焼き栗にすると二〇〇万円に化ける。

生産者が安心して栗栽培に取り組めるように

小仲さんの本当の思いは、焼き栗の販売で自分が儲けるというわけではなく、生産者が安心して栗栽培に取り組めるようにしたいということだ。市場ではお金にならない栗も、焼き栗にすればお金になる。そして、栗のおいしさが消費者に理解されれば、栗の消費も伸びるはずだ。

じっさい、焼き栗を買ってくれたお客さんには必ず、生の栗を勧める。そして、お客さんが家庭で焼き栗を作れるように、レシピも考えた。県の試験場に協力してもらって、家庭で簡単に焼き栗を作るレシピを考案したのだ（上記）。この秋にはチラシを作ってお客さんに勧めるつもりだ。

「今は生栗を買ってくれるのは年配の人が多い。それはうれしいけど、将来のことを考えると、なんとしても若い人に栗の味と香りを覚えてもらいたい。それには焼き栗がぴったり」

焼き栗を武器に、ニホングリの味と香りをアピールし続ける。

家庭で焼き栗を作る方法

①必ず、鬼皮の座の部分に、切れ目を入れる。
②オーブンの場合…2L栗10個ぐらいを、250℃のオーブンで30分焼く。焼き色がつき、香りと味はとてもよい。
電子レンジの場合…2L栗10個を、600Wの電子レンジで約3分焼く。または700Wで約2分30秒焼く。焼き色はつかないが、香りと味はよい。
③焼いた栗を冷凍室に入れておいて、少しずつお菓子などに使ってもよい。

※タチバナ機工　福岡県北九州市戸畑区中原東三丁目九―一六　TEL〇九三―八八三―五四一八、FAX〇九三―八八三―五四一七

二〇〇七年十一月号　焼き栗で若者に味と香りを刷り込む

菜園の果実を冷凍保存して、アイスやシャーベットに

静岡県掛川市　金原ようこ

筆者（すべて小倉隆人撮影）

わが家のまわりには、桃、ナシ、イチジク、みかん、柿、ブルーベリー、キウイフルーツ、ぶどう、栗、梅などの果樹が植えてあり、毎年たくさんの果実が成ります。しかし、収穫が増えるのとは逆に、食べる人は減るばかり。子どもたちは都会に出て独立し、食べ切れなくなりました。そこで、長くおいしく食べるために、果実を冷凍保存して、アイスやシャーベットにして楽しんでいます。

わが家は兼業農家で、私は義父母の農業を手伝っていました。しかし、若くして義母が亡くなり、私ひとりで田畑を管理することになりました。

農作業で一番大変なのは、草取りです。そこで、草に負けない果樹を植えることにしました。農地は家のまわりにあるので、果樹ならそれほど手がかからず、留守番をしながらでもできます。でもよい果実を成らせるには、剪定など適切な管理が欠かせません。『現代農業』が私の先生でした。

桃　桃は、三とおりの方法で冷凍保存しています。

①少し熟した実をミキサーにかけ、煮詰めてジャムにします。これを冷凍保存しておきます。解凍してパンにぬってもいいですし、シャーベットのように、冷たいまま食べてもいいです。

②八つ割りした果実を、シロップ煮にして冷凍しておきます。形が残っているので、桃の軟らかな食感を楽しめるアイスになります。

③一番のおすすめは、桃のアイスクリームです。桃と牛乳と砂糖を一緒にミキサーにかけ、小袋に入れて凍らせるだけです。とても簡単にできて、おいしくいただけます。

ナシ　ナシもアイスクリームにして保存します。ナシ、牛乳、砂糖、バニラエッセンスを一緒にミキサーにかけ、ビニールの小袋に一人前ずつ入れ冷凍します。

メロン　いつも友達からメロンの苗を分けるけていただくので、ビニールハウスに植えて栽培しています。よくできたメロンは生食し、形のよくないものは、ミキサーにかけ小袋に入れて、シャーベットにしています。

イチゴ　やはり、近所のイチゴ農家から、ジャム用のイチゴをいただきます。半分は

ジャムにし、あとは四つ割りにしてそのまま凍らせておきます。

食べるときは、凍ったままのイチゴ、生クリーム、砂糖をフードプロセッサーに入れます。そのまま回すと、イチゴソフトクリームができます。多く作ったときは、パックに入れてまた冷凍しておき、暑い日に取り出して食べています。

その他の加工　アイスやシャーベット以外にも、果実の保存食を作ります。ぶどうはホワイトリカーに漬け込んでいます。みかんはしぼってジュースに、イチジクは天ぷらとジャムに。栗は渋皮をとり冷凍しておき、ときどきおこわに使います。

いろいろと自分で試しながら作り、おいしく出来上がると、人に教えたくなってしまいます。先日もこんなことがありました。

買物のレジで私の後ろに親子が並んでいたのですが、子どもが目の前のイチゴパックを見て、「食べたいから買って」とおねだりをしていました。お母さんは「家に帰るといただいたイチゴがたくさんあるから、家で食べよう」と話していました。見ず知らずの人でしたが、イチゴソフトクリームの作り方をお教えしたところ、「さっそく家に帰ったら作ってみます」といってくれました。

また、ある会合で、私がやっている果物の加工方法を話したら、試食してみたいとグループでわが家に来ました。いろいろテーブルに出すと、たいへん喜んでくれました。

そのうちの一人に次の機会にお会いしたら、さっそく孫とイチゴのソフトクリームを作ってみたとのこと。それ以来、小学生の孫は兄弟だけで作って喜んで食べているということでした。

冷凍庫には、果物がいっぱい

桃のアイスクリーム

イチゴのアイスクリーム

二〇〇八年八月号　果物なんでも凍らせて、特製シャーベット&絶品ソフトクリーム

産地農家の食卓レシピ　果樹

りんごおこわ

福島県福島市　武田安藝

イベントや講習会で、評判がとてもよいりんごおこわ。今までりんごおこわの講習会は六回ほど実施しました。講習会では細部にわたり説明するつもりでいましたが、蒸す時間やタイミングなど、やはりおいしく作るには技術がいると思いました。たとえば、はじめにもち米を蒸すとき、一〇分ぐらいしたらヘラを立ててみて、ザラザラと米の生の音がしなければもういいでしょう。りんごおこわは必ず二回蒸しますので、一回目で蒸しすぎてしまうと、仕上がりが軟らかすぎてベタベタしてしまいます。

また、使うりんごはとれたての「ふじ」のように、身の硬いものが適しています。

今年、りんごおこわは、飯坂温泉の観光協会が募集していた旅館の新メニューに採用されました。これからもこの「楽しく作れておいしいおこわ」を、一層磨きをかけて、福島の行事食としてこの地より発信していきたいと思っています。

（二〇〇七年十月号）

蒸したもち米に、りんごを加える。その後、もう一度蒸すので、はじめの蒸し時間はほどほどに（撮影・調理　小倉かよ）

りんごおこわ

＜材料＞

りんご　1個
もち米　3カップ
ホタテ貝柱　100g
干し椎茸　3枚
にんじん（中太）　5cm
茹で小豆　50g
酒　大さじ2
砂糖　大さじ1
塩　小さじ1
醤油　大さじ2
だし汁　1カップ

＜作り方＞

① もち米を一晩水に浸けておく。
② ホタテ貝柱をしばらく酒に漬けておく（ホタテ貝柱が手に入らない場合は鶏肉でもいい）。
③ 戻した干し椎茸、にんじんを1cm角に切る。
④ 酒、砂糖、塩、醤油、だし汁を混ぜてつゆを作る。
⑤ ②③を④のつゆで煮る。
⑥ りんごを皮付きのまま1cm角に切り、塩水に浸したあとしっかり水気を拭き取る。
⑦ 蒸し器にもち米を入れて、12～13分蒸す。
⑧ 蒸したもち米をボウルなどに移し、うちわで扇いで軽く熱をとる。
⑨ ⑧に⑤とゆで小豆、りんごを加えてかき混ぜ、再び10分くらい蒸す。

※水から上げたもち米は、できれば竹ざるにあけ、時間をかけてしっかり水切りする。
※⑤は熱いままだと、もち米が軟らかくなりすぎるので、鍋を水に浸けるなどしてしっかり冷ます。前日に煮ておいて、そのまま自然に冷まし、冷蔵庫に入れておいてもいい。
※塩水に浸したりんごも、水がついたままだと仕上がりがベチャッとなってしまうので、しっかり拭き取る。

具をご飯と混ぜるときに一緒に入れるだし汁は、入れすぎると仕上がりがべちょべちょしてしまうので加減する。おこわなのにサックリしていて軽い食感だ。りんご、ホタテ、椎茸、小豆、各々がもち米と相まっていい味になる。時間が経つとより味がなじむ。「おいしい！　この甘いのは何が入ってるの？」と食卓から声があがった。（撮影・調理　小倉かよ）

熟柿のはったい粉混ぜ

和歌山県岩出市　福元千鶴

これは昔から伝わる、熟柿の味を楽しむ食べ方です。私も子どもの頃は、よくおばあちゃんから作ってもらっていました。砂糖の貴重な時代ですので、甘いおやつのかわりになりました。今でも、食後のデザートに最適です。

近所の人にも作り方を教えてあげると、「こういう方法もあったんや」とびっくりする人もいます。

和歌山県紀北は柿が特産ですので、この他にもさまざまな食べ方があります。私は、柿を小さく刻んで、味付けノリで巻いて、食後に食べたりします。また、柿を酢に三か月ほど漬け込んで、五倍ぐらいに薄めて飲んだり、酢の物などに使ったり。

はったい粉は、大麦を炒って石臼で挽いた粉です。麦焦がし、煎り麦、香煎などともいいます。

（二〇〇七年十一月号）

はったい粉を入れた途端、懐かしい香り。柿の甘さが粉と混ざり、ほどよい硬さと甘み。食後のデザートに最適（撮影・調理　小倉かよ）

熟柿のはったい粉混ぜ

＜材料＞
熟柿　100ｇ
はったい粉　大さじ2

＜作り方＞
① 熟柿のへたをとり、中のジュクジュクした果肉をくり抜いて取り出す。
② 取り出した果肉とはったい粉を混ぜ合わせる。

柿渋の作り方、染め方

埼玉県さいたま市　萩原さとみ

和傘、渋うちわなど、かつては生活必需品だった柿渋

天然の防腐剤

柿渋の利用は古く平安時代にまでさかのぼり、防水・防腐を目的に魚網や酒・醤油を搾る布袋、傘、うちわ、民家の板壁などに塗られ、水や湿気に関係するさまざまな分野で利用されてきました。さらに、火傷や高血圧の薬としても効力がありました。昔から農家の軒先で作られる、生活必需品だったのです。

わが家では、寛政七年（一七九五年）から柿渋を作ってきました。埼玉県南部の大宮台地周辺で生産された「赤山渋」です。赤山渋はタンニンの含有量が多い「本玉」という渋柿品種で作られました。江戸時代より柿渋問屋では別格で取引されていたようです。

柿渋は近代化による化学製品の普及で需要が減り、わが家でも昭和五十二年を最後にほぼ製造をストップしました。しかし近年、柿渋は素朴な色調や色合いが再認識され、草木染愛好者の間で染料として見直され始めました。

化学染料にない機能が見直される

わが家には、今でも畑の周りに江戸時代から伝わる渋柿の樹が五〇本ほどあり、「赤山渋がほしい」「染め方を教えてほしい」と訪れる人が増えています。

柿渋は他の染料と違い、媒染剤や加熱が不要で、日光によって発色します。日数が経過するにつれ、薄茶色から自然に濃茶色へと色合いが変化していきます。化学染料にない楽しみです。

木綿、麻、絹などの天然素材が非常によく染まり、長時間水に浸しても色落ちしません。また、硬化作用があるので生地が堅くなります。絹は少し風合いが変わるかもしれませんが、麻などはかえってしっかりします。染める人の好み次第です。

染色以外には、住環境への関心が高まって自然塗料として珍重されるようになりました。わが家でも三年前、新築の材木すべてに柿渋を塗ったところ、茶褐色を帯び、とても光沢が出て、風格が感じられます。

昔の柿渋作りや柿渋染めでは、いろいろな道具が使われていましたが、ここでは身近なものを使い、手軽にできる方法を紹介します。

江戸時代に植えられた柿渋専用種「本玉」。屋敷周りに50本ある

柿渋の作り方

まず、青柿をバケツ一杯くらい用意します（おおよそこの二〜三割量の柿渋がとれます）。当地では八月十七日より一週間くらいが採取適期です。昔は青柿を臼に入れて杵でつく「渋つき」という作業をしましたが、ここでは少し厚手のビニール袋に青柿を入れ、木づちで叩いて粉砕します。

粉砕した青柿をプラスチックの容器または木樽の中に入れ、浸るくらいの水を加えます。蓋はせず、そのまま二昼夜ないし三昼夜置くと、ブクブクと泡が出て発酵が始まります。昔は「ふんごみ」という作業をしたのですが、ここでは容器内を一日二〜三回攪拌します。

手ぬぐいを縫って作った布袋に、少しずつ入れて搾ります（渋しぼり）。搾るときはゴム手袋をしたほうがよいでしょう。柿渋は昔から皮膚病に効くといわれるように素手でも構いませんが、強い異臭があり、手に移ると二〜三日外出できないくらいにおいが消えません。

搾った液は冷暗所に置いて発酵させ、十一月下旬頃、貯蔵容器に詰め直して保存します。

柿渋染め。色むらを出さないよう、まんべんなく浸透させる

柿渋染めのこつ

柿渋染めは難しくありませんが、色むらを防ぐために、いくらかこつがあります。まず、布地はいきなり柿渋に浸けず、水に二〇分くらい浸してからにします。染める柿渋は濃い液よ

柿渋の作り方

①青柿がピンポン玉くらいの大きさになったときが、柿の取りどき。

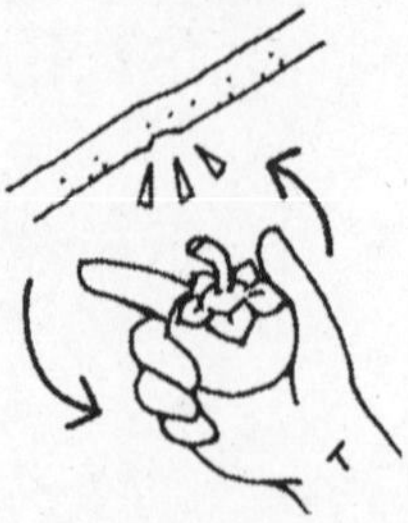

②果面に傷がつくと、そこから渋が染み出してしまうので、一つ一つ丁寧に指先でひねりながらもぎ取る。

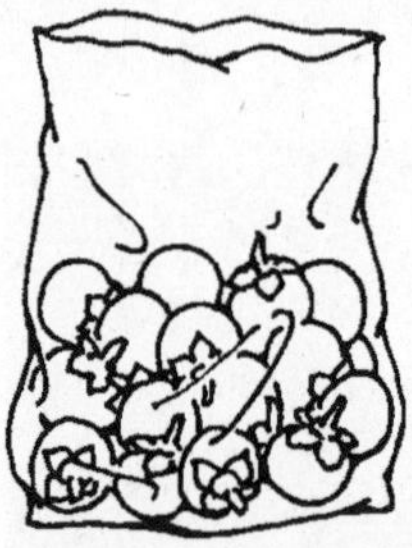

③厚手のビニール袋に、青柿をヘタつきのまま洗わずに入れる。

④ビニール袋の口を持ち、板の上で木づちで叩いて青柿を粉砕する。

⑤粉砕した青柿を木樽などに入れ、浸るくらいの水（井戸水など自然水）を入れる。

⑥2～3日置くと、ブクブクと泡が出て発酵が始まる。夏は早く、冬は遅い。

⑦上下を入れ替えるように、1日2～3回は攪拌する。

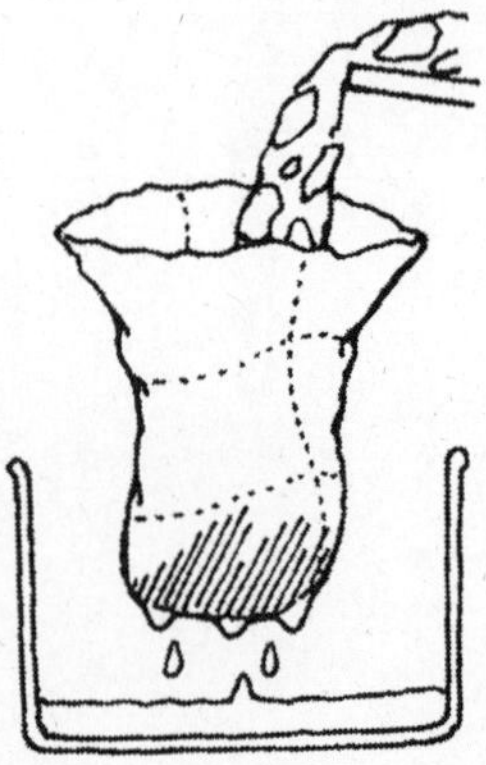

⑧3～5日で発酵が進み、異臭が強くなる。手ぬぐいを縫って作った布袋に、少しずつ流し入れて搾る。搾るとき、異臭が手に移らないようゴム手袋をつける。

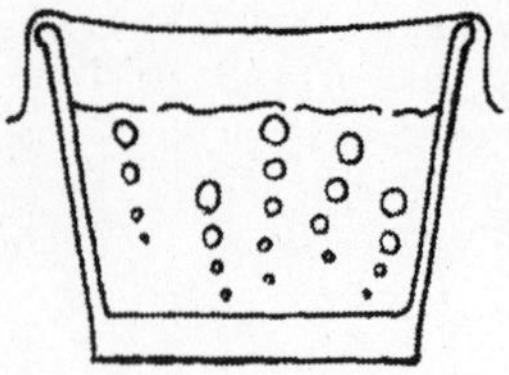

⑨搾った液をバケツや樽に入れ、密閉せずに冷暗所で発酵させる。

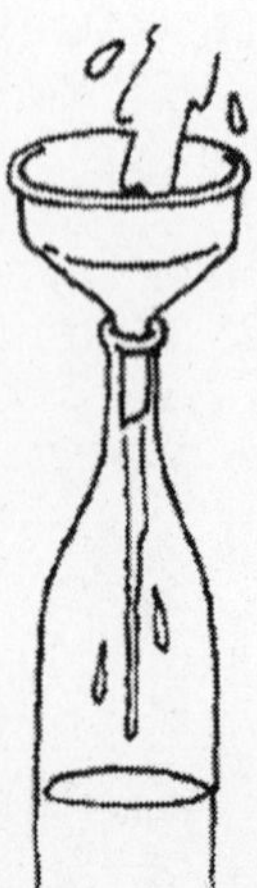

⑩11月下旬頃、一升ビンなど貯蔵容器に移し、冷暗所で保存する。異臭は日が経つにつれ、消える。

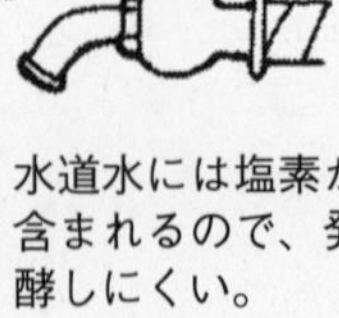

水道水には塩素が含まれるので、発酵しにくい。

鉄や銅の容器は、渋がつくと変色してしまう。

柿渋染めの方法

①絹、麻、木綿の布地を水洗いして汚れや糊をとり、脱水して干しておく。布地を染める前に、水に20分くらい浸す。乾いたまま染めるとむらになる。

②濃く染めたいときは原液～3倍、薄く染めたいときは水で5～10倍に薄める。薄めの液で何回も染めたほうがむらにならない。

③布地を絞って柿渋液に入れ、全体に浸透するよう手でもみ込む。

④布をよく絞る。濡れが残ると色むらになる。

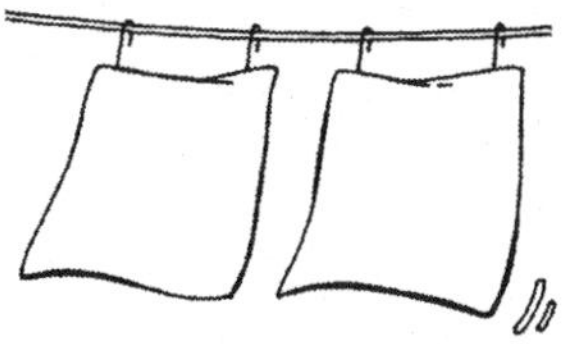

⑤天日干しする。風などでひだができると、色むらができるので注意。

⑥柿渋液に入れては天日干しを2～3回繰り返し、最後に3～5日間の天日干しで茶褐色になる。

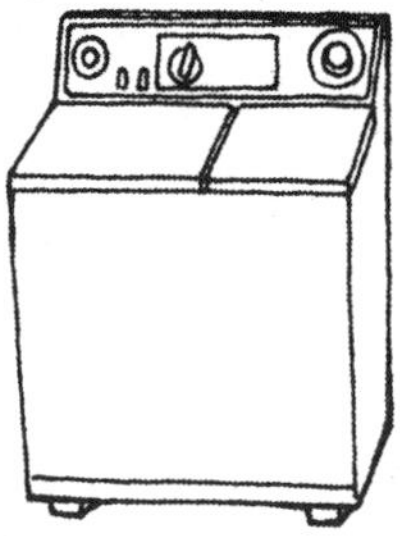

⑦干し上がったら洗濯機で2～3分間、すすぎ洗い。すすぎが不十分だと異臭が残る。

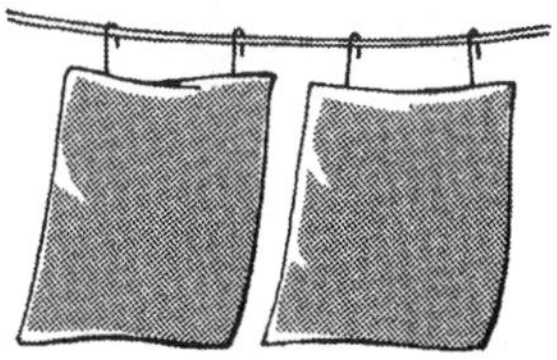

⑧脱水して乾かせば出来上がり。時間が経つにつれ、さらに色づく。

米袋のむら染め

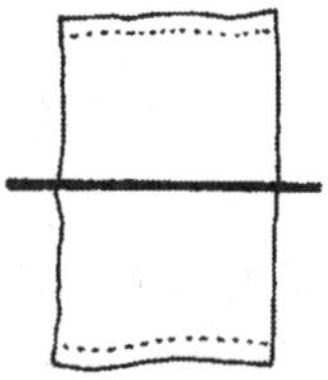

①米袋の糸目をほどき、一枚ずつはがして半分に切る。

②おにぎりを握るようにぐしゃぐしゃと米袋を丸め、3倍くらいに薄めた柿渋液に浸け、よく浸み込ませる。

③丸めた状態で天日に2～3時間当てる。山のところが発色してきたら少しずつ広げて、日光に当てる。

④再び丸めて、柿渋液に浸けては干して広げてを繰り返し、最後はしわを完全にのばして染色完了。洗濯機で2～3分水洗いして脱水し、乾かす。

米袋のむら染め

「3年前、新築した家の材木すべてに柿渋を塗りました。日々色合いが変わってとても気に入っています」と萩原さん

りも、うすめの液で回数多くつけるほうがよいでしょう。布地は全体に柿渋液が浸透するように手でよくもみ込み、布をよく絞ってから天日干しします。風などで布がゆれて、ひだを作ったりしないよう注意します。

逆に、「米袋のむら染め」など、色むらを生かす染め方もあります。米袋をぐしゃぐしゃと丸めてから柿渋液に浸け、天日干しします。米袋の折り目の山の部分が発色するので、少しずつ広げながら干すと、しわのところが濃くなります。染めて干すという手順を繰り返すと、さらにはっきりむらが現れます。ただし、柿渋には接着作用があるので、くっつかないように気をつけてください。

また、初めての人は淡く染めたほうがよいでしょう。柿渋は天日に当たって発色します。布地を染めて干すという手順を繰り返して茶褐色になります。干し上がったらすすぎ洗いし、脱水して乾かして出来上がりですが、その後もさらに色がついていきます。時間がゆっくりと素敵な色合いに染め上げてくれるのも柿渋染めの醍醐味です。なお、柿渋液はその都度、新しく作る必要はなく、残液を使いまわしできます（一か月くらいもちます）。

柿渋染めの麻の飾り布

※「赤山渋」が欲しい方は（有）諏訪野　TEL〇四八―八七八―〇四五九まで。

二〇〇二年九月号　つくって、染めて、わが家で「柿渋」

からしなの鼻はじき　辛みが強烈で鼻につーんとくる。松任市（撮影　千葉寛『聞き書　石川の食事』）

春早く、田んぼのあちこちにまだ雪が消えずに残っているころ、からしな摘みがはじまる。このおひたしを、「からしなの鼻はじき」といい、鼻につーんとくるほどよい辛さと、青々とした菜っぱの香りが冬の眠気を覚ましてくれる。生き返るようなおいしさである。これを食べるようになると、もうにわでわら仕事などしていられなくなる。田んぼへ出て、かっつけ（あぜつくり）に精出し、米どころ加賀平野はにわかに活気づく。

からしなを、塩一つまみ入れた熱湯にさっとくぐらせ、さらにぱらぱらと塩をふってすり鉢などをかぶせておくと、鼻につーんとくるくらい辛くて、青々とした菜っぱのおひたしができる。これをからしなの鼻はじきといい、一寸ほどに切って醤油をかけて食べる。辛みを出すには、熱湯にくぐらせるところにこつがある。熱すぎると辛くならないので、お湯をわずかに冷ましてからくぐらせる。

（文・『聞き書　石川の食事』より）

べったら漬

兵庫県新宮町
八木公子

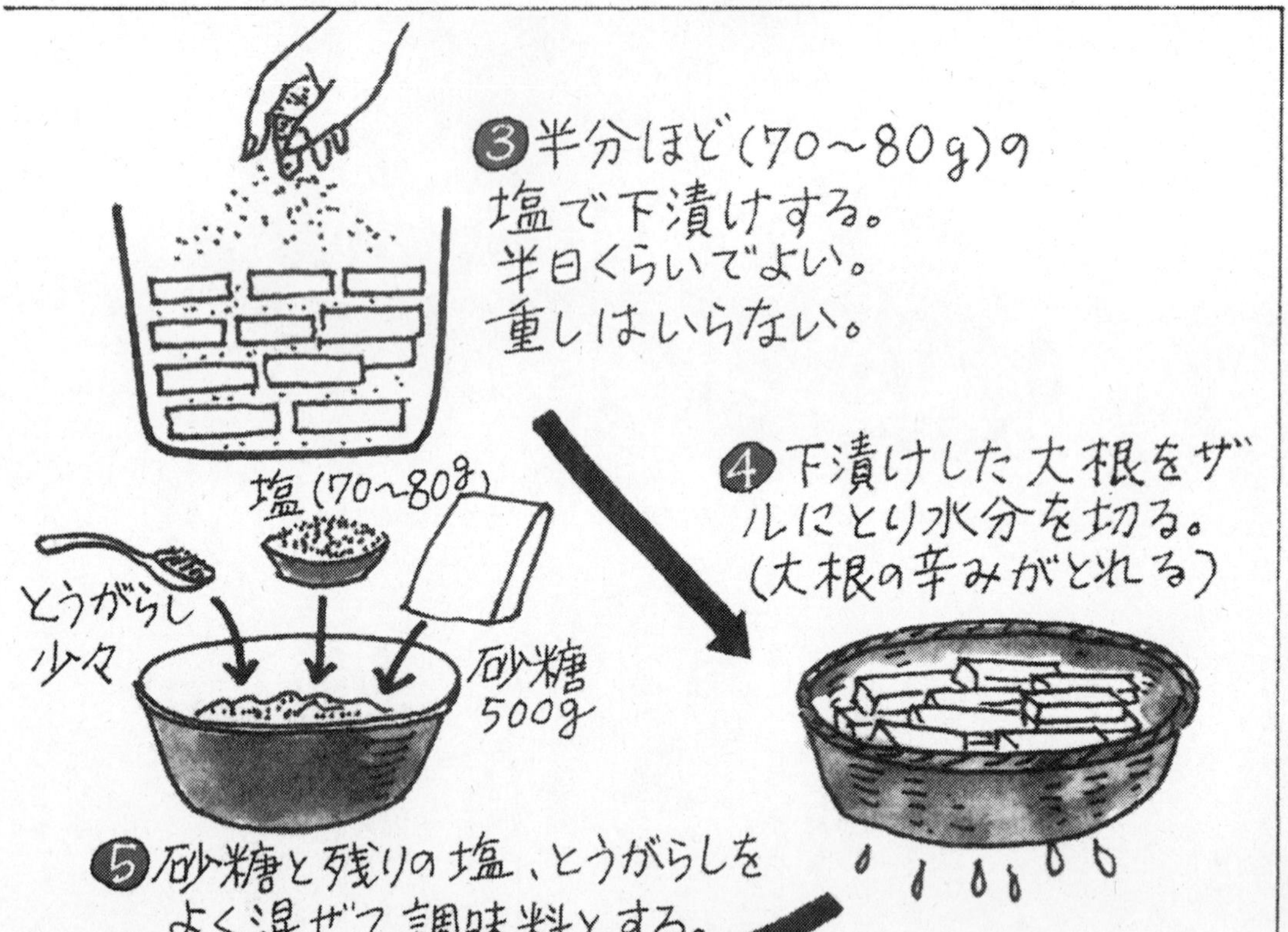
③半分ほど（70～80g）の塩で下漬けする。半日くらいでよい。重しはいらない。
塩（70～80g）
とうがらし少々
砂糖500g
④下漬けした大根をザルにとり水分を切る。（大根の辛みがとれる）
⑤砂糖と残りの塩、とうがらしをよく混ぜて調味料とする。
焼酎（最後に流し込む）
⑥容器に大根→調味料→大根→調味料と交互につめる。最後に焼酎を上から流し込む。重しはいらない。2日くらいで食べられる。
大根5kgだと味付のりのビンにいっぱいになる。冷蔵庫にビンごと入れておけば20～30日くらいおいしく食べられます。

（絵）竹田京一

漬け物お国めぐり

大根の

大根のべったら漬はお客様が来られるときなど、2〜3日前に漬けるとすぐ間に合う即席漬です。お茶菓子がわりになるくらいあっさつりしておいしいものです。10年前に四国から結婚式に大勢お客様が来られたとき、妹がつくって持ってきたら大変に喜ばれました。バケツ1杯持ってきたのが、お土産にと持っていかれて、カラになるくらい評判になりました。その漬け方を紹介します。

＜材料＞

大根 —— 5Kg
塩 —— 150g
砂糖 —— 500g
焼酎 —— 1合
好みで一味とうがらし少々

① 大根は引いてすぐ水洗いして皮をむく。

② 長さ5〜6cm、厚さ、幅とも1.5〜2cmの拍子木に切る。

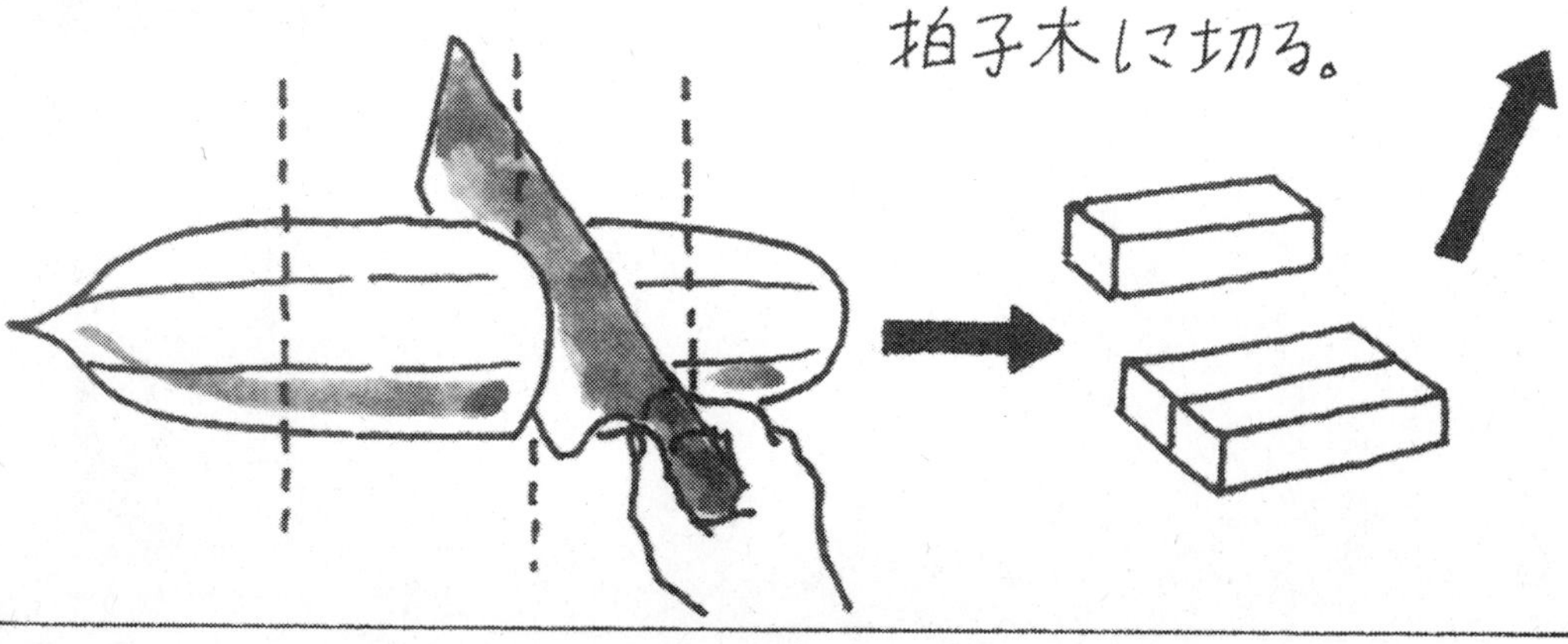

トマトケチャップ

小池芳子さん　小池手造り農産加工所

文・本田耕士

　トマトケチャップは、作り手によってさまざまな味のものがある。一般には、調味料も玉ねぎ、にんにく、トウモロコシ、ハーブ、コショウなどを調合して味を付けるものも多い（かこみ）。しかし当加工所では、鮮度の高い素材を生かして、トマトの味を前面に出したトマトケチャップを作っており、トマト以外に加えている材料は、醸造酢、りんご酢、塩、砂糖、唐辛子だけにしている。トマトの味をできるだけ損なわない、というのが基本的な考え方である。

材料と道具の準備

トマト　原料は基本的に地域内の生食用のトマトを使っているが、トマトジュースの需要の高まりにともなって、松本からもトマトを仕入れている。また、トマトジュース製造の過程で、表面に浮いてくる果肉と煮釜の底にたまる、濃度の濃いジュースもトマトケチャップに使っている。

　露地栽培もあれば施設栽培のトマトもあるが、すべて生食用のトマトを使っている。当加工所で使っている生食用トマトは、加工用トマトに比べて糖度が二倍くらい高い八～九度。だから、生のトマトの味がしっかりとする、おいしいケチャップを周年、製造できる。

　仕入れているトマトの色や糖度、酸味、こく、水気などは、時期や栽培者によって異なるが、その品質に対応した調味をし、トマトの味のする加工品を製造している。

　青い、まだ未熟のトマトでは色のよいケチャップはできない。青いトマトの場合は、追熟させて、色を赤くしてから加工している（追熟によってリコピン量が増加する）。

　原料のトマトは、規格外品やB級品を使用することも多いので、なかには果実が割れているものもある。このようなものは、原料調製の段階でしっかりトリミングをして、きれいにしておくことが大切である。

酢　ケチャップに使う酢は、合成酢でなく醸造酢を使う。醸造酢だと、柔らかい酸味で、

一般的なトマトケチャップの配合例

トマトペースト（トマト6倍濃縮）……	35～40%
玉ねぎ・にんにく……	3%
食塩……………………	3～4%
糖類（液糖として）……	25～35%
醸造酢（酢酸15%）…	4.5～5.5%
香辛料………………	適量

生食用トマトで作ったケチャップ

図1　トマトケチャップ作りの手順

《原料と配合，仕上がり量》
トマト160kg（煮詰めて40kg），醸造酢500cc，塩500g，グラニュー糖9kg，唐辛子適量
※原料トマトの状態によって変わるので，一つの目安である

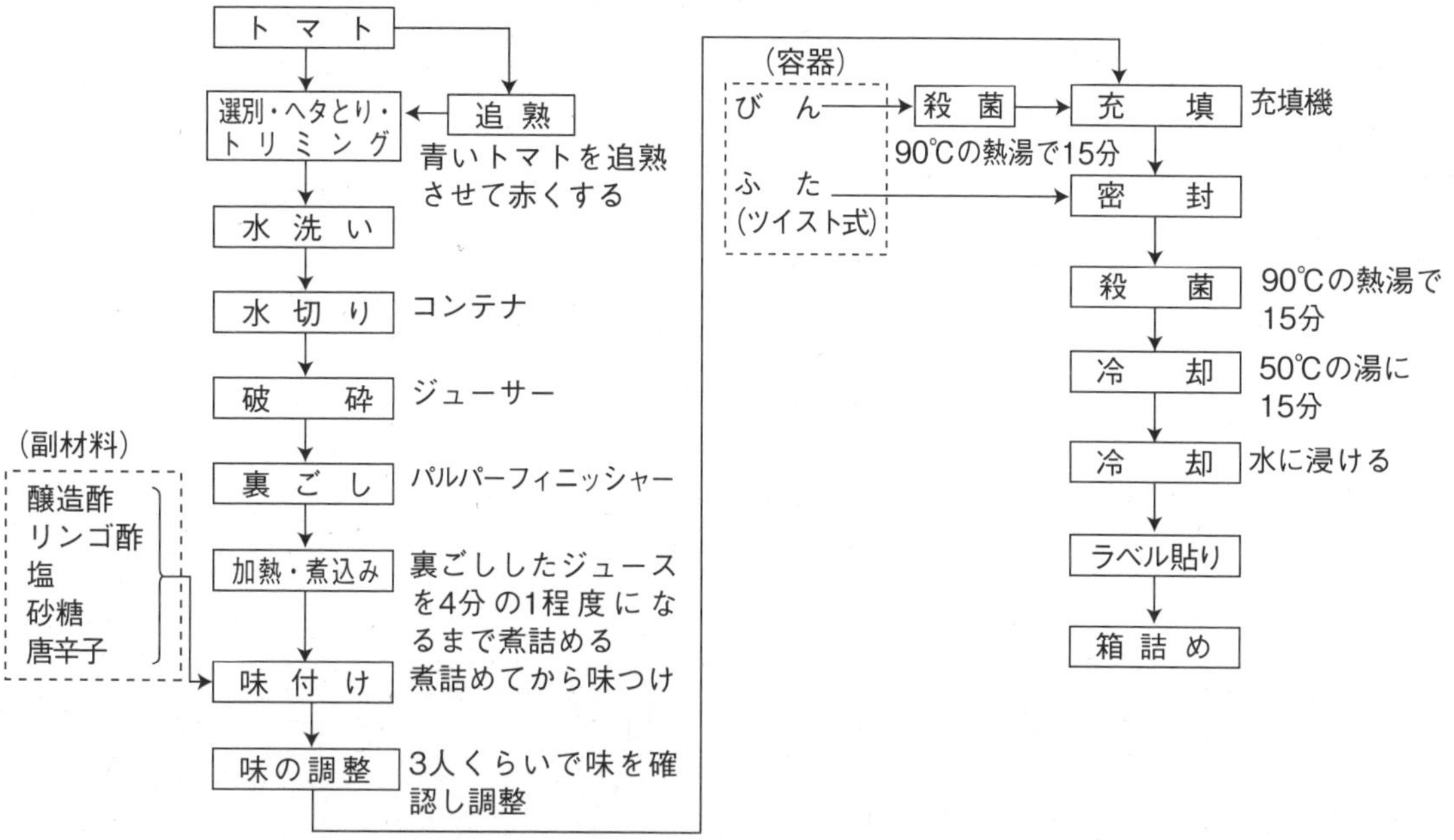
トマト
追熟
青いトマトを追熟させて赤くする
選別・ヘタとり・トリミング
水洗い
水切り
コンテナ
破砕
ジューサー
裏ごし
パルパーフィニッシャー
（副材料）
醸造酢
リンゴ酢
塩
砂糖
唐辛子
加熱・煮込み
裏ごししたジュースを4分の1程度になるまで煮詰める
味付け
煮詰めてから味つけ
味の調整
3人くらいで味を確認し調整
（容器）
びん
ふた
（ツイスト式）
殺菌
90℃の熱湯で15分
充填
充填機
密封
殺菌
90℃の熱湯で15分
冷却
50℃の湯に15分
冷却
水に浸ける
ラベル貼り
箱詰め

味よく仕上がる。当加工所では、ミツカンの「優選」というグレードの高い醸造酢を使っている。

さらにりんご酢を醸造酢の四分の一程度使うことで、味がまろやかになり、おいしくなる。

砂糖　砂糖はグラニュー糖を使う。グラニュー糖（メーカーによって純度は異なるので注意）はあくが少なく、トマトの風味を損なわないで甘味だけを付加することができる。

塩　塩についてはとくにこだわってはいない。海水から作った並塩で十分である。

唐辛子　ケチャップの調味に、ふつうはコショウの類を使うことが多い。しかし当加工所では乾燥した唐辛子（粉末）を使っている。日本人は唐辛子の辛さが好きだということと、香りを出すためだ。トマトの風味を損なわない程度の量を入れているが、味を引きしめ、トマトの味、香りを引き立ててくれている。

なお、唐辛子は外国産の乾燥唐辛子を使っている。

びん　びんは、蓋がねじ式ではなくツイスト式のものを使う。少ない力でしっかり密封でき、しかも開けやすいからだ。お客さんが使うにも開けやすく、カビなどが発生しにくい。

ケチャップ作りの手順

煮熟　原料のトマトをジューサーにかけて破砕し、パルパーフィニッシャーにかけて裏ごしする。裏ごししたトマト果汁を、ケチャップの粘度になるまで煮詰めて、もとの量の四分の一程度になるまで濃縮する。

当加工所では六〇〇ℓの煮釜で作業をするが、四分の一まで煮詰めるには最低でも三〜四時間、沸騰を続けなければならない。沸騰時には猛烈に泡立って、吹きこぼれてしまう。そこで、業務用の大型の扇風機を据え、泡立つ煮釜の表面に送風して、泡を消し、吹きこぼれを防いでいる。これでしっかり煮詰められるし、見守り要員がいらなくなる。

煮詰まってくると、焦げやすくなるので、

扇風機で送風し、泡を吹き消す

4分の1まで煮詰める

焦がさないように注意する。

　煮詰めが足りないと、果汁中の水分が多くなり、びん詰めしたときに水分と果肉が分離してしまうことがある。完全にペースト状になるまで、三〜四時間はしっかりと煮詰める必要がある。

味付け　味付けは、自分たちの求める粘度になってから行なう。早くから味付けをしてしまうと、そこからさらに煮詰めることになるので、塩味などが強くなってしまう。

　調味料は醸造酢、塩、砂糖、唐辛子といたってシンプルだが、独自の配合で、当加工所ならではの味に仕上げている。味付けの順はとくになく、これらの調味料を煮詰まったところへいっぺんに投入し、よくなじませる。

　調味料のおおよその割合は、煮詰めた原料四〇kgに対して酢五〇〇cc、塩五〇〇gを加え、原料トマトの糖度も含め全体で糖度二二度になるようにグラニュー糖で調整している。唐辛子は原料によって辛味に幅があるので、適量ということになる。

　四分の一まで煮詰めるには、時間がかかるため、二日にわたって作業しなければならないことも多い。つまり、一日目の晩に加熱を止め、二日目の朝から再度加熱することになる。ところが、トマトの場合、このような状態で一晩おくと、蒸れて色が悪くなってしまう。こんなときは、一日目の晩に軽く味付けしておく。このようにすることで、トマトの変色を防ぐことができる。二日目に再加熱して、求める粘度になってから、再度味を調整する。

　ちなみに当加工所では、味の好みにかたよりが出ないよう、三人の担当者が寄って味見をし、三人の意見を調整する形で味を決めている。

びん詰め　びんは、九〇℃の熱湯で一五分間殺菌する。ステンレス製の網かごに口を横にしてびんを入れ、熱湯を湛えた水槽に沈め、熱湯殺菌しておく。

　適当な粘度になったケチャップを、熱い状態のまま充填機で、びんに充填する。熱いケチャップを、熱いびんに充填すること。

　びんのふちから五㎜くらいまで充填する。びんの外にこぼれないように注意するが、もしこぼれた場合は、アルコールを湿らせた布で完全に拭き取る。

　蓋は殺菌はせずに、工場から出荷された無菌の状態のもので密封する。

熱湯殺菌　ケチャップを詰めたびんは、ステンレス製の網かごに立てて入れて、熱湯殺菌する。九〇℃一五分が目安である。

冷却　殺菌後は五〇℃程度の水槽（冷却槽）に入れて冷却し、さらに冷水の入った水槽に入れて冷却する。カビを発生させないためには、完全に品温が下がるのを待つ必要があるので、箱詰めは翌日に行なうようにする。

※小池手造り農産加工所　長野県飯田市下久堅下虎岩五七八―八

食品加工総覧第七巻　トマトケチャップ　二〇〇五年

トマトジュース

小池芳子さん　小池手造り農産加工所

文・本田耕士

小池手造り農産加工所の作るトマトジュースは、地域の生食用のトマトを原料にしているのが大きな特徴である。生食用は加工用トマトの二倍くらい糖度が高く、ジュースにすると自然な甘味があるので、トマト以外に加えるものも塩とクエン酸だけである。「飲むトマト」として、好評である。

材料の準備

トマト　従来は原料のトマトは地域内のものを使ってきたが、需要の高まりにともなって松本からもトマトを仕入れている。長野県ではトマトが周年で栽培されているので、加工時期も周年である。

トマトの品種も多様で、生食用のトマトということであれば、品種にはとくにこだわらない。色が薄いトマトもあれば、濃いトマトもある。冬のトマトは少し硬くて加工しにくいが、夏のトマトは果肉が軟らかく作りやすい。さらに、蜂を飛ばしているトマトは酸味が多く、こくがある。これに対して人工授粉のトマトは酸味が少ないようだ。このようにジュースに加工するトマトの品質は多様であり、出来上がったジュースの色や味にも多少の幅が出てくる。しかし、このような栽培上の素材のばらつきを、調味によって無理に均一になるようにはしていない。

ただし、青い、未熟のトマトでは色のよいジュースはできない。青いトマトの場合は、追熟させて、色を赤くしてから加工する。

原料のトマトは規格外品やB級品を使用することが多い。果実が割れている場合が多く見受けられるので、原料調製の段階でしっかりトリミングをしてきれいにしておくことが大切である。

塩　とくに塩にこだわってはいない。ジュース五〇〇ℓに対して二〇〇〜三〇〇gの量を加えている。

クエン酸　ジュースではpHを調整することが大事である。pHが四・二以上あると、びんにジュースを充填したあとで、びんがはぜて（破裂して）しまうことがある。そのため、pHメーターで測って四・二以上ある場合には、クエン酸を加えるようにする。原料の〇・三％程度添加することで、pHを四・二以下にすることができる。

ジュース作りの手順

トマトジュースは、搾ったままおいておくと、果肉部分とジュース部分が二つの層に分かれてしまう。このようにしないためには、

トマトジュース1,000mℓ入り。王冠にキャップシールをかぶせて封印

図1　トマトジュース作りの手順

《原料と配合，仕上がり量》
原料配合：生食用トマト550～580kg，塩200～300g，クエン酸は果汁がpH4.2以下になるようにするためで，原料量の0.3％程度
仕上がり量：500 ℓ
※原料トマトの状況にもよるが一つの目安として示す

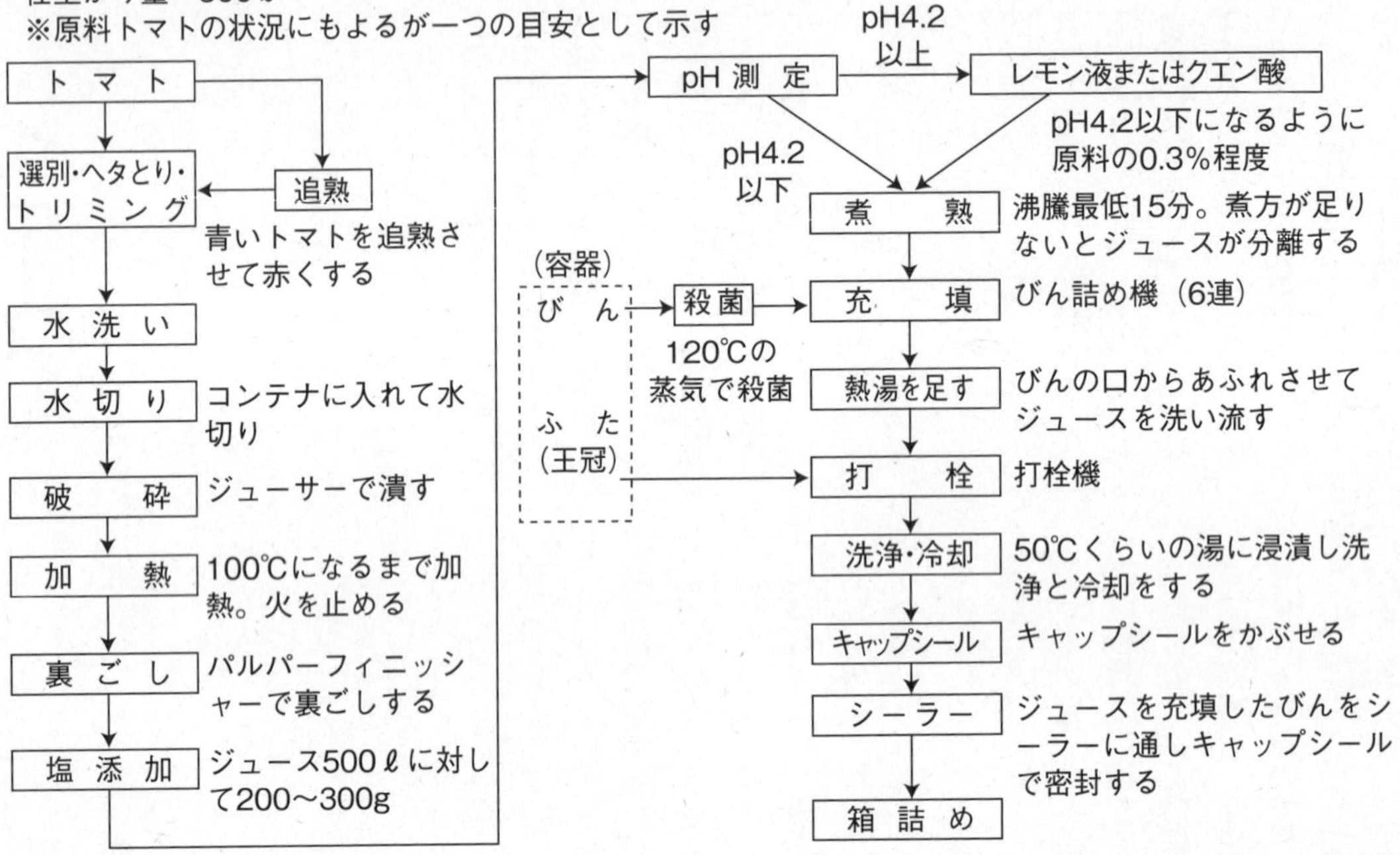
トマト
追熟
選別・ヘタとり・トリミング
青いトマトを追熟させて赤くする
水洗い
水切り
コンテナに入れて水切り
破砕
ジューサーで潰す
加熱
100℃になるまで加熱。火を止める
裏ごし
パルパーフィニッシャーで裏ごしする
塩添加
ジュース500 ℓに対して200～300g
pH測定
pH4.2以上
レモン液またはクエン酸
pH4.2以下になるように原料の0.3％程度
pH4.2以下
煮熟
沸騰最低15分。煮方が足りないとジュースが分離する
（容器）
びん
ふた（王冠）
殺菌
120℃の蒸気で殺菌
充填
びん詰め機（6連）
熱湯を足す
びんの口からあふれさせてジュースを洗い流す
打栓
打栓機
洗浄・冷却
50℃くらいの湯に浸漬し洗浄と冷却をする
キャップシール
キャップシールをかぶせる
シーラー
ジュースを充填したびんをシーラーに通しキャップシールで密封する
箱詰め

加熱を二回行なうことだ。二回の加熱により、とろみが出るので、びん詰めして時間が経っても、分離しなくなる。

洗浄　へた取り、トリミングが終わったトマトを洗浄し、水切りする。

破砕　ジューサーでトマトを破砕する。

加熱　鍋に移して一〇〇℃まで加熱する。一度沸騰したら火を止める。何分も沸騰させる必要はない。

裏ごし　熱い果汁をパルパーフィニッシャー（裏ごし機）にかけて、皮や種を裏ごしして、ジュースだけにする。パルパーフィニッシャーは、細かい網を使う。粗い網では種が混入する。

味付け　ジュース五〇〇ℓに対して、二〇〇～三〇〇gの塩を加える。pHを測って四・二より高ければクエン酸を加える。

再加熱　ジュースをもう一度加熱し、一五分間沸騰させる。この時間が短いと分離しやすくなるので、沸騰した状態を一五分間維持することがポイントである。

二回目の加熱でとろみが出てくる。水分が蒸発し、八七～八八％の歩留りとなる。

泡消し　当加工所では六〇〇ℓの煮釜で、一回五〇〇ℓのトマトジュースを作っている。五〇〇ℓ入れると、煮釜のふちから一〇㎝くらいのところまでジュースが入る。沸騰時には猛烈に泡立つので、吹きこぼれてしまう。そこで、大型の扇風機を据えて、泡立つジュースの表面に風を当て、泡を消すようにしている。

びん詰めのこつ

詰まり防止　トマトを丸ごと搾汁してジュースにする場合、普通のジュース加工設備ではジュースが濃すぎて、びん詰め機が詰まってしまうことがある。

煮釜で煮立てていくと、表面には果肉がたくさん浮いてくる。また、煮釜の底の部分に

は濃度の濃いジュースがたまる。煮釜の表面と底のジュースは非常に濃く、ふつうのびん詰め機では詰まりやすい。

当加工所では、これらの部分の濃いトマトジュースは、すくい取ってケチャップに使っている。そのままびんに詰める場合は、びん詰め機の口を改造して、穴を大きくするとよい。

びんの殺菌　トマトジュースは基本的にはびん詰で、王冠で栓をしている。びんは清浄な袋に入れられていたものを、一二〇℃の蒸気で殺菌する。熱いままのびんに、ジュースを充填機（六連）で充填する。

充填　九〇℃以上のジュースを、びんの口元に少しの空間を残して充填する。この空間に栓をする前に、そっと熱湯を注ぐ。熱湯を注いであふれさせることによって、びんの口のジュースの汚れを洗い流す。付着したジュースがカビの発生をまねいたりしないように、ということで行なっている。

びんからあふれるように熱湯を注いでも、製品の段階では、びんの口元に空間ができる。これは、品温の低下につれてジュースの容積が減り、びんの口元に空間ができるからだ。

打栓　熱湯を注いだあと、王冠で栓をする。王冠以外にも栓をする方法はある。ペットボトルやスクリュー栓の利用だ。ただし、ペットボトルは、一二〇℃の水蒸気では変形してしまう。だいたい八〇℃くらいまでしかもたない。これでは十分な殺菌効果は得られない。ペットボトルを使用するには、雑菌が繁殖しないように、厳重に管理された大掛かりな設備がある工場でなければならない。それは農村加工の守備範囲ではない。

また、スクリュー栓の場合は、ねじ山の部分に漏れた果汁がたまりやすく、その部分にカビが発生することがある。殺菌のしやすさや機器の価格、ランニングコストなどを考えると、農村加工では王冠が一番ということになる。確実に締まり、殺菌もしやすく、一番安全でもある。

冷却　打栓機で栓をしたびんをコンテナに詰め、五〇℃くらいに設定した水槽（冷却槽）にコンテナごと浸けて洗浄と冷却を行なう。水温が低いとびんが割れる心配がある。キャップシールをかぶせ、キャップシーラーで熱収縮させる。

食品加工総覧第五巻　ジュース・果汁　二〇〇五年

パルパーフィニッシャー。果汁を裏ごしする機械

６連の充填機。殺菌されたびんにジュースを充填していく

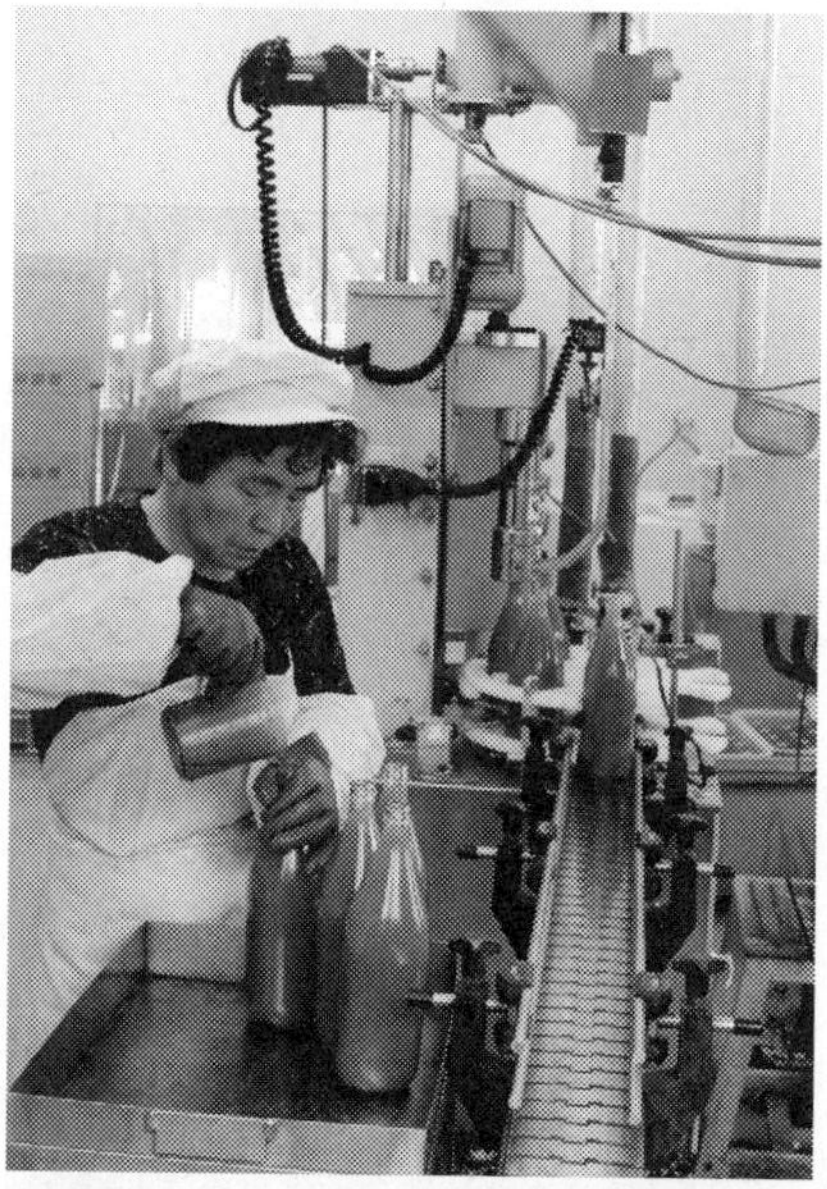

充填後、びんの口にそっと熱湯を注ぎ足して洗う。その後打栓する

メキャベツのピクルス

小清水正美　元神奈川県農業技術センター

ピクルスの種類としては塩漬のピクルス、塩漬を乳酸発酵させたピクルス、酢漬にしたピクルスがあり、さらにこれらを原料にして甘味や香辛料、スパイスを加えたピクルスもある。材料の野菜も、一種類のピクルスといろいろな野菜を混ぜたピクルスがある。さらに、素材を原形のまま漬けるピクルスと、いろいろな大きさに切ったピクルスがある。

ヨーロッパで作られているピクルスは酸味や甘味が強いピクルスが多いが、日本人の口に合うような風味をもったピクルスなら、日常の食卓で利用することもできる。

ここで紹介するピクルスはピクルスの基本的な作り方とするため、塩水漬けした原料に、砂糖とビネガー（酢）を少し加え、香辛料は唐辛子を加え、甘味のあるピクルス（スイートピクルス）とした。

香辛料、スパイス類はディル、オールスパイス、クローブ（丁子）、シナモン（肉桂）、セイジ、カルダモン、コリアンダー、キャラウェイ、ペッパー（胡椒）、唐辛子、生姜などが用いられるが、作り始めの段階は、使用する種類や量を少なくする。香辛料、スパイス類を加える上での失敗は、作り始めの段階から多くの種類を使い、使用量を多くしていることに原因がある。

材料と準備

素材の下漬け　メキャベツを、三％程度の食塩濃度になるように塩水漬けする。容器に塩を加えながら漬け込むが、メキャベツはコロコロしているので、キャベツとキャベツの間に空間がたくさんできる。差し水（三％の食塩水）を注ぎ込んで、漬け水がメキャベツの上にくるようにして漬け込む。メキャベツの上に押し蓋をのせ、重石をかける。三～四日すると乳酸菌が活動し始める。よく漬かり、塩が入った塩水漬けメキャベツを、ピクルスの原料とする。

メキャベツのピクルス

漬ける時間が長いと、乳酸発酵をして酸味が出ているから、メキャベツの乳酸を流さないようにサッと水洗いし、塩分は三％のままにする。

ただし、塩水漬けしたメキャベツの乳酸が多く、酸味が強すぎるなら、水に浸けて酸味抜きをする。酸味を抜きすぎてもよくないので、メキャベツと同じ重量の水に浸け、水浸け前の酸の二分の一量にとどめる。

長期保存漬は、塩水漬けしたメキャベツにさらに塩分を加え、塩分を二〇％まで高めて保存性をよくしたものである。この場合は、塩分が非常に高いため、十分に塩抜きする必要がある。塩抜きの際に、乳酸菌の生成した乳酸や香りも一緒に流し出すので、完成品はピックル液の香味が主になる。つまり、同じ品質に仕上げやすくなる。

砂糖　上白糖かグラニュー糖を使う。香りのある三温糖や黒砂糖、蜂蜜を使えば、個性のある香味のピクルスになる。はじめは砂糖に由来する香りを加えない、シンプルな香味のピクルスを作ると、こつをつかみやすい。シンプルなピクルスの製造法をマスターしてから、ピクルスのバリエーションを増やすときに、香味のある糖分を使うとよい。

ビネガー　ワインを酢酸発酵させたものがワインビネガーだが、「ビネガー」は、フランス語のヴァイン（ワイン）とエーグル（酸っぱい）が語源である。そのため、フランスではヴィネーグルというとワインから作られた酢をさす。イギリスではりんご酒（シードル）から作られたビネガーもよく使われるので、ビネガーというとシードルビネガーをさすことが多い。

米を糖化して、アルコール発酵、次いで酢酸発酵させれば米酢になる。同様に、りんごをアルコール発酵、次いで酢酸発酵させればりんご酢になる。そのほか、モルト酢（麦芽酢）や粕酢などがある。

ワインビネガーは、米酢や粕酢に比べて酸味が柔らかいのが特徴である。いずれにしても、それぞれの酢には風味に特徴があるので、好みのものを選択しなければならない。

また、製品によって酸の含量が異なるので、酸の少ないビネガーを用いるときは、ビネガーの量を増やし、水の量を減らすことも必要になる。

唐辛子　手近にある唐辛子を用いる。ただし、一口食べたら冷や汗が出るような辛さをもったものから、マイルドな辛さのものまでいろいろあるので、辛味の強いものが好みの人はちょっと辛味を強く、辛味の苦手な人は控えめに使うこと。

唐辛子を使うときに気をつけなければならないのは、唐辛子の辛さは口に残る辛さであることだ。辛すぎる場合、そのあとに食べる食べ物の味がわからなくなってしまうことになる。ピクルスは辛味を前面に出す食べ物ではなく、さわやかな香味とそのバランスを大事にする食べ物であり、辛味は控えめにしなければならない。

ピックル液の調整

ピクルスの配合割合（表）でモデル液を調整して、香味を確認するのがよい。モデル液は塩水漬けメキャベツの代わりに水を用い、水と砂糖、ビネガー（酢）だけで作ったピックル液で酸味や香りの確認をすればよい。このモデル液である程度の目安をつけておき、メキャベツ、唐辛子を加えた試作を行ない、材料の選択と配合の修正を行なう。

とくに、メキャベツが乳酸を保持しているか、水さらしで乳酸がなくなっていないか、注意する必要がある。酸ばかりでなく、香り成分も残っているので、ビネガーとの風味の相性も確認する必要がある。

ピクルスの配合割合

塩水漬けメキャベツ････500g
砂糖････200g
ビネガー（酸6%）････40mℓ
水････160mℓ
唐辛子････1本

ピクルス作りの手順

水洗い　塩水漬けメキャベツをサッと水洗いし、水を切る。洗ったメキャベツに唐辛子を合わせてガラス製の容器に入れる。

ピックル液　ピックル液は、ステンレス鍋に水、ビネガー、砂糖を入れて合わせ、これを火にかけて攪拌する。砂糖を完全に溶かし、均一な溶液にする。

塩水漬けのメキャベツ五〇〇gに対しピックル液全量の四〇〇gを使うと、漬け上がったときのピクルスは塩分一・六%、酸は〇・三%、糖分は二二%となり、甘味の強いピクルスになる。塩水漬けのメキャベツ五〇〇gに対しピックル液が半量であるなら、漬け上がったときのピクルスは塩分二・一%、酸は〇・二%、糖分は一四%となる。

図1　ピクルス作りの手順

《原料と仕上がり量》
原料：塩水漬けメキャベツ500g，砂糖200g，ビネガー（酸6%）40mℓ，水160mℓ，唐辛子1本
仕上がり量：ほぼ原料メキャベツの重量になる

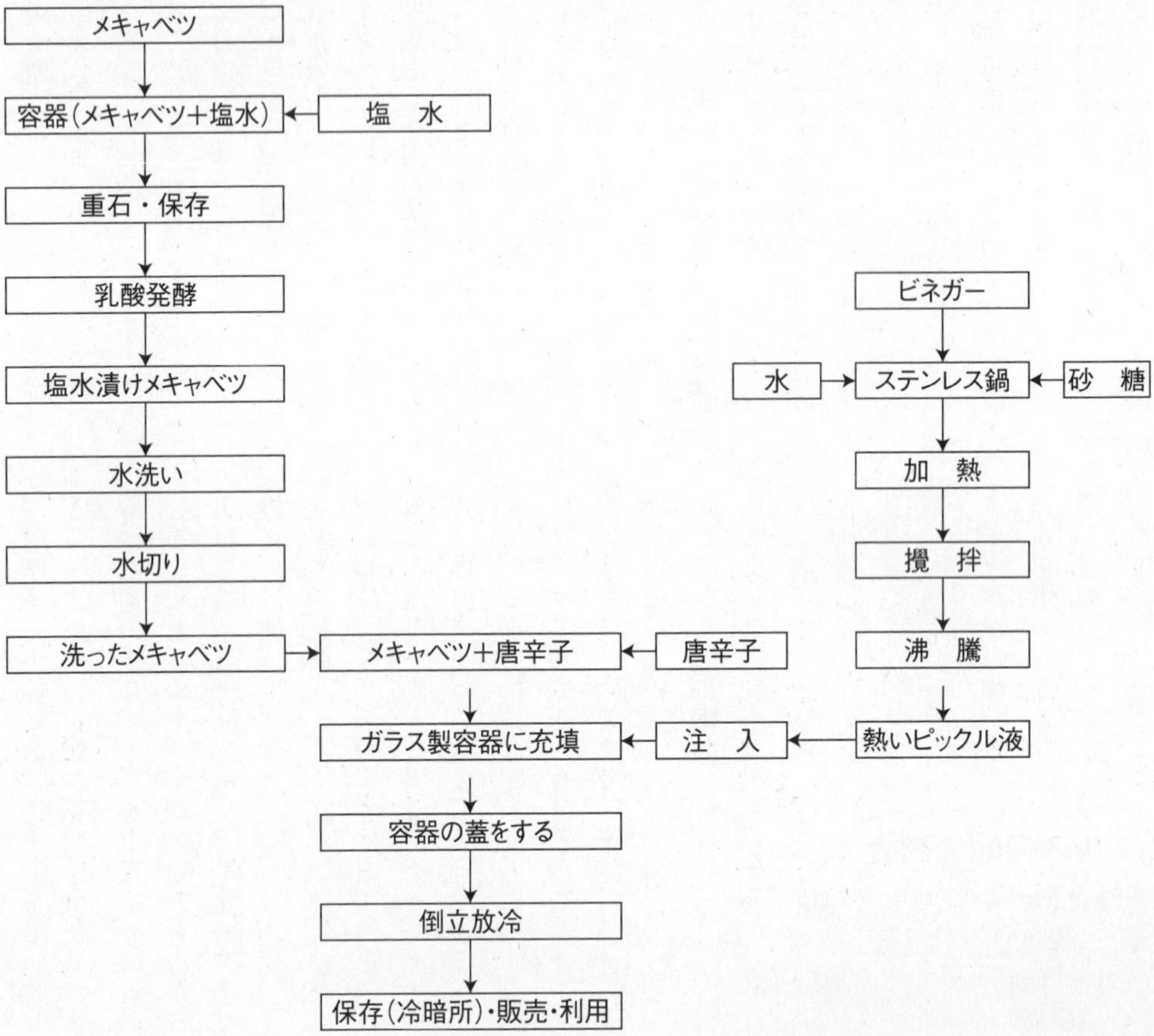

メキャベツ
容器(メキャベツ＋塩水)
塩　水
重石・保存
乳酸発酵
塩水漬けメキャベツ
水洗い
水切り
洗ったメキャベツ
メキャベツ＋唐辛子
唐辛子
ガラス製容器に充填
注　入
容器の蓋をする
倒立放冷
保存(冷暗所)・販売・利用
ビネガー
水
ステンレス鍋
砂　糖
加　熱
攪　拌
沸　騰
熱いピックル液

酸味が欲しい場合はビネガーの量を増やし、甘味を減らしたいときは砂糖の量を少なくする。酸味と甘味の調整により、スイートピクルスから酸味の強いサワーピクルスへの展開もできる。

容器への充填量　ピックル液は、容器に詰め込んだメキャベツが浸るくらい入れる。メキャベツが液から飛び出ていると、保存期間が長くなるにつれ褐色に変色するので注意する。びんにメキャベツを詰め、ピックル液を注ぐとメキャベツの比重が軽いため、メキャベツが浮き上がってくる。メキャベツが浮き上がらないようにするためにはメキャベツをびんにキュッキュッと詰める。最後に詰めたメキャベツが容器の口から盛り上がるなら、そのメキャベツは外す。ピックル液を入れてもすぐにメキャベツがしんなりとはならないので、容器の口から飛び出ていたメキャベツが中におさまるわけではない。

また、メキャベツをいくつかの容器に分けて入れる場合でも、必ず容器に対して満杯になるようにする。容器に対してメキャベツの量が少なく、ピックル液で容器の大半を満たすようなことはしない。

ピックル液の注入　ピックル液が沸騰したら、メキャベツと唐辛子を詰めてある容器に注ぎ入れる。沸騰したピックル液を入れるの

で、ガラス容器の場合温度差が大きいと割れる可能性がある。そこで、あらかじめガラス容器を熱くしておいて、手早くメキャベツを詰めることが必要となる。熱い容器に熱いものを入れるのが、容器充填の鉄則。

倒立放冷　ピックル液を加えたら容器の蓋をして、倒立放冷する。沸騰しているピックル液をガラス容器に入れるのがポイントになる。メキャベツと容器の温度が低く、容器に詰めたピックル液の温度が七〇℃以下に下がるようなら、容器に入れた後、七五～八〇℃の湯に浸けて、温度を上げてから蓋をして、倒立放冷する。

温度の下がったピックル液を取り出し、再度熱いピックル液を入れ直して容器内を七〇℃以上にしてもよい。あるいは予備加熱として容器に詰めたメキャベツを短時間、蒸し器などに入れて温度を上げ、注入したピックル液の急激な温度低下を防ぐこともできる。

倒立放冷する時間は三〇分以上であればよい。作業工程の都合から、倒立放冷が数時間になっても問題はない。ピックル液の温度が低いと殺菌が不十分なため、長期保存ができなくなる。

保存　ピクルスの容器には、手近にある清潔な容器、用具を用いる。できれば、強い酸を使うので酸に強いもの、長く保存する場合は密封、加熱殺菌も必要となるので、ガラス製のきちんと蓋のできる保存びんが適当である。それとともに商品として販売するにしても、家庭で消費するにしても、大きな容器に作るのか、小さな容器に作るのかは考えねばならない。

プラスチック袋も酸に強く、ピクルスの包装容器として使える。プラスチック袋はガラス容器＋スチール製の蓋に比較するとガスの透過性が大きく、保存期間が長くなると包装資材を透過する酸素によってピクルスが酸化され、褐変する。数週間という短期の場合は品質変化が少ないので問題とはならないが、半年～一年というような比較的保存期間の長い場合は、プラスチック袋に包装しない。

ピクルスは液の風味がメキャベツになじめば、その後の味は大きく変化することはない。保管する温度にもよるが、一～二か月を過ぎれば風味がなじんでくる。開封したびんは微生物の攻撃を受けるので、日持ちしない。表示には、開封したら冷蔵庫に入れ、早く消費するように明記する。

Q　容器にメキャベツを入れたが、容器が小さくてうまく入らないのですが。

A　メキャベツは、丸ごと原形のままとしなければならないわけではありません。半分、あるいは四分の一にカットしてもかまいません。ピクルスの利用法を考えて、メキャベツの形状を決めるのがよいでしょう。

Q　ピクルスが臭くなるのですが。

A　原因の一つは、スパイス類の使いすぎです。スパイス類の種類や量が多すぎないか、各スパイスのバランスは取れているか確認してください。

二つ目に、微生物による変質があります。ピクルス調整時の殺菌処理を適切にしてください。

Q　ピクルスのメキャベツがぐしゃぐしゃして、歯切れがないのですが。

A　原因は以下のことが考えられます。

①塩水漬けメキャベツの発酵が進みすぎた。下漬けの方法や時間を再検討しましょう。

②保存容器に詰めたメキャベツの殺菌に、必要以上の温度がかかった。殺菌温度が高すぎると、メキャベツが煮えて軟らかくなることがあります。

③ピックル液の酸によって、メキャベツが軟らかくなった。ピックル液の酸が強く、保存期間が長くなるとメキャベツは軟化します。ピックル液の酸度を調整してみて下さい。

食品加工総覧第五巻　漬物　二〇〇六年

きゅうりのピクルス

ピクルスは西洋の漬物で、酢で腐敗を防止する保存食です。

材料

きゅうり……3本
ワインビネガー（白）……500cc
食塩……30g（大さじ2）
砂糖……18g（大さじ2）
赤唐辛子……2～3個
ローリエ……2～3枚

※ワインビネガー（酢）を使うので、鍋やびんは、ガラス製、ホーロー製のものにします。びんは広口びんが理想的です。

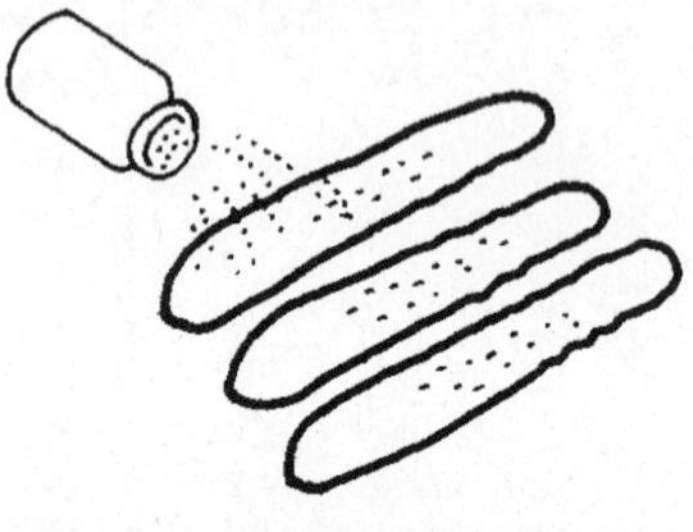

①前日に、きゅうりを下漬けする。きゅうりに塩を振る。

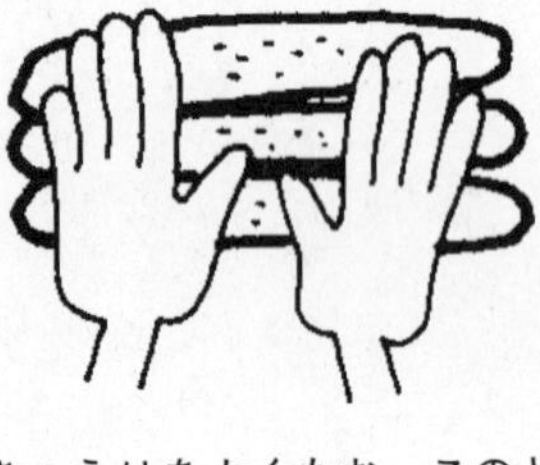

②きゅうりをよくもむ。このとき、きゅうりを傷つけないようにやさしくもむ。

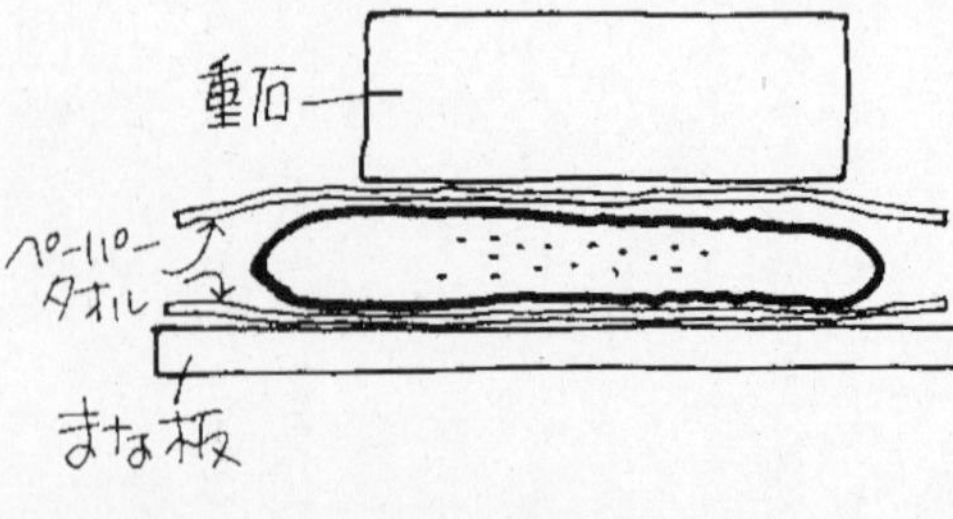

③ペーパータオルにきゅうりをはさんで、重石をする。そのまま一晩おく。

④翌日に、ピクルス液を作る。ワインビネガー、塩、砂糖、ローリエ、唐辛子を入れて火にかける。沸騰したら中火にして10分煮る。

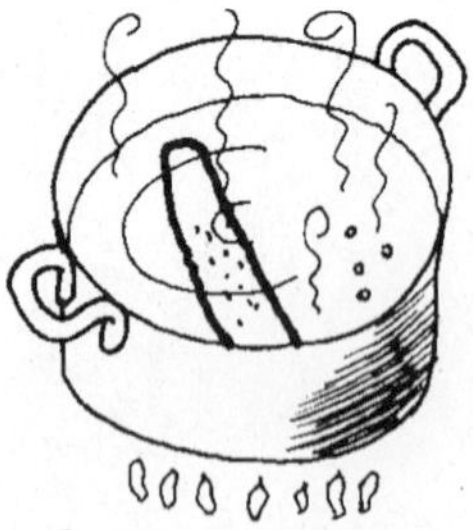

⑤鍋に湯をわかし、きゅうりを1本ずつ入れる。緑色になったら取り出す。

⑥清潔なふきんかペーパータオルで、きゅうりの水をよく拭き取る。

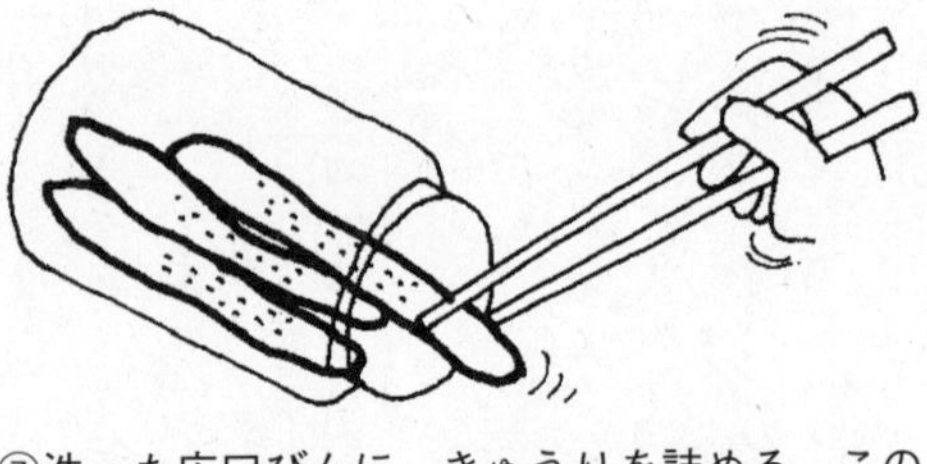

⑦洗った広口びんに、きゅうりを詰める。このときハシで扱い、きゅうりやびん内に手を触れない。

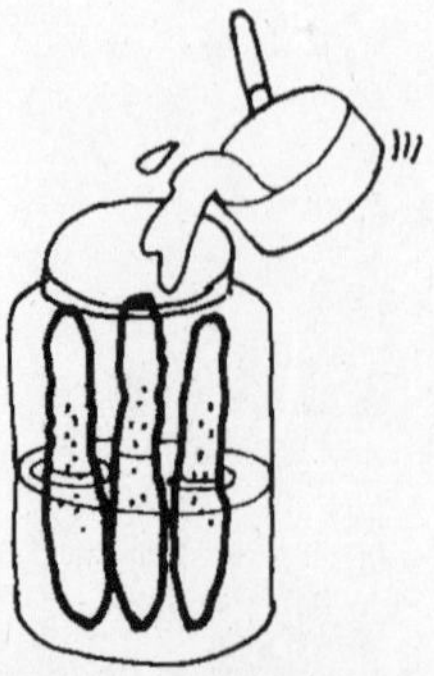

⑧ピクルス液をびんに注ぐ。全体が浸るようにする。

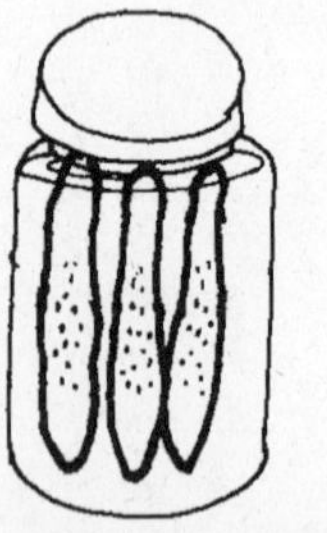

⑨蓋をして冷蔵庫で保存。2～7日が食べごろ。

『おもしろふしぎ食べもの加工』より

あっちの話こっちの話

ラッキョウ酢でたくあん長持ち

畑野健一

秋に大根を漬けたぬか床は、春になるとどうしても虫がわきやすい。そこで岩手県一関市の大友ユキ子さんは、三月になったらぬか床からたくあんを出してよく洗い、たくあんがひたひたになるぐらいのラッキョウ酢を入れます。軽く重石をし、あとは好きなときに食べます。

奈良漬けほどの甘さもなく、かといって酸っぱいわけでもないのでついつい箸が進みます。ぬか漬けとは風味も一新、日持ちもよく、飽きずに食べ続けられます。

二〇〇八年三月号　あっちの話こっちの話

ほろ苦さがおいしいフキ菓子

吉野隆祐

宮城県大崎市の鈴木朗子さんに、フキ菓子の作り方を教わりました。

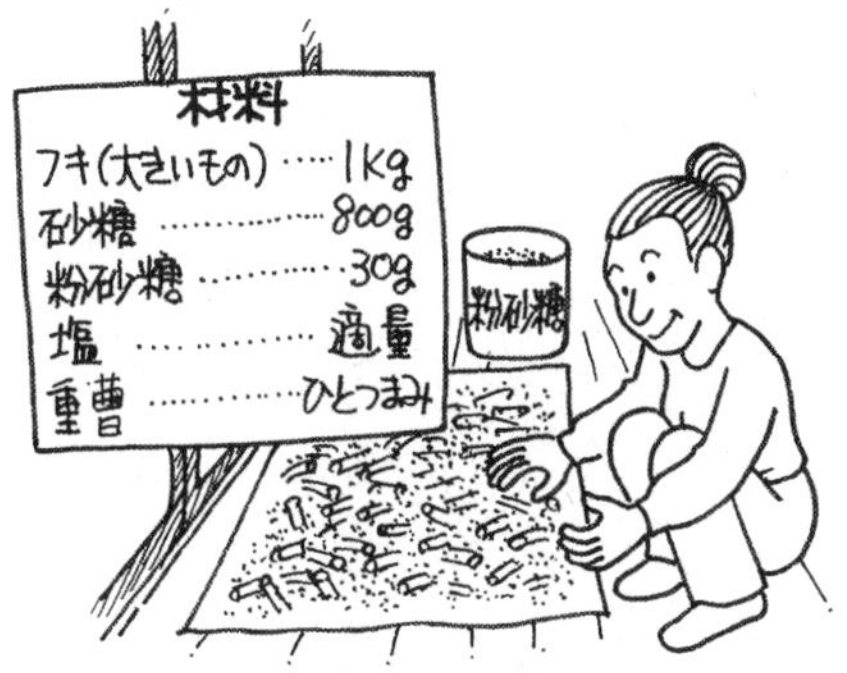
材料
フキ(大きいもの)……1kg
砂糖……800g
粉砂糖……30g
塩……適量
重曹……ひとつまみ
粉砂糖

使うのは太めのフキ。まずたっぷりの湯に塩と重曹をひとつまみ入れ、サッとひと煮立ち。皮を剥いたら水に一晩浸けて、あく抜きします。

次にフキを五～六㎝に切り、フキの八割の砂糖とひとつまみの塩を加え、弱火で四〇～五〇分煮詰めます。出てくる汁をザルにあけて、さらに一晩汁を切ります。

汁が落ちなくなったら、廊下や縁側に敷いた包装紙などの上に広げ、粉砂糖をまぶして陰干し。ちょっと転がして向きを変えたり、さらに粉砂糖を振りかけたりして三日くらい干し、ベタベタがなくなったら出来上がりです。缶やびんに入れて冷蔵庫で一年間はもつとのこと。

砂糖の甘さとフキのほろ苦さが絶妙なこのお菓子、手間をかけた分、お客さんにはとても喜ばれるそうです。

二〇〇八年四月号　あっちの話こっちの話

熱湯できゅうりの漬物はおいしくなる

畑野健一

岩手県雫石町の藤本カツ子さんは、漬物好きのおばあちゃん。今年も近所の農家からもらったきゅうりを樽に六つも漬けて、人にあげるのを楽しみにしています。

きゅうりは塩漬け、粕漬け、味噌漬けなどにしますが、おいしく漬ける下漬けのこつをいくつか教わりました。

まず色を鮮やかにするこつ。銅の鍋に塩をひとつまみ入れて、わかした湯にドボンときゅうりを入れます。取り上げてさわったとき熱いと感じる程度までゆで、それを冷ましてから塩に漬けるのです。ゆでる時間が短すぎると漬けたときに色が変わってしまうので、しっかり熱を通しましょう。

次にパリパリの食感を保つこつ。「塩抜きで水に浸ける時間が長くなるほど、パリパリの食感もきゅうりの風味もなくなってしまう」と思うカツ子さんは、塩抜き前に、沸騰した湯にドボンときゅうりを浸けてしまいます。湯の中で二回くらいかき回してサッとあげ、次は水に二時間くらい浸けます。これで十分塩気が抜け、パリパリの漬物ができるようになるそうです。

二〇〇七年八月号　あっちの話こっちの話

のらぼう菜の浅漬

小清水正美　元神奈川県農業技術センター

　のらぼう菜は、神奈川県川崎市多摩区菅《すげ》地区や東京都西多摩郡五日市町（現あきる野市）で栽培されているアブラナ科野菜である。江戸時代に伝来した、セイヨウアブラナ（*Brassica napus*）といわれる。セイヨウアブラナは、ヨーロッパでアブラナ（*B. rapa*）とキャベツ類（*B. oleracea*）が交雑してできたとされている。

　とう立ちした花茎をかきとり、浅漬けやおひたしで食べることが多いが、アブラナ科特有の辛味やくせが少なく、甘味がある。和風、洋風、中華風のいずれの料理にも利用でき、調理の幅が広い。

　菅地区の農産物直売所では、のらぼう菜の味の良さが評判となり、市民の食卓にものるようになった。「菅のらぼう保存会」も発足し、地元の地方品種を後世に残していくための活動を行なっている。

　収穫時期は花茎が伸びだした二月下旬から、花茎が硬くなる前の四月下旬までとなる。五月になると茎が硬くなってしまう。収穫したものはすぐに利用加工するのがよい。二～三日くらい保存するときは薄いポリエチレン袋に入れ、冷蔵庫に入れる。とう立ちした花茎は生理活性が盛んなため、保存期間が長くなると冷蔵庫に入れておいても甘味が低下する。

漬け込みのポイント

水洗い　収穫した花茎を洗い、水を切る。先端に伸びた花茎を二〇cmくらいの長さで折りとって収穫するので、泥に汚れることは少ないが、土ぼこりが葉柄の付け根にたまっているので、葉柄の付け根の部分に気をつけて洗う。洗い終わったらざるに取り、さっと水を切る。

のらぼう菜

差し水　塩（のらぼう菜の二％）を振りかけても、そのままでは水分が出にくいので、差し水を作る。差し水を使うと、茎や葉のすき間が塩水で満たされ、塩の効果が出やすくなる。のらぼう菜を漬け込むときの塩分が二％なら、差し水の塩分濃度も二％にする。

少量の場合　漬け込み量が一kg程度までの少量の場合は、ポリエチレン袋にのらぼう菜を入れ、分量の塩を振り、差し水を少し入れ

花茎を20㎝くらいで折りとって収穫

ポリエチレン袋で塩をなじませる

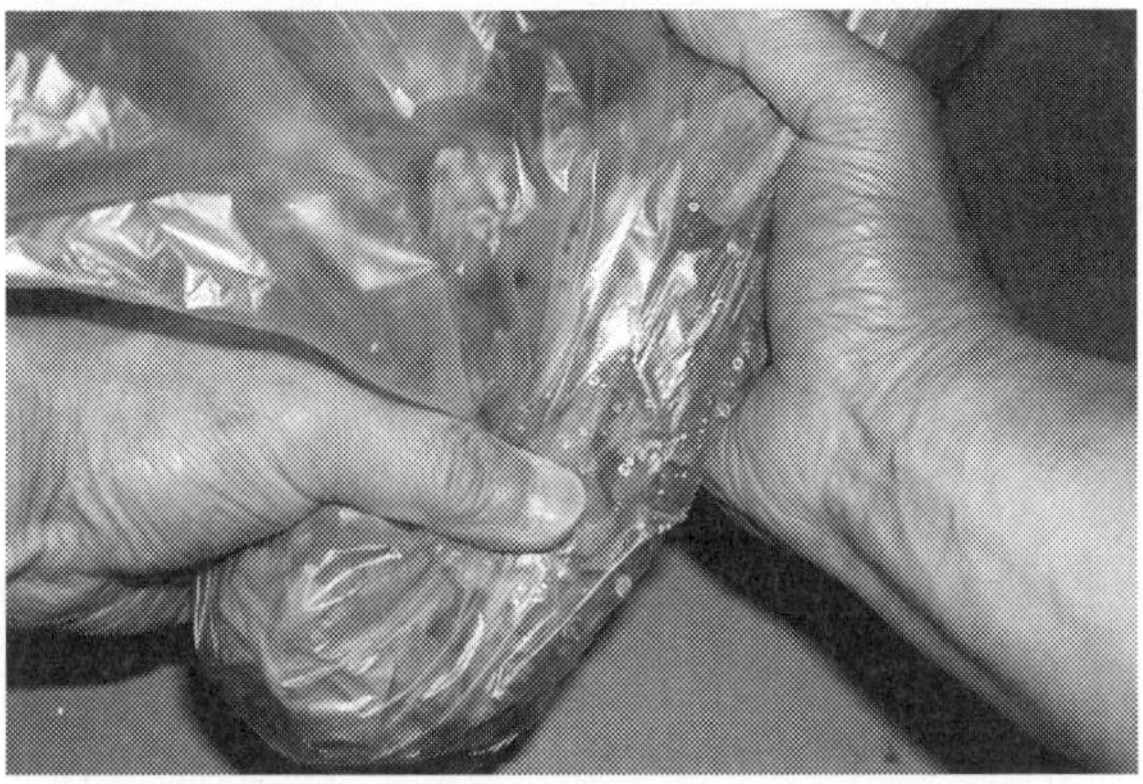
ポリエチレン袋によるもみ込み

る。ポリエチレン袋の上からキュッキュッともみ込み、しんなりさせる。

漬け込み　茎や葉がしんなりして、色が濃い緑色に変わってきたら、もみ込みを終え、漬物容器に詰め込む。広口の容器や広口のガラスびんに漬け込むのが、取り出したりするときにも便利である。

容器に入れるときは、茎を一方向にせず、切り口と葉先が交互になるように入れ、荷重が均一にかかるようにする。詰め込みが終わったら、ポリエチレン袋の中に残っている塩や塩水を、差し水として漬物容器に全部入れる。塩水がダブダブしてもかまわない。

詰め込んだのらぼう菜を、上からキュッと押さえ、表面を平らにする。押し蓋をし、重石をのせる。

スプリング式の押し蓋の漬物容器は、大量の漬物には向かないが、少量で強い押しが必要でないときには、手軽に使えるので便利である。

量が多い場合　大量に漬けるときは、ポリエチレン袋でもみ込まず、直接漬物容器に漬け込む。容器にのらぼう菜を一並べし、差し水を少し入れて塩を振り込み、両手のひらを使って、キュッキュッと押し付けるようにしてもみ込む。葉の緑が濃くなり、葉がしんなりしてきたら次の段を並べる。次の段では、茎の方向を反対に並べ、全体の厚みが同じになるようにする。塩をひと振りして、下段と同じようにして塩もみをする。

これを繰り返して詰め込んでいくが、途中、水の上がりが悪かったら差し水を加えてもみ込む。すべてののらぼう菜を容器に入れたら、残った塩を上にのせ、差し水を容器の縁から注ぎ込む。

漬け込み期間　漬け込み後、二〜三日で塩味がなじみ、食べ始めることができる。この浅漬けは塩味が薄く、辛味成分もなく、きわめて淡白な味である。食べるときは、醤油などうま味成分をもった調味料や、唐辛子粉などアクセントになる調味料を好みで加えるとよい。

重石が軽いと、のらぼう菜の茎はあまり潰れること

図1　のらぼう菜浅漬

《原料と仕上がり量》
原料：のらぼう菜500g，塩（のらぼう菜の2%）10g，差し水（のらぼう菜の40%）水200㎖，
塩（2%）4g
仕上がり量：400～350g

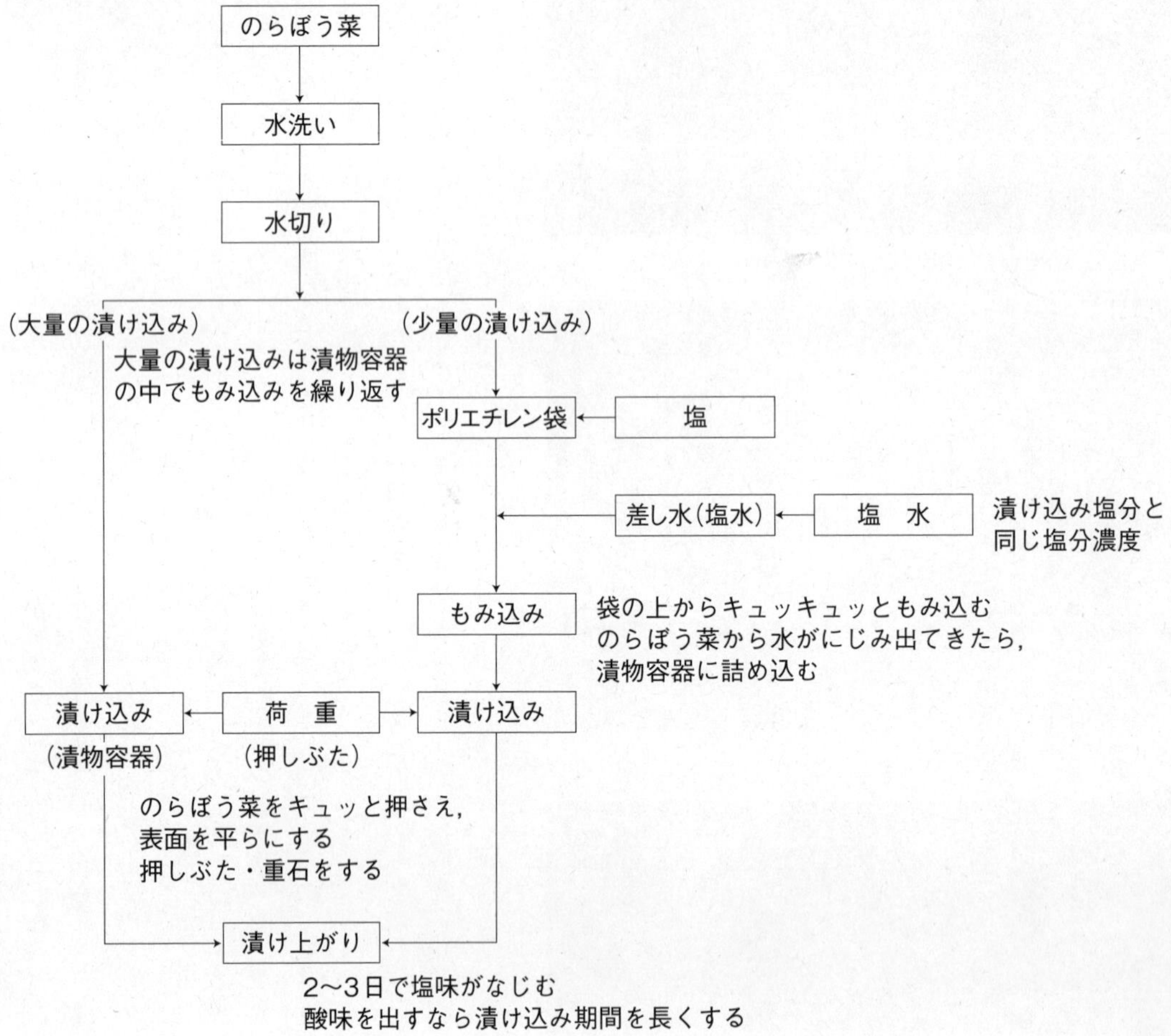

のらぼう菜
水洗い
水切り
（大量の漬け込み）
（少量の漬け込み）
大量の漬け込みは漬物容器
の中でもみ込みを繰り返す
ポリエチレン袋
塩
差し水（塩水）
塩　水
漬け込み塩分と
同じ塩分濃度
もみ込み
袋の上からキュッキュッともみ込む
のらぼう菜から水がにじみ出てきたら，
漬物容器に詰め込む
漬け込み
荷　重
漬け込み
（漬物容器）
（押しぶた）
のらぼう菜をキュッと押さえ，
表面を平らにする
押しぶた・重石をする
漬け上がり
2～3日で塩味がなじむ
酸味を出すなら漬け込み期間を長くする

なく、丸いままで漬かっていく。のらぼう菜を漬け液から取り出し、キュッとしぼったときの重量は、漬け込み後二～三日では九〇%、四～五日では七〇%程度になる。

暖かいところに置くと、四～五日で乳酸菌が活動し、少しずつ酸味が出てくる。酸味が出ると葉緑素の分解が始まるので、濃い緑色が黄褐色化してくる。また、漬物液の表面に産膜酵母が生育して、嫌なにおいのもとになるので、頃合いの味となったら、食べきってしまう。保存するなら容器ごとあるいはポリエチレン袋に入れ、冷蔵庫に入れる。微生物の活動を抑え、味と色が変わらないうちに、速やかに利用すること。

漬け込み期間が長くなると、微生物の増殖による品質変化、酸味の増加と葉の黄褐色化などが顕著になる。

食品加工総覧第五巻　漬物　二〇〇七年

阿蘇たかな漬

阿蘇丸漬本舗　徳丸漬物　徳丸和也さん

文・堤　えみ　熊本県産業技術センター

徳丸漬物は、たかな漬を中心に、阿蘇大根の漬物、梅漬、きゅうり、白菜、なすの一夜漬などを製造販売している。

「阿蘇たかな漬」は、浅漬けの「新漬け」と、古漬けの「本漬け」がある。緑あざやかな「新漬け」は、春の訪れを告げる旬の味覚として賞味され、べっこう色の「本漬け」は、漬物だけでなく、油炒めや「高菜《たかな》めし」などの料理としても利用されている。

阿蘇たかな漬

材料の準備

高菜　原料の阿蘇高菜は、地元農家と直接契約し、阿蘇の冷涼な気候を利用した無農薬栽培のものを使用している。

収穫時期は、三月中旬から四月中旬。冬の寒さに遭《あ》ったものは、風味と辛みが豊かで良い素材が得られる。暖冬傾向や天候不順は、原料の質に大きく影響するので、原料の吟味が必要となる。

徳丸漬物では、栽培期間も農家と情報交換しながら、栽培管理や生育状況などを確認し、品質の安定化を図っている。

塩　塩は、自然塩、唐辛子は粗挽きのものを使用している。本漬け（古漬け）には、ウコン粉も少量使用している。

水　南阿蘇周辺は、阿蘇山の伏流水があちこちから湧き出している水の豊かな土地であり、近隣には、名水百選の白川水源もある。雄大な阿蘇が育んだおいしい水が、素材の味を生かす漬物作りに欠かせない。

浅漬けの手順

浅漬け（「新漬け」）は、高菜を漬け込んで、五日で出荷される。

荒漬け　一回の漬け込み量は三t。下漬けタンク槽（コンクリート製）に、一〇束の高菜を一段並べる。塩がからむように霧状の水を散布したあと、五％の塩を振る。

下漬けタンク槽に、高菜を10段漬け込む

図1　浅漬けの手順

《原料と仕上がり量》
原料：阿蘇高菜10t，自然塩500kg
仕上がり量：7t

工程	内容
原料搬入	
荒漬け	霧状の水を振り，塩分5％で一昼夜漬け込む。重石は，原料の3倍重量
漬替え1回目	2日目，隣のタンク槽に移動し，一昼夜漬け込む。重石は，原料の同重量
漬替え2回目	3日目，強化プラスチック製槽（1tタンク）に移動し，一昼夜漬け込む。重石は，原料の10％重量
水洗い，手もみ作業	荒漬けから4日目に製品として仕上げ工程に入る。洗浄したあと，手でよくもむ
選　別	腋葉，硬い部分をはずす
漬替え3回目	300gずつの束にまとめ，塩分調整し，4斗樽に漬け替える
計量，袋詰め	1kg袋，250g袋に詰めて，調味液をさし，真空包装
製品仕上げ	
冷　蔵	
出　荷	

次の段も同様にして、一〇段仕込む（写真）。作業性を考えて、一〇段（一t）ごとにネットを敷いている。高菜や重石は、ホイスト式クレーン（横行装置と巻上げ装置からなる）を使って移動させている。重石は、漬け込み原料の三倍の重量で、一昼夜漬け込む。

気温が、二〇℃以上のときの漬け込みは、塩分を若干ふやす。

漬け替え一回目　二日目に、荒漬けした槽から隣の槽に高菜を移動して、天地返しを行なう。塩が均等に浸透するようにする。このとき、重石を原料と同重量に減らす。

漬け替え二回目　三日目に強化プラスチック製の一tタンクに移し、一昼夜おく。重石は、原料重量の一〇％程度。

手もみ　漬け込みから、四日目に手作業で水洗いを行ない、よくもむ。もんであくを出し、繊維を軟らかくするとともに、高菜の辛味を出す。

選別　腋葉や硬い部分をはずす。手のかかる作業であるが、高品質のたかな漬を作り続ける

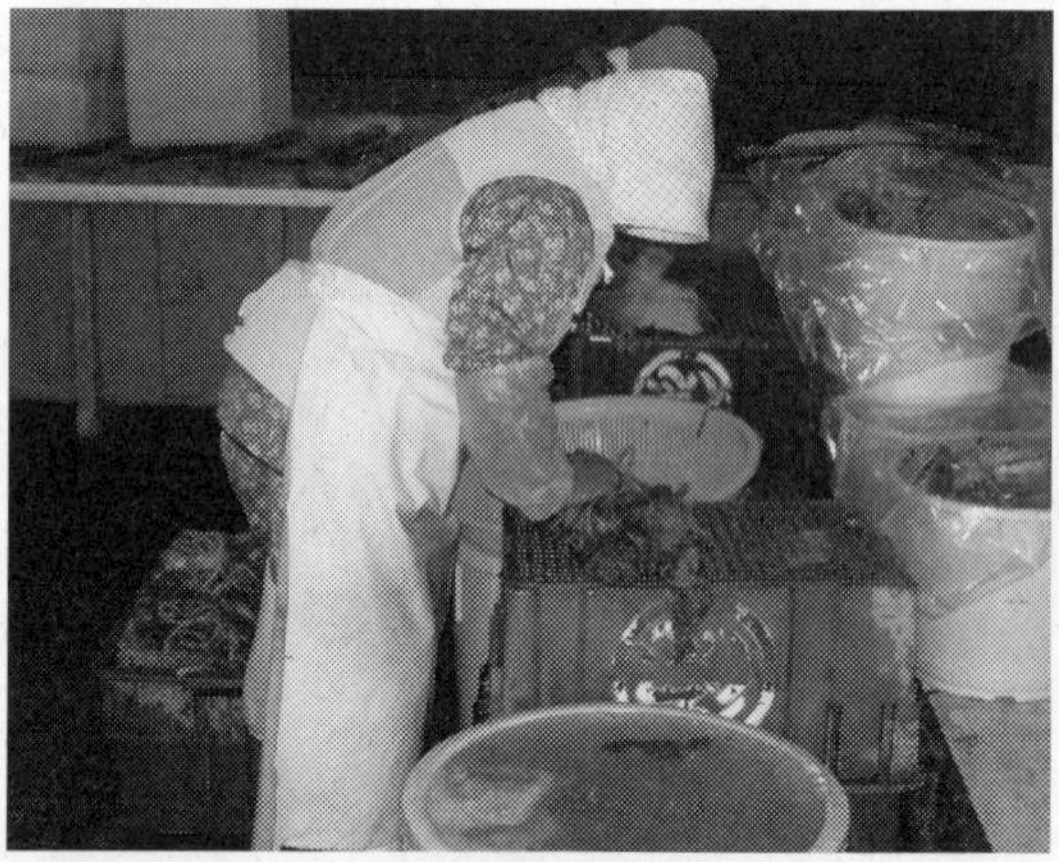
手でもんで、あくと辛味を出す

300gずつ結束して、3回目の漬け替えを行う

図2　古漬けの手順

《原料と仕上がり量》
原料：阿蘇高菜70t，塩9t，ウコン粉90kg，唐辛子粉9kg
仕上がり量：40t

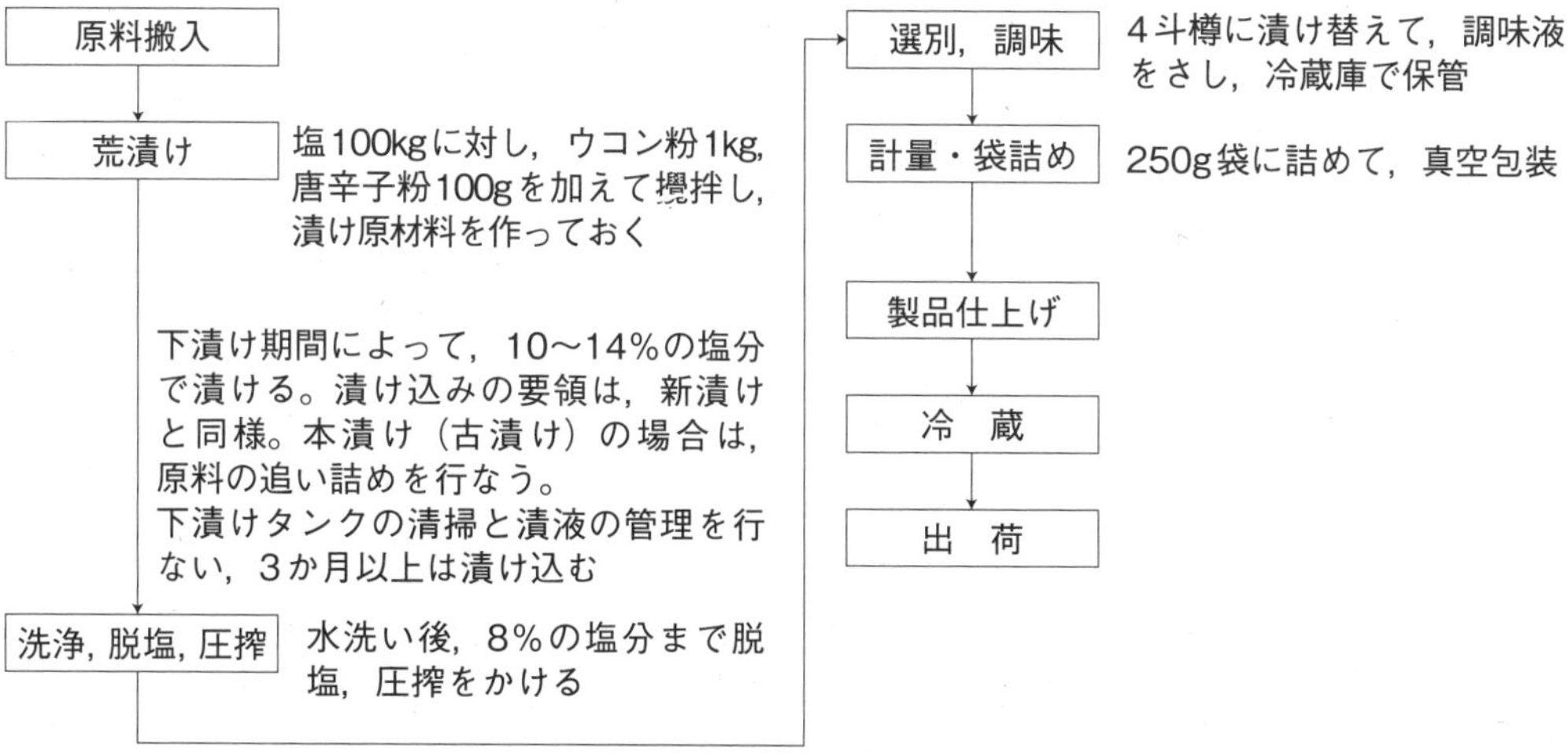
原料搬入
荒漬け
塩100kgに対し，ウコン粉1kg，唐辛子粉100gを加えて攪拌し，漬け原材料を作っておく
下漬け期間によって，10～14%の塩分で漬ける。漬け込みの要領は，新漬けと同様。本漬け（古漬け）の場合は，原料の追い詰めを行なう。
下漬けタンクの清掃と漬液の管理を行ない，3か月以上は漬け込む
洗浄，脱塩，圧搾
水洗い後，8%の塩分まで脱塩，圧搾をかける
選別，調味
4斗樽に漬け替えて，調味液をさし，冷蔵庫で保管
計量・袋詰め
250g袋に詰めて，真空包装
製品仕上げ
冷　蔵
出　荷

ために、なくてはならない工程である。

漬け替え三回目　三〇〇gずつの束にまとめて、四斗樽に漬け替える。塩分が少ないときには、追塩をして、最終の塩分調整を行なう。

包装　三回の漬け替えを行なった浅漬けを計量し、一kg袋、二五〇g袋に詰める。粗挽きの赤唐辛子粉を振り、調味液をさす。香りと辛味成分をできるだけ逃がさないように、真空包装する。

古漬けの手順

古漬け（「本漬け」）は、高菜を三か月漬け込んで、べっこう色になったころに出荷する。

荒漬け　漬け方は、浅漬けと同様であるが、塩を多くして一度漬けを行なう。塩分は、八月までに出荷するものは一二％、十二月までに出荷するものは十四％にする。漬け込み時は、原菜重量の三倍の重石をする。

追い詰め　古漬けは、同じ槽に数日間、高菜、塩、ウコン、唐辛子粉を追加して漬け込んでいく（追い詰めという）ため、重石の重量の調整を行なう。荒漬けの状態が均一に落ち着く時期、すなわち最初の漬け込みから一五～二〇日後くらいになったら、重石は原菜重量の八％程度に減らす。

漬け液の管理　漬け液は、常に落とし蓋の上にひたひたとかぶる程度の量を保つように気をつける。その間、余分な漬け液は、ポンプで取り除く。ただし、漬け液を取りすぎると乳酸発酵がうまくすすまないため、重石の重量調整や漬け液の管理などは長年の経験が必要である。

下漬け槽の清掃と漬け液の管理を行ないながら、三か月は漬け込んでおく。こうすることによって、高菜はべっこう色に変わり、風味豊かに漬け上がる。

洗浄・脱塩・圧搾　荒漬けの高菜は、需要に応じて、八％前後まで脱塩する。水を使っての脱塩操作により原菜が膨れるので、脱塩前の重量になるまで圧搾する。

選別・調味　脱塩、圧搾した高菜漬を三〇〇gずつ束にして、四斗樽に漬け込み、調味液をさして、冷蔵庫で貯蔵する。ただ冷蔵の期間は一週間以上にわたらないことが大切である。

包装　調味の終わった高菜漬を二五〇gの小袋に入れ、真空包装して仕上げる。

食品加工総覧第五巻　漬物　二〇〇七年

ポテトチップス

ポテトチップスだって、家庭で簡単に作れます。厚く切れば、フライドポテトになります。

『おもしろふしぎ食べもの加工』より

材料（4人分）

じゃがいも……2～3個
油……500cc
食塩……20g
青のり、ガーリックパウダー……適宜

ポイント

①じゃがいもを薄くスライスするには、万能調理器が便利。
②揚げるときに、じゃがいもに水がついていると、はねて危険なので、丁寧に水気をとる。
③全体が薄い小麦色になったときが上げどき。揚げすぎると苦くなる。
④れんこん、にんじん、カボチャなどの野菜で作ると、野菜チップスになる。

①じゃがいもを、よく水洗いする。

②皮をむく。

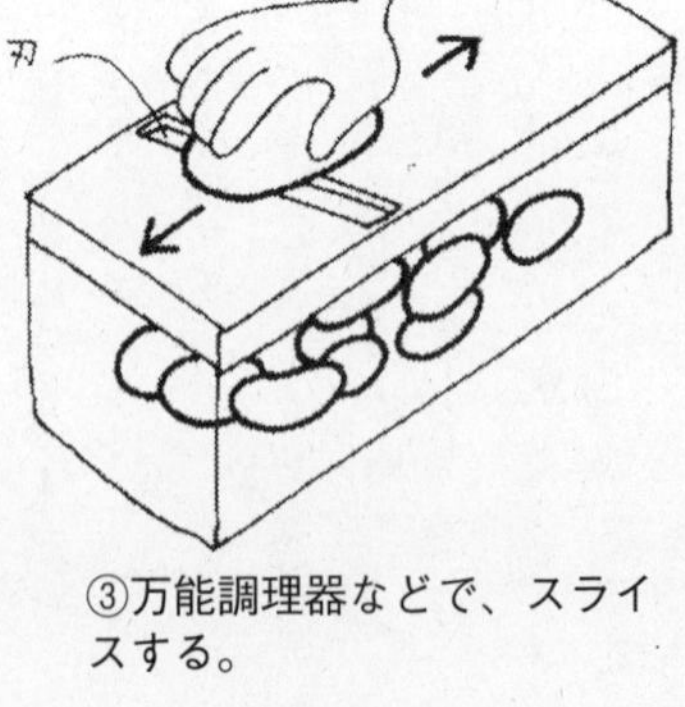

③万能調理器などで、スライスする。

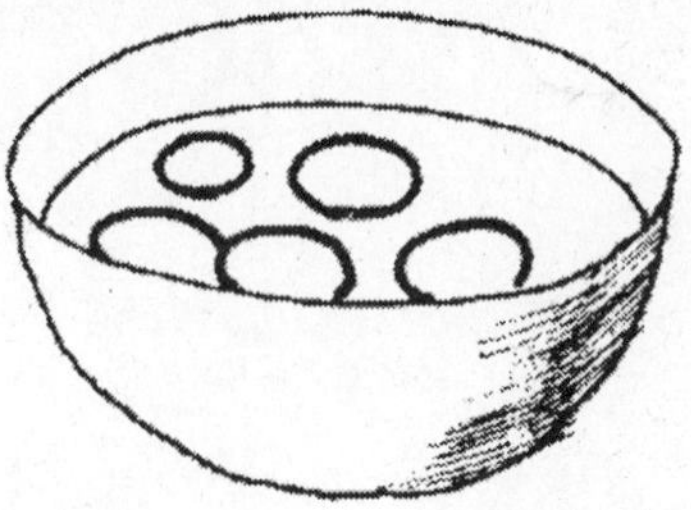

④3％の食塩水（水600ccなら塩20g）を作り、じゃがいもを30分ほど浸ける。

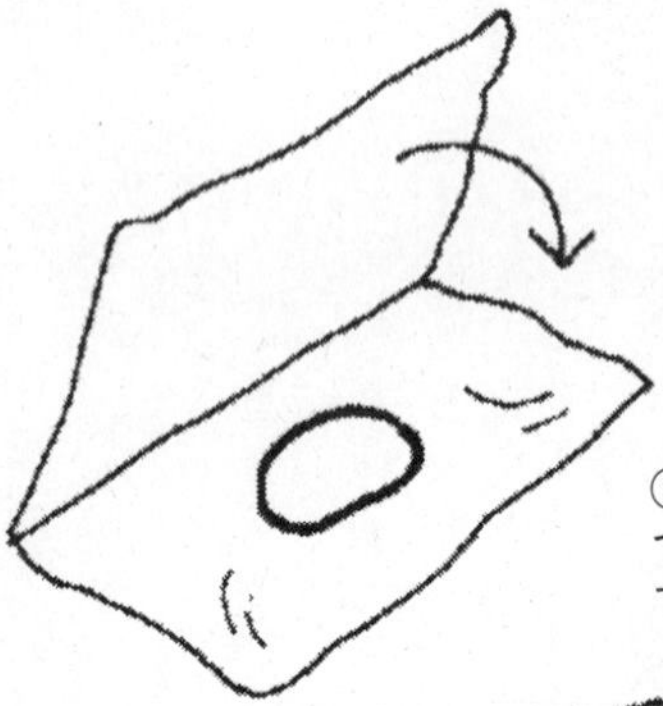

⑤じゃがいもを1枚ずつ、ペーパータオルで包み、水分をとる。

⑥油を180℃に温める。菜箸を入れると泡が出るくらい。水切りしたじゃがいもを揚げる。

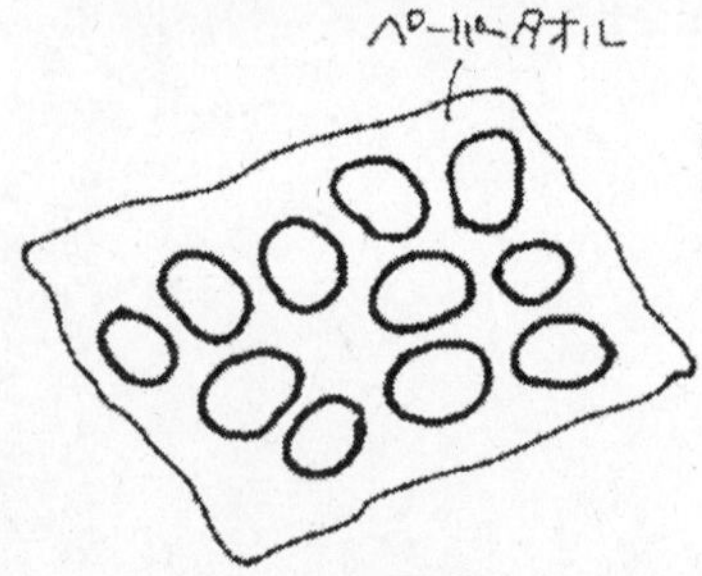

⑦薄い小麦色になったら、油から取り出し、ペーパータオルで油を切る。

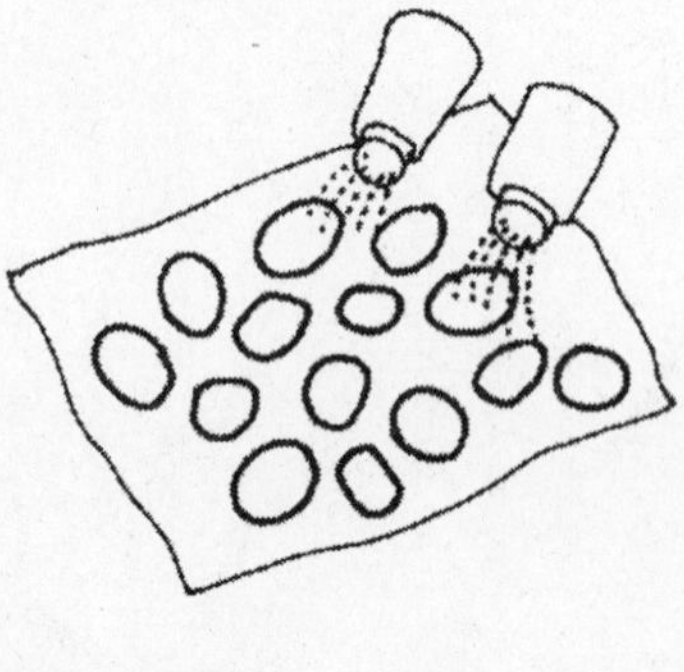

⑧青のりやガーリックパウダーを適当に振って、出来上がり。

あっちの話こっちの話

かつお風味の大根漬

大谷登志子

しょう油 9合
ザラメ砂糖 1kg
酢 1~2合
焼酎 1合の
調味液
そぎ切りにしたダイコンと
かつお節

宮崎県田野町は漬物用大根の全国一の産地です。お邪魔したときはちょうど収穫の真っ盛り。竹で組んだやぐらに、洗った大根を干している風景は田野町の風物詩です。高橋チエ子さんから、かつお節のうま味をきかせた大根漬の作り方を教えていただきました。

まず調味液を作ります。干し大根四kgに対して、醤油九合、ザラメ砂糖一kg、酢一～二合を混ぜて、加熱します。煮えたら一合の焼酎を加えます。これもおいしい焼酎の産地、宮崎県ならでは。酢と一緒に甘じょっぱい味がよくしみ込むので、醤油の量を減らしても大丈夫とのこと。

漬け込みには、保存用の大きめのビンを用意します。そぎ切りにした大根とかつお節を入れ、少し冷ました調味液を注ぎます。量が少し膨らむので、大根の量はビンの九分目くらいにとどめます。こうして一晩寝かせて、翌日の朝から食べられるそうです。みなさんもぜひ作ってみてはいかがでしょう。

一九九九年四月号　あっちの話こっちの話

きゅうりのビール漬

中田浩康

岐阜県美並村の大矢地区で、ちょっとしたブームになっているのが、きゅうりのビール漬。河合きりのさんに、作り方を教えてもらいました。

まず、新鮮なきゅうり二・五kg（約一〇本分）を用意します。きゅうりを縦に半分に切り、長さを半分に切ります。これをポリエチレンなどの袋の中に入れ、そこへ白砂糖四〇〇gと塩一二〇gを加えます。さらに、三五〇㎖の缶ビールを注いで、口元をよく縛り、冷蔵庫に入れます。

二日間、よく冷やして漬けておけば出来上り。冷蔵庫で保存すれば、二週間しても味が変わらず、そのままのおいしさで食べられるそうです。もっとも、たいていの家では、おいしくてすぐ食べてしまうので、保存する間もないそうです。

漬け汁は繰り返し使えるので、薄くなったら塩や砂糖を少しずつ加えながら、好みの味にします。

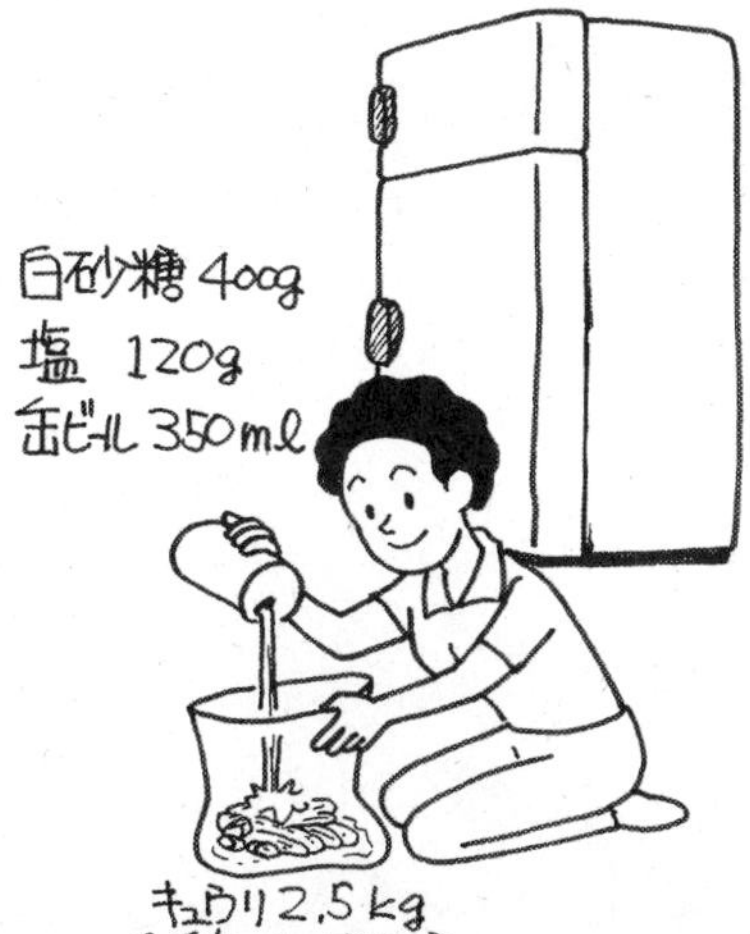
白砂糖 400g
塩 120g
缶ビール 350ml
キュウリ 2.5kg
(約 10本分)

一九九九年十一月号　あっちの話こっちの話

産地農家の食卓レシピ　野菜

編集部

ナスそうめん

福岡県瀬高町

「博多ナス」の名で知られる福岡県瀬高町。長さが二〇cm近くある長ナス「筑陽」の生産量は日本一です。

ナス農家のお母さんたちに、もはや定番メニューとなっているのがナスそうめん。もともとは平成十二年に開かれた第一回博多ナス料理コンテストで最優秀賞となったメニューです。

片栗粉でツルツルとしたのどごし。夏、普通のそうめんに物足りなくなったら、試してみてはいかがでしょうか。

「上にきゅうりやネギ、カイワレなどの野菜をのせてもおいしいですよ。剥いたあとの皮はきんぴらに」とナス農家の中山君子さん。「ナスは何にでも合う野菜。夏はカレー粉で炒めたり、ギョウザの中身を縦長にスライスしたナスの間にはさんで焼くナスギョウザもいいですよ」。

（二〇〇五年八月号）

キムチオクラ、たたきオクラ

秋田県湯沢市　東海林聡

夏のスタミナ野菜の一つ、オクラ。オクラ産地は暖かい地域に多いので、東北・秋田での栽培は珍しいのではないだろうか？　だが、この気候条件のおかげで、濃緑色が鮮やかで大きく、軟らかくて粘りが強いオクラができる。

料理には牛肉巻きや天ぷらなどもよいが、収穫最盛期は忙しく、農家の主婦も手の込んだ料理ができない。そこで、漬物にしたり、細かくたたいたりして大皿に盛り、大量に食べるのが昔からの習慣である。今回紹介する料理も田舎ならではの食べ方で、これさえあればご飯もすすむ、お酒もすすむ。米どころ・酒どころ秋田ならではの食べ方ではないだろうか。

ナスそうめん

＜材料＞
博多ナス　4本
かけつゆ（みりん　1／4カップ、醤油　1／4カップ、だし汁　1.5カップ）
片栗粉　適量
薬味（生姜、万能ネギ等）　適量

＜作り方＞
①そうめんのかけつゆを作る。みりんを煮立て、醤油、だし汁を加え、ひと煮立ちさせたら冷ます（市販の「つゆの素」を使ってもよい）。
②ナスの皮を剥き、さらにナスをピーラー（皮剥き器）を使ってスッスッと剥いて、縦長にスライスする。
③さらにそうめんのように細く切って水か塩水にさらして、アクを抜く。
④ナスの水気をふきとり、片栗粉をまぶし、余分な粉を払い落とす。
⑤たっぷりのお湯で④を少しずつサッとゆでる。ゆで上がったものから順次冷水にとり、ザルにあげる。
⑥深めの器に⑤を盛り、冷えたつゆをかけて、薬味を添える。

ナスそうめん。ナス1本ツルッと食べられる
（撮影・調理　小倉かよ）

ピーラー（皮むき器）でナスをどんどん削る

一度作りおきしておけば二〜三日冷蔵保存もできる。最初にゆでて保存しておき、食べるときに和えてもよい。オクラは何かの料理のつけ合わせになることが多いが、秋田ではメインに食べられている。そんなオクラをもっと、もっとご賞味ください。

（二〇〇六年八月号）

たたきオクラ

＜材料＞
オクラ　たくさん(大きいものでも大丈夫)、味噌、かつお節、にんにく(またはミョウガ、生姜でも)　適量
＜作り方＞
① 熱湯に塩を入れてオクラをゆでて、あら熱をとる。
② ①のオクラのヘタをとり、包丁で細かく刻む。たたいたオクラに味噌、かつお節、にんにくを入れ、混ぜあわせるようにたたく。
※ご飯にかけると食がすすむ。酒の肴にも好評。

キムチオクラ

＜材料＞
オクラ　10本、　キムチの素、みりん、酢　各大さじ1、味どうらく(だし醤油)　大さじ2、砂糖　小さじ1
＜作り方＞
① 熱湯に塩を入れてオクラをゆでる。
② ①のオクラを冷水にとり、熱をとり、その後、水分を切る。
③ 調味料をあわせる。
④ ビニール袋に、へたをとった②のオクラと、あわせた調味料を入れて、軽く漬けておく。

里芋のオランダ煮

富山県南砺市　嶋　晴美

以前、レストランで野菜のオランダ煮を食べたとき、思いついた料理がこれです。うちでとれる里芋を西洋風に調理したらどうなるか…、これが意外と合いました。

南砺市は昔から里芋「大和」の産地ですので、材料は豊富にあります。里芋は揚げる前にゆでるのですが、小さい里芋ならまるごと使ってもいいですし、大きい里芋ならゆでたあと潰して団子にしてもいいです。それから皮を剥かずにそのまま使う方法もあります。その場合、強めに揚げるのがこつですが、皮がカリカリになり、歯ざわりがよくなります。皮も案外いけるんです。

ゆでるのが面倒くさい人はレンジでチンしても結構です。片栗粉をビニール袋の中でまぶすのも、市販のめんつゆを使うのも、全部手間減らし。これなら料理無精の若い人でも、やってみようかな、という気になるかもしれません。

出来上がりを食べてみれば、外はサクッと中はホクホク、コロッケ感覚のおいしさです。油ものが苦手な人でも、ネギの風味と揚げた里芋の香ばしさにつられて、喜んで食べてくれます。里芋と和えるめんつゆに、水で溶いた片栗粉を入れるとあんかけ風になりますし、すりおろした生姜をそこに入れれば、また違った味を楽しめますので、お好みでどうぞ。

（二〇〇六年十月号）

そのときの気分によって、ゴマをかけたり、七味を振ったり（撮影・調理　小倉かよ）

里芋のオランダ煮

＜材料＞
里芋　500g、片栗粉　大さじ2、
めんつゆ　50cc、ネギ　適量
＜作り方＞
①里芋の皮を剥き、竹串が刺さるぐらいまでゆでる。
②ゆでた里芋をざるにあげ、水気を切る。
③ビニール袋に里芋を入れ、表面に片栗粉をまぶす。
④ 油でさっと揚げる。
⑤鍋にめんつゆを入れ、火にかける。
⑥揚げた里芋を⑤の鍋に入れ、からめる。
⑦ 皿に盛って、刻みネギを振りかける。

そばポテくん

鹿児島県霧島市　中久保要澔さん

ソバ粉にじゃがいものすりおろしが練りこんである「そばポテくん」、ちょっとびっくりしてしまうような組み合わせです。これを要澔さんは寝ている間に思いついて、これだ、と思ったそうです。目を覚ますやいなや、さっそく商品開発にとりかかりました。

材料のソバ粉も国産を使うというこだわりよう。一六〇℃の高温で揚げて、カリッと仕上がる。子供のおやつに人気ですが、ガリガリの歯ごたえで子供の歯も強くなる！（二〇〇六年十一月号）

編集部

そばポテくん

＜材料＞

じゃがいも　750g、ソバ粉　1kg、小麦粉（薄力粉）　350g、卵　5個、砂糖　350g、塩　50g

＜作り方＞

①ソバ粉と薄力粉を混ぜたものの中にじゃがいもをすりおろして入れる。

② ①に卵、砂糖、塩を加えて、耳たぶぐらいの硬さになるまでよくこねる。

③麺棒でのばす。

④包丁でかりんとうぐらいの大きさに切り、160～165℃の高温で揚げる。

⑤浮いてきて、少しきつね色になったら取り上げる。

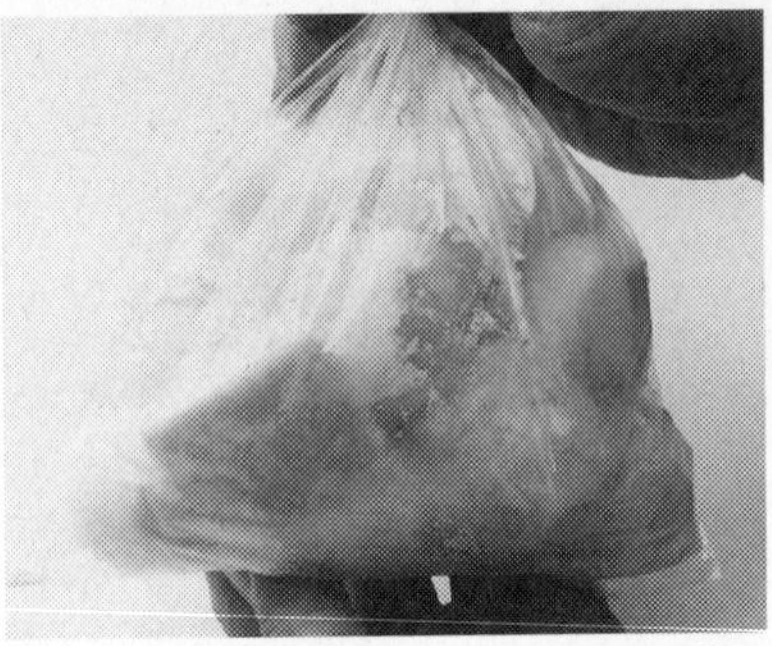

袋をシャカシャカ振れば、きれいに砂糖がいきわたる。砂糖をまぶすとき、シナモンや抹茶の粉末を入れてもおいしい（撮影・調理　小倉かよ）

ゴーヤー唐揚げ

福島県福島市　加藤勝子

東北では、まだまだ敬遠されがちなゴーヤーですが、料理によっては苦味が緩和されることに気づきました。

私はゴーヤーを五a作っていまして、店頭販売に出向くこともありますが、お客さんたちからは「手間のかからない料理を教えて」と要望もあります。そこで、考えたのが、ゴーヤー唐揚げです。

試食した方々の感想は、「思ったほど苦くない」「歯ごたえがよい」「天ぷらはしたことがあるけど、唐揚げは珍しい」など、思っていた以上に評判がよかったです。また、私自身も、ゴーヤーチャンプルーにして肉などと一緒に食べるよりも、ゴーヤーそのものを食べるこの料理のほうが好きです。

最近では、ゴーヤーは体によい野菜として食べる方も増えているようなので、ぜひゴーヤー唐揚げも食べてみてください。（二〇〇七年八月号）

ゴーヤー唐揚げ

＜材料＞

ゴーヤー　1本、唐揚げ粉　適量、塩・こしょう　お好み

＜作り方＞

①ゴーヤーを縦割りにし、スプーンで種を取り除く。

②3～5㎜の厚さに切って、水洗いして軽く水気をとる。

③唐揚げ粉をまぶし、280℃の油でカラッとするまで揚げる。

唐揚げ粉をまぶす前に、にんにくや塩こしょうで下味をつけてもよい（撮影・調理　小倉かよ）

メロンのアイスクリーム

島根県出雲市　三浦美代子

市場に出すネットメロンは皮にちょっと傷がついているだけでボツになってしまいます。中身は何も変わらないのに……。もったいないので、私は凍らせてとっておき、アイスにしています。

イベントともなると、発泡スチロールの箱に氷を詰めて、溶けないように冷凍メロンを持っていきます。そして、フードプロセッサーを使って実演販売。これがとても好評です。一杯一〇〇～一一〇円ですが、お客さんは「ぜいたくなアイスですねえ」と言っ

てくれます。私も、農家だからこそできるアイスだと思います。

　アイスを気に入ってくれたお客さんは、一緒に売っているメロンの生果も買ってくれます。

　以前、トマト農家だったときは、トマトも湯剥きして冷凍しておき、同じようにアイスにして販売していました。これもなかなかの人気でした。ただ、トマトをアイスにすると味が足りないので、生クリームや練乳などを多めに使うほうがいいです。（二〇〇八年八月号）

冷凍メロンをフードプロセッサーにかける
（撮影・調理　小倉かよ）

メロンのアイスクリーム

＜材料＞
メロン　500ｇ（半分のサイズ）、生クリーム　200cc、加糖練乳大さじ2～4、バニラエッセンス少々
＜作り方＞
①メロンの果肉を一口大に切り、凍らせる。
②冷凍庫からとり出し、3分くらい常温にならしてから、フードプロセッサーにかける。
③生クリーム、練乳、バニラエッセンスを加えて、再びまわして、混ざれば出来上がり。

じゃがいももち

長野県上松町　沢木三千代

　現在、仲間と立ち上げたＮＰＯ法人「おてつだいネットワーク木曽」という、介護保険外の老人の通所施設を手伝っています。月に何回か施設の当番になりますが、手芸などの講座がないときは、知り合いに声をかけ、いろいろ作って食べたり、お茶飲みをしています。そんなときに仲間の大平絹子さんに、「じゃがいももち」を教えてもらいました。作ってみると、施設でのお茶のときにも好評でした。

　このじゃがいももちは、冷凍しておいても大丈夫なので、一㎝ぐらいの厚さに切っておけば、いつでもすぐにフライパンで焼けます。食べるときは、砂糖醤油でもいいですし、五平もちのたれ、きな粉、なんでも合います。チーズをのせて、ピザのようにレンジで焼いても合うと思います。

　皿のかわりにホオ葉を使うこともあります。殺菌作用があり、においもとてもよい葉です。

　私の住む木曽地方では、皿に利用する以外にも、この葉の柔らかい五～六月にホオ葉巻き（柏もちのようなもの）を作ります。

（二〇〇九年六月号）

じゃがいももち

＜材料＞
じゃがいも　1kg、片栗粉　1袋（300ｇ）
＜作り方＞
①じゃがいもの皮を剥き、乱切りにしてゆでる。
②串が刺さるまで火が通ったら、ゆで汁を捨て、冷めないうちにすりこぎなどで潰す。
③②に片栗粉を入れてこねる。
④③を3～4等分し、それぞれラップで包み、太巻き寿司のように棒状にする。
⑤あら熱がとれたら、1㎝ぐらいの厚さで輪切りにし、油をひいたフライパンで焦げ目のつくまで焼く。
⑥砂糖醤油をかける。

じゃがいももち（撮影・調理　小倉かよ）

漬物作りの基本

岩城由子

塩蔵漬物

野菜が一度にたくさんとれたとき、長期の貯蔵を目的とし、あるいは二次加工を目的として、塩の分量を多く使用して漬け込む。その多くはそのまま食用することなく、水にさらすなどして塩抜きをして余分の塩分を除き、二次加工の原料とか料理材料に使用する。

一般に塩蔵では、下漬け（荒漬けともいう）で野菜の余分な水分を除き、本漬けで所定の塩分濃度にして長期間保存する。

塩蔵した野菜の塩抜き作業は、短時間で処理しないと品質が悪くなる。塩蔵した野菜は塩抜きして調味液漬とか料理の材料にする。

①塩水で塩抜きする方法

塩水に漬ける漬物の塩分は、濃度の薄いほうにさそい出される。水に浸したときのように水っぽくならないので塩抜きに一番多く用いられる。

水…材料の重さの二倍
塩…水に対して一％

刻んだ塩蔵野菜を塩水に入れ手でもむようにして浸し、一晩おく。

〈利用法〉脱水したあと調味液漬、味噌漬、粕漬に使う。塩抜きした野菜は炒め煮にしてもよい。

②酢水で塩抜きする方法

青菜やナスなど、色を保ちたいものには向かない。大根や瓜など、白く仕上げるものに適する。

水…材料の重さの二倍
酢…水量の二〇％
塩…水量の一％

刻んだ塩蔵野菜を入れて、一晩ほどおく。

〈利用法〉脱水したあと調味液漬、粕漬にする。

③温湯で塩抜きする方法

早く塩抜きできるが、肉質が少し柔らかくなったり、中心部の塩分が抜けきらないこともあるので注意する。

温湯（三五～四〇℃）…材料の重さの二倍
塩…湯の一％

塩蔵野菜を刻んでから、この中に一晩浸す。

〈利用法〉山菜、大根などをもどして煮物に用いる。

④調味ぬか床で塩抜きする方法

徐々に塩抜きできて、水っぽくならなくておいしい。

米ぬか…二kg
塩…水量の三％
水…二ℓ
昆布…五〇g
唐辛子…二〇g
ゆず皮…五〇g
うす切生姜…一〇〇g

塩蔵野菜を漬け込み、五～六日経つと塩分調整され、食べられる。

〈利用法〉白菜、キャベツ、大根、カブなど、食べごろの塩分にすると同時に味付けを兼ねる。

⑤調味練り粕で塩抜きする方法

こくのある塩抜きの方法である。

酒粕…二kg
焼酎…一〇〇cc
みりん…一〇〇cc
塩…六〇g
砂糖…一五〇g

塩蔵野菜を漬け込み、五～六日目ぐらいで塩分調整され食べられる。

〈利用法〉白瓜、大根、カブ、ハヤトウリ、にんじんなどの粕漬の味がひきたつ。

⑥流水で塩抜きする方法

もっともポピュラーな塩抜きの方法だが、肉質が柔らかくなったり、うま味成分まで流出することもある。

水道の水を少量ずつ出し放しにするか、ざるに入れて谷川の美しい流水に浸して塩抜きする。

水温によって浸す時間は異なるが、刻んだ野菜ならば、一日浸しておけば塩抜きできる。

〈利用法〉脱水してから濃い目の調味液に漬けたり、炒め煮にする。

容器と用具

漬け容器 たくあん、白菜漬、粕漬など、長期保存の漬物を漬けるばあいは、適度の通気性、吸湿性があり、漬物の発酵を助ける木製の容器が最適である。最近は木製容器の値段も高くなったうえ、保存や手入れも大変だということで敬遠されがちになった。

新しい木製容器を使うときは、水を一杯はり、三日間ほど水を取り換え木のあくを抜き、たわしでよく洗い、さらに陰干しして乾かして使う。

きゅうりの塩蔵

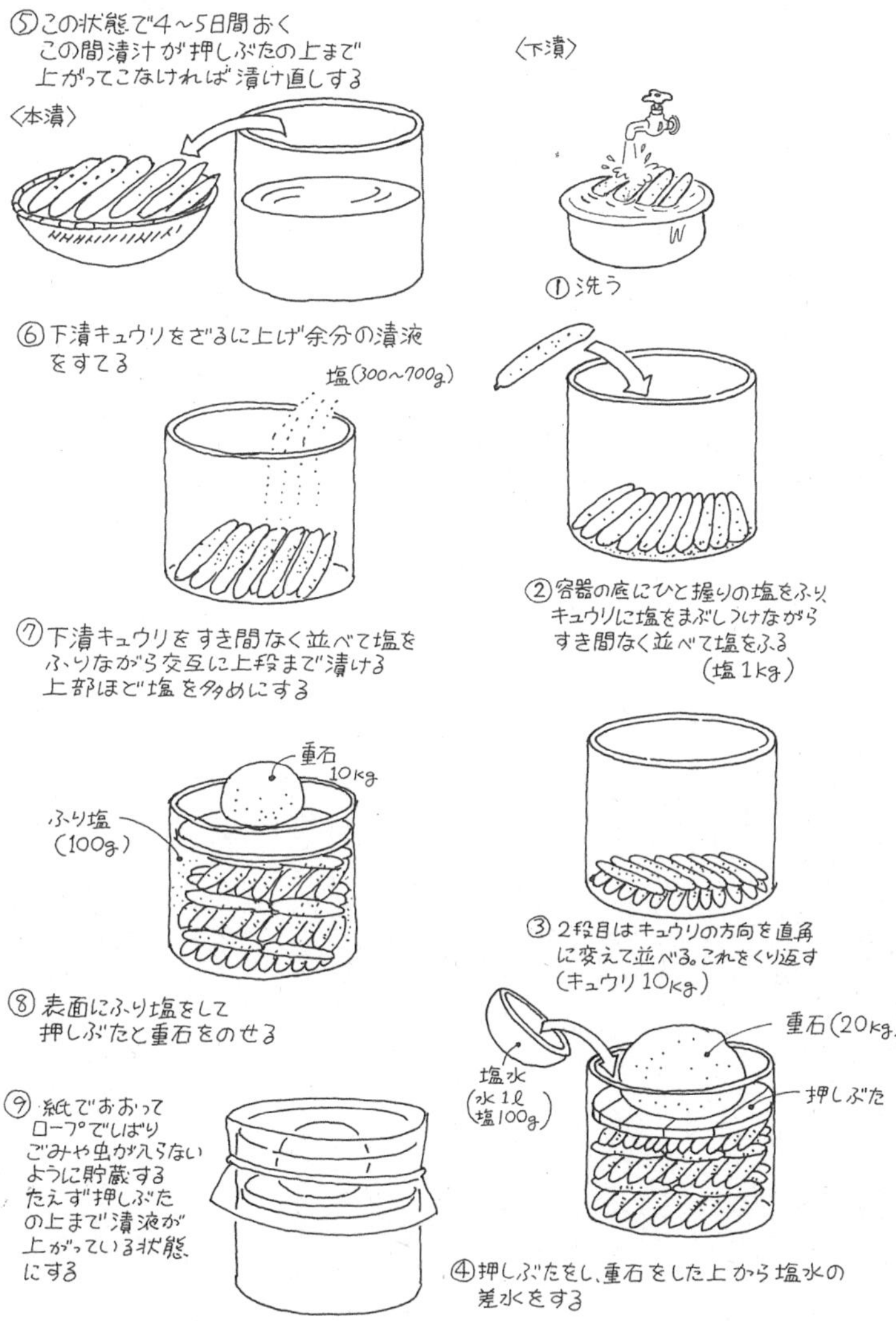
⑤この状態で4～5日間おく
この間漬汁が押しぶたの上まで
上がってこなければ漬け直しする
〈本漬〉
〈下漬〉
①洗う
⑥下漬キュウリをざるに上げ余分の漬液
をすてる
塩(300～700g)
②容器の底にひと握りの塩をふり
キュウリに塩をまぶしつけながら
すき間なく並べて塩をふる
(塩1kg)
⑦下漬キュウリをすき間なく並べて塩を
ふりながら交互に上段まで漬ける
上部ほど塩を多めにする
重石
10kg
ふり塩
(100g)
③2段目はキュウリの方向を直角
に変えて並べる。これをくり返す
(キュウリ10kg)
⑧表面にふり塩をして
押しぶたと重石をのせる
重石(20kg)
押しぶた
塩水
(水1l
塩100g)
⑨紙でおおって
ロープでしばり
ごみや虫が入らない
ように貯蔵する
たえず押しぶたの上まで漬液が
上がっている状態
にする
④押しぶたをし、重石をした上から塩水の
差水をする

最近、豊富に出回っているのは、合成樹脂製の容器で、手軽に便利に使える利点がある。しかし、通気性がないため、むれやすいという欠点がある。また漬物には、酸や塩分の強いものが多いので、漬物専用に製造されている樹脂を選ぶほうがよい。

また民芸調の陶製の漬物容器も出回っている。益子焼、信楽焼、石州焼などで、押し蓋と重石兼用の蓋もついて、少々の漬物ならこの重石で間に合って便利に使える。

ホウロウ容器は蓋つきでサイズも色々あり、広口寸胴なので漬けやすく、衛生的な面でも取り扱いやすい。ただ傷つきやすく、そこからサビが出てくることがある。

卓上漬物器は、多様なデザインのものが多種類出回っている。重石もいらず、ねじ蓋と支柱で材料に圧力がかかるようになっているので、即席漬用にはとても便利な用具である。ただし長期間おく漬物には使えないし、容器のにおいがしみ込む。

押し蓋　漬物容器より一回り分小さい、平らな木製のものがよい。重石が平均にかかるように、回りが空きすぎてもつまりすぎてもよくない。古いものを使用するときは前の移り香がないものを使う。

重石　肌ざわりのなめらかなものを選び、一面がなるべく平らなほうが、載せたときに安定する。重石は大小とりまぜて漬かり具合によって調節する。材料を漬け込んでから、早く水を上げるために最初は重めの石がよい。水が出てからもそのままにしておくと、今度は、材料から水が出すぎて、形もペチャンコとなり味もパサパサになる。水が上がったら重石は軽いものに替え、いつも押し蓋の上に少し水がある程度に重さを加減する。

塩漬（当座漬）

当座漬（浅漬）は一度漬けで、食べごろや材料を考えて一～五％の塩加減幅がある。

①一～二％塩分のばあいは、少ない塩を早くしみ込ますため、野菜を薄く細かく切って繊維を寸断すること。さらに、塩を振って全体をよく混ぜ、塩の浸透圧で野菜をしんなりさせたり、手のぬくもりでもみ漬けすると早く漬け上がる（一夜漬）。

②三～五％のばあいは、塩味がなじむまでに二日ほど必要で、野菜も大きく切って漬けるほうが歯切れもよい。一八℃くらいに気温が上がると早く乳酸発酵が進み、産膜酵母と呼ぶ白いカビが表面に発育する。

したがって重石の管理と低温保管の必要がある。気温一五℃前後では、五日間くらい安定に保存できる。

塩漬（保存漬）

保存期間とその時期によって、多少の塩加減を調整しなければならない。一回漬けでそのまま保存するよりも、二回漬けにしたほうが、野菜の塩ごろしが均一となり、漬け上がりの肉質や、色、光沢なども良好となる。

一般には、下漬けで八〜一〇%の塩を使用し、本漬けの漬け上がりの漬け汁が一六%以上の中で保存する。重石は、漬け汁がたえず押し蓋の上まで上がっているように調整する。

〈保存漬の利用法〉 塩分濃度が高いので、六か月以上保存可能。一般に「ひね漬」と呼ばれる漬け方で、塩抜きを行なわず、細かく刻んで食べたり、炒め物に使う。

ぬか漬

塩漬だけでは少しもの足りない、もう少しこくのあるうま味がほしいというときに、いったん下漬けした材料を、米ぬかと塩を混ぜた中で漬ける。

できるだけ新しいうるち米の米ぬかを選ぶことが大切。米ぬかはたんぱく質、脂肪、ビタミンなどを含み、栄養が豊かなので、空気に触れると早く酸化したり、虫がつきやすい。あらかじめ炒って使う。炒ると香ばしい匂いが出、また虫が死んでしまうので衛生的に安心ともいえる。

米ぬか量はふつう材料の五〜一〇%で、塩の分量は漬け込み時期、期間、地域によって加減する。

風味付けのため、ぬかの中に赤唐辛子、切り昆布などを混ぜて漬けることが多い。

ぬか漬を洗うとき、ぬかが流し口につまりやすいので、樽の大きさに縫った木綿袋にぬかを詰めて、樽の上下に置くと清潔に扱える。

ぬか味噌漬

ぬか漬の中でも、水を加えてぬか味噌床を作って漬け込むものを「ぬか味噌漬」という。「どぶ漬」「どぼ漬」「床漬」とも呼び、地方色豊かな、四季を通じて作られるものである。とりわけ夏の漬物の代表といえる。ぬか味噌の床は、何回でも使用でき、手入れさえよければ、長くおいたものほど風味が増してくる。

原料の米ぬかには、ビタミンB_1の含有量も多く、ぬか味噌床に繁殖する酵母菌は、ビタミンを生成するばかりでなく集積し、ぬか味噌を栄養の優れたものにしている。

①米ぬかは新しいものを選ぶ。古い米ぬかは、油やけして渋味を感じ、風味が悪くなる。米ぬかが細かすぎるとねばりついて、ぬかばなれが悪くなるので超微粒部分をふるい落として使う。

②米ぬかを炒ると香気はよくなるが、ぬかのビタミンや酵素を破壊するので、少量だけ炒って混ぜるとよい。

③容器は、ホウロウポット、樽、かめ、プラスチック製など、あらかじめ熱湯消毒をしてから使う。

④塩加減は、夏期は若干多めにする。

⑤おいしい古いぬか味噌を種として入れたり、酒粕を入れると、早く風味が出る。

⑥床の中に赤唐辛子、だし昆布、ミカンの皮、サンショウの実、にんにくなどを入れると風味が出る。また、洗った大豆を入れると適当に水気を吸収し、甘みを出す。

⑦毎日朝夕、上下をかきまぜて、発酵を促す。

⑧床が軟らかくなれば、スポンジで水気を吸収させるとか、布巾を表面にのせ、凹型に穴をあけ、この穴にたまった水をスポンジで吸いとる。

⑨一週間に一回ぐらい、ぬかカップ一杯と塩大さじ二杯分の補給をする。

⑩夏期は四〜五時間で漬かるが、冬期になると一日以上漬けなければならない。

⑪ぬか味噌床を保存するには、硬めの床の表面に塩を振り、和紙か殺菌して絞った布巾を張りつけて容器をおおい、冷所に保管する。または、ビニール袋に詰めて冷蔵庫の中で保存する。

以上、基本的なポイントのみあげたが、好み、地域、作る時期などによって、さまざまな方法があるので、自分の味を作り出すよう創意工夫してほしい。

粕漬

酒粕には、練り粕と板粕がある。練り粕は熟成粕のことですぐ使用できるが、板粕は酒を搾りとった直後の粕のため、まだ米粒が残っていて麹の香りが強く、風味に乏しいから、必ず熟成させて練り粕にして使用する。

板粕を練り合わせたとき、粕が硬いばあいは、掘ごたつの中などに入れて加温すると早く軟らかくなる。

板粕を早く使いたいばあいは、板粕を一kgずつポリ袋に入れて電子レンジに入れ、途中で一度返して五分間加熱すると軟らかくなる。

①粕床にいきなり漬けるのでなく、材料は必ず下漬けをする。下漬けで水分を少なくした材

熟成粕の作り方

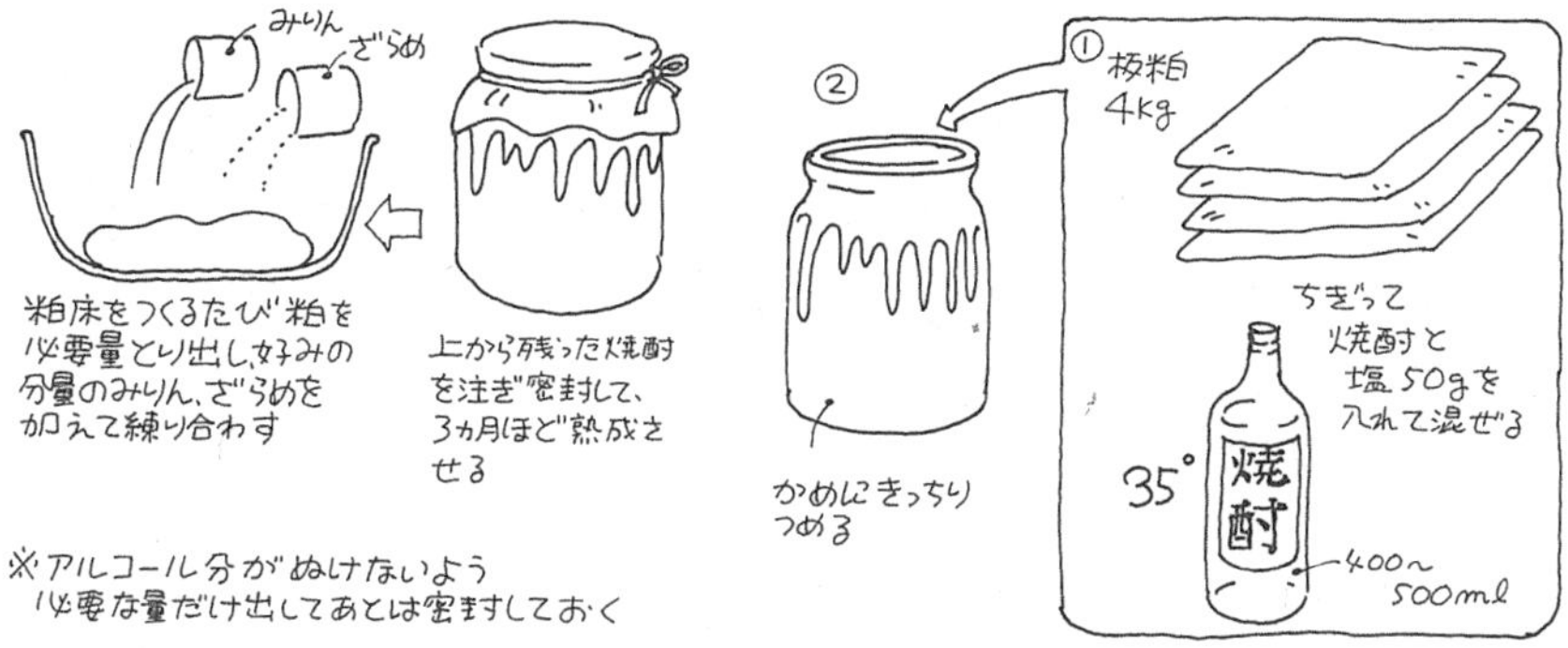
みりん
ざらめ
粕床をつくるたび粕を必要量とり出し、好みの分量のみりん、ざらめを加えて練り合わす
上から残った焼酎を注ぎ密封して、3カ月ほど熟成させる
②
かめにきっちりつめる
①
板粕4kg
ちぎって焼酎と塩50gを入れて混ぜる
35°
焼酎
400～500ml
※アルコール分がぬけないよう必要な量だけ出してあとは密封しておく

もろみ床の作り方

もろみ1kg
ざらめ100g
よく混ぜ合わす
かめ

赤味噌床の作り方

●赤みそ1kg ●砂糖80g
●みりん100cc ●酒40cc
混ぜ合わせて
平らな容器にみそ床を1～2cmしきその上に材料を並べ、またみそ床をおき、押えるようにして漬ける

合わせ床の作り方

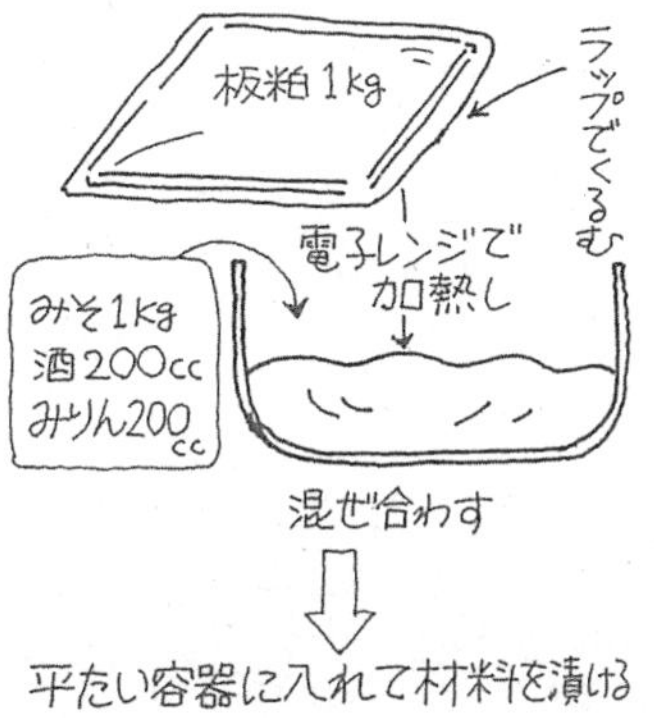
板粕1kg
ラップでくるむ
電子レンジで加熱し
みそ1kg
酒200cc
みりん200cc
混ぜ合わす
平たい容器に入れて材料を漬ける

白味噌床の作り方

●白みそ1kg ●酒60cc
●みりん100cc
よく混ぜ合わす
平らな容器に2cmの厚さにしき、上に材料を並べ、またみそ床をのせてしっかり押えて冷蔵庫内で漬ける

料の水けをよく拭いて、すでに使用した古い粕に漬けてから、本漬けの粕床で漬ける。

②古い粕から順に新しい粕床で漬けることにより、余分の塩分が抜け、風味が増す。

③アルコール分が抜けないよう、必ず密封した容器で漬ける。

④粕床の中では、材料同士が直接くっつかないよう粕を均一に付ける。

⑤粕床の表面は、平らにして多めの粕を置く。

⑥漬ける期間が長くなると褐色が濃くなる。淡色に仕上げたいばあいは、順次新しい粕床を使用する。砂糖が多く入ると早く褐色になる。

味噌漬

味噌床は、味噌の種類によって色、塩分、甘みの違いもあるので、漬ける材料によって色や甘みを加減し、味の調和をとれば、おいしい味噌漬ができる。

もろみ床　色は黒褐色に仕上がるが、もろみ特有の風味が楽しめる。もろみ床は軟らかいので、繊維の多い大根、ごぼう、にんじん、セロリなどの野菜を漬けるとよい。

赤味噌床　赤辛口味噌に酒、みりん、砂糖を入れてよく練り合わせる。好みによって、唐辛子粉を入れることもある。赤褐色の仕上がりを好まないばあいは、白味噌と混ぜて使用する。味噌は、酒、砂糖、みりんとよく混ぜたものを作っておき、材料を漬けるたびにその調合味噌を補いながら漬けるとおいしく漬かる。赤味噌床には、ごぼう、にんじん、ナスなどが向く。

白味噌床　色の淡い漬け上がりを好むばあいは白味噌床とするが、白味噌は塩分が低いので、冷蔵庫内での保管が必要である。白味噌床には、大根、うど、きゅうり、れんこん、オクラ、白瓜などが向く。

合わせ床（**味噌粕床**）　味噌に酒粕を合わせたもので、味噌の塩味と酒粕の風味がマッチし、こくのある味噌漬となる。板粕をラップに包み、電子レンジで加熱して軟らかくしてから、みりんと酒、赤辛口味噌と合わせて、味噌粕床を作る。合わせ床に向く材料としては、大根、にんじん、白瓜、ナス、きゅうりなどがある。

①味噌漬はふつう一か月程度で漬け上がる。漬ける時間の長さによって味のしみ込み方が違うので、味をみながら漬けごろで取り出し、味噌を落としてラップに包んで冷蔵庫に入れるほうがよい。

②味噌床は一回使うと材料の水分が出て薄まるので、徐々に漬け上がり時間が長くなる。味噌がゆるんで味が薄くなれば、鍋に移して火にかけ、かき回しながら煮つめて水分を蒸発させ、新しい味噌やみりんを補って味を整える。

③味噌床を長く使用するためには、下漬したり干したりして、漬ける材料の水分を除いておくことが大切である。

④材料がふれ合わないように、材料の全体が味噌床によく包まれるようにする。

⑤容器は蓋で密閉するか、ビニール布などで密封する。

べったら床の作り方

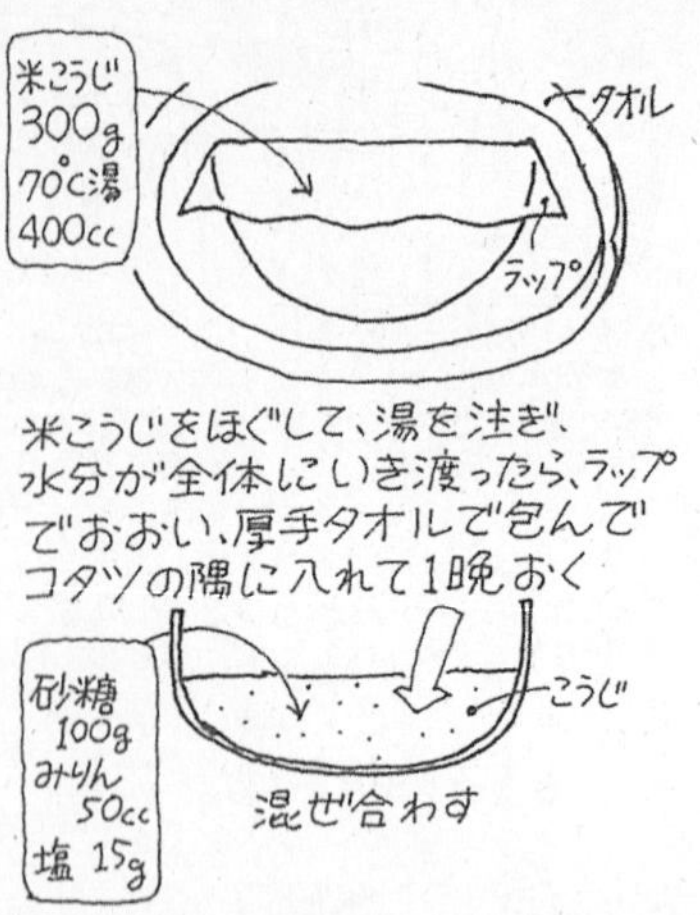
米こうじ
300g
70℃湯
400cc
タオル
ラップ
米こうじをほぐして、湯を注ぎ、水分が全体にいき渡ったら、ラップでおおい、厚手タオルで包んでコタツの隅に入れて1晩おく
砂糖 100g
みりん 50cc
塩 15g
こうじ
混ぜ合わす

麹漬

べったら床　米麹を使った漬物の代表が「べったら漬」で、漬物の中では一番甘みの強いものである。

三《さん》五《ご》八《はち》床　三五八とは、容量で塩三、米麹五、もち米かうるち米八の割合で仕込まれるので、この名がある。この漬け床は小出しに取り分けて、季節の野菜や魚類などを漬け込み、浅漬け用として一年中使われる。

からし床　からし床は甘い「麹床」に練り芥子を加えて、香りと辛味を出したもので、からし漬はピリッとしまりのある甘味漬物の代表である。

①麹漬は、低温で甘みの強い漬物のため、気温の高い夏場は酸敗しやすく、秋から冬にかけての漬物である。

②保存性がないので、漬け床を冷暗所に置き、漬け込み期間は二～三日から二～三週間がふつうである。

③米麹は、そのままでなく、いったん甘酒にしてから使うほうがおいしい。

三五八床の作り方

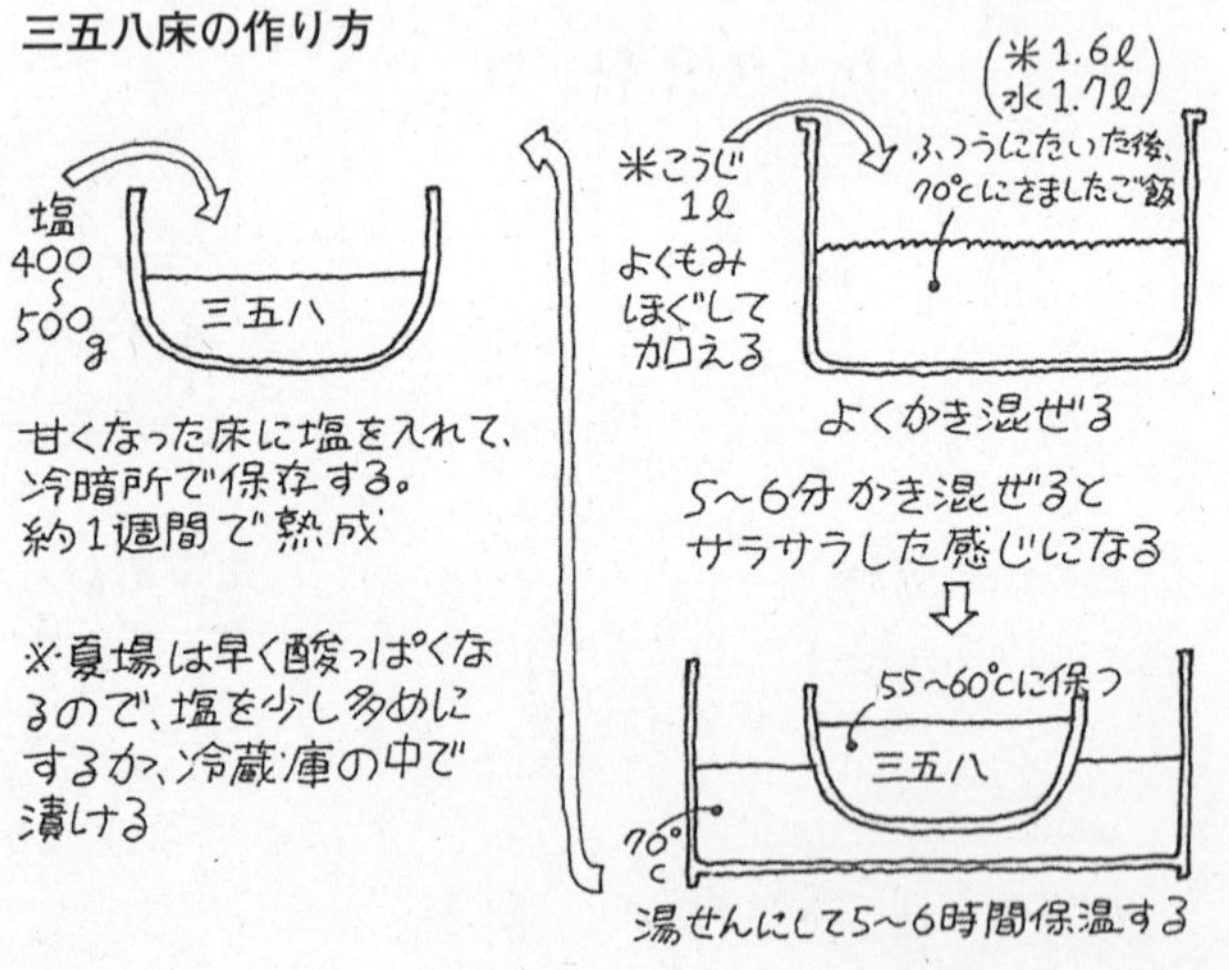
(米1.6ℓ
水1.7ℓ)
米こうじ
1ℓ
よくもみ
ほぐして
加える
ふつうにたいた後、70℃にさましたご飯
よくかき混ぜる
5～6分かき混ぜると
サラサラした感じになる
55～60℃に保つ
三五八
70℃
湯せんにして5～6時間保温する
塩
400
～
500g
三五八
甘くなった床に塩を入れて、冷暗所で保存する。
約1週間で熟成
※夏場は早く酸っぱくなるので、塩を少し多めにするか、冷蔵庫の中で漬ける

からし床の作り方

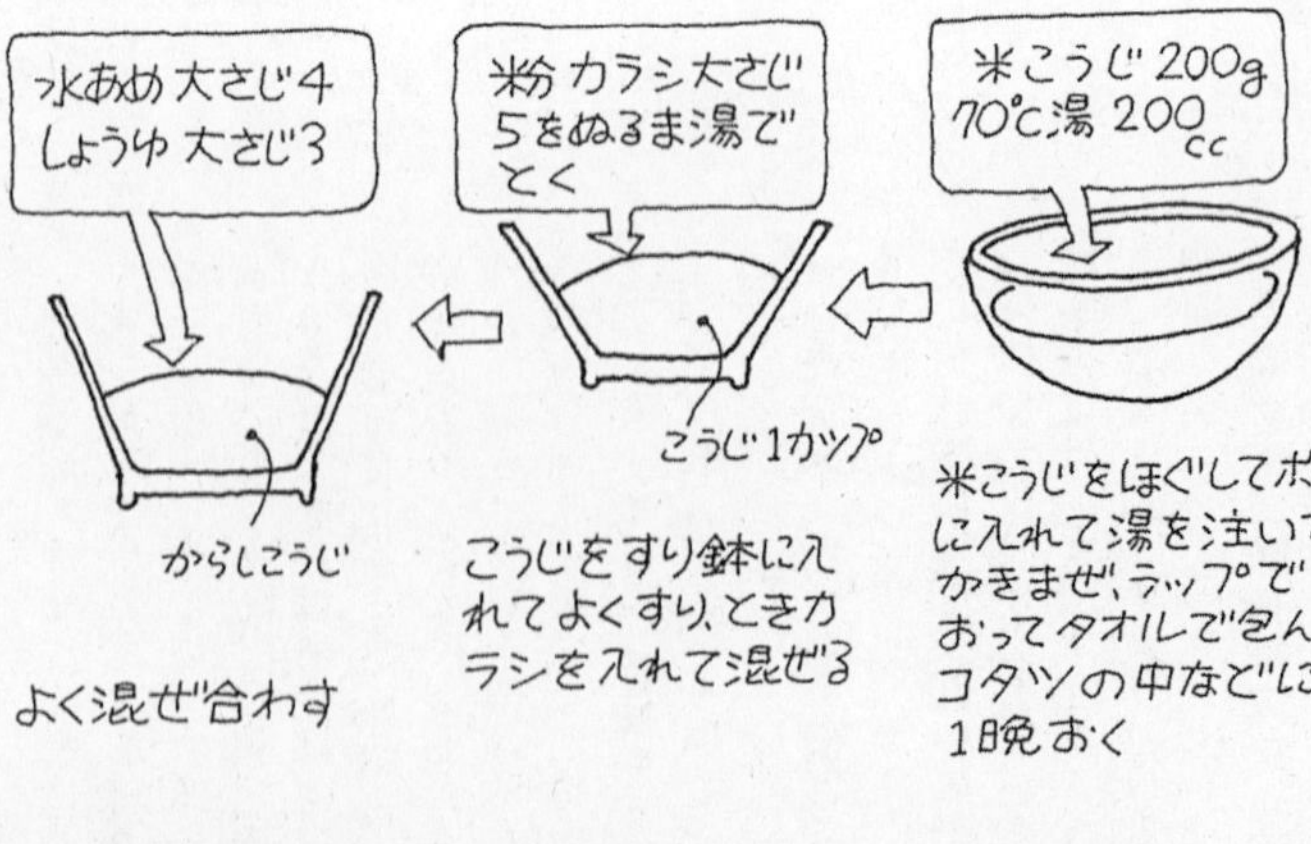
米こうじ200g
70℃湯 200cc
米こうじをほぐしてボールに入れて湯を注いでかきまぜ、ラップでおおってタオルで包んでコタツの中などに1晩おく
粉カラシ大さじ5をぬるま湯でとく
こうじ1カップ
こうじをすり鉢に入れてよくすり、ときカラシを入れて混ぜる
水あめ 大さじ4
しょうゆ 大さじ3
からしこうじ
よく混ぜ合わす

④漬け込む材料は、下漬けするか陰干しして、野菜の水分を少なくしてから漬けること。
⑤大根のように大きなものは、味がしみ込みにくいので小さく切る。
⑥麹漬は洗わずにそのまま食用するものが多いから、清潔に取り扱うこと。
⑦底まで重石がしっかりかかるような形のおけが適している。

うの花漬

うの花漬は、おからに塩を加えた中で漬けた漬物で、貯蔵を目的としている。

おからは、新しいものを求めて水気を布巾でよく搾りとり、塩と合わせる。豆腐や魚肉類を漬けるばあいは、五〇％の塩加減にするが、野菜類を漬けるには三〇～四〇％の塩とする。

①うの花漬は、ぬか漬などと比べると美しい色に仕上がり、発酵臭も強くないので、二次加工がやりやすい。
②材料同士がくっつかないよう、うの花床をたっぷり使うほうが美しく仕上がる。すき間なく、きっちり詰めて重石をし、ごみが入らないよう布でおおって冷暗所に置く。
③うの花は、豆腐かすだから栄養も多いので腐敗が早い。必ず新しいものを選んで、早く塩と混ぜておくこと。
④二次加工を目的として漬けるものだが、約六か月くらいがうま味を保つ限度である。

朝鮮漬

朝鮮漬は、「キムチ」として広く知られている。漬け込む材料によって、薬味や味付けを変える（表）。
①元来、塩分の低い漬物で、にんにくの香りと唐辛子の辛味を生かすのが特徴。用いる薬味の種類は地方や好みによって異なるが、一般には、唐辛子とにんにくのほかに、ねぎ、生姜、大根、芥子、セリなどが用いられ、また、椎茸、栗、りんご、ナシ、松の実、生エビ、生貝、生タラ、塩辛なども使われる。
②わが国のような温暖な土地では長期保存は困難とされ、比較的淡白に味付けした一夜漬方式のものが好まれる。
③ふつう一週間以内に食べる量を一度に漬け込み、重石をして、冷暗所に保管する。
④洗わずに食べるので、清潔に取り扱うこと。
⑤陶製で、蓋ができる容器を使う。

朝鮮漬　はさみ込み用材料

塩……180g
ねぎみじん切り……300g
生姜みじん切り……20g
にんにくおろし……20g
炒りゴマ……10g
りんご薄切り……100g
唐辛子みじん切り……5g
大根・にんじん千切り……100g
干タラかアミ……30g
よく混ぜ合わせ、白菜、キャベツ、水菜などのあいだにはさんで2～3日漬ける。

朝鮮漬　漬け込み用材料

醤油……500cc
にんにくみじん切り……20g
唐辛子粉……5g
塩……50g
生姜みじん切り……20g
りんごおろし……100g
大根、キュウリ、カブなどに混ぜて2～3日漬ける。

朝鮮漬　混合用材料

赤唐辛子……5g
大根千切り……50g
ニラみじん切り……20g
生姜みじん切り……20g
にんにくみじん切り……20g
ねぎみじん切り……20g
豆板醤……30g
さくらエビ……10g
塩……50g
大根、きゅうり、にんじん、カブなどの角切りと混ぜて2～3日漬ける。

朝鮮漬　はさみ込み用材料

キャベツ千切り……100g
にんじん千切り……100g
ゆでヒジキ……20g
ねぎみじん切り……20g
タラコ……20g
にんにくおろし……10g
唐辛子……5g
塩……50g
カブ、大根の薄切りのあいだにはさんで2～3日漬ける。

砂漬

砂漬は、乳酸菌の繁殖で色の変化を防ぎたいものに向く。砂ですき間が埋まるので形がつぶれず、原形を保ち保存性を増す。また砂鉄が入っているので鉄の作用でナスなどは色よく上がる。

砂は、海岸や川砂の泥の少ない硬質のものを選び、一～二㎜径の砂をそろえる。水洗いして泥を流したのち熱湯を通して殺菌し、日に干して乾かしてから使う。川砂の一割の塩を加えて混ぜる。

砂を繰り返し使用するときは、ざるに入れて水で塩分を洗い流し、熱湯をかけて消毒してから、日に干して使用する。

①砂の粒子が材料にあたり早く漬かる。

②必ず塩で下漬けしてから、砂床でかくすようにして漬け、重石をして冷暗所に置く。

③二次加工を目的として漬けるものだが、四か月くらいが限度である。

④容器は、ポリ袋だと傷つきやすいので、木製のものを使う。

酢漬・ピクルス

甘酢　砂糖一対食酢三の割合で砂糖が溶ける程度に加熱し、さめてから使う。塩は材料の下漬けの塩加減で決める。米酢、梅酢、柑橘酢など目的に合わせて使い分ける。たとえば長期貯蔵するラッキョウなどは酢酸のほうがよく、即席漬の菊花カブとか、大根、カブの千枚漬には米酢、キャベツなどの刻み漬や青トマトは柑橘酢、梅酢などが向く。

ピクルス　サワーピクルスの調味液は、酢七〇〇ccに塩一五gと月桂樹の葉三枚を入れて、塩を溶かした中に、塩漬きゅうり一kgを漬ける。

スイートピクルスの調味液　酢六〇〇ccに砂糖二五〇g、塩一五g、月桂樹の葉三枚、こしょう一〇粒を混ぜ、砂糖、塩を煮溶かして冷まし、塩漬きゅうり一kgを漬ける。

①酢は煮立てると蒸発し酸味が弱くなるので、八〇℃ぐらいで砂糖、塩を煮溶かす。

②緑色のクロロフィルは酢によって茶色に変わるので、酢漬にはラッキョウ、カリフラワー、れんこん、大根、カブなどの白色、にんじん、赤唐辛子などの赤色、食用菊、キャベツなどの黄色のものが適する。

③たっぷりの酢液に、材料を浸すようにして漬ける。

④酢漬にはポリ容器を避け、ホウロウかガラス製の容器を使う。

調味液漬

醤油漬A　醤油二〇〇cc、砂糖四〇g、水あめ四〇g、みりん二〇cc、酢二〇ccを煮溶かし、塩抜きした材料を漬ける。

醤油漬B　醤油二〇〇cc、砂糖五〇g、酢四〇cc、月桂樹の葉三枚を煮溶かして冷まし、塩抜きした材料を漬ける。

①調味液は必ず一度煮立てて冷まして使う。

②醤油には、塩分、うま味、香り、色などがあって、漬物をおいしくする。色を濃く付けたいときは「たまり」か「濃口」醤油を使う。素材の色を生かしたいときは「白」か「淡口」醤油を使う。

③酒や酢やみりんなどで割って塩味をやわらげるが、酒は日本酒のほかワインや焼酎などでもよい。

④酢は柑橘酢で酸味をつけると、ソフトな酸味となる。

⑤甘味をきかせたいときは、みりんとともに砂糖を使う。

⑥香味野菜やハーブ類を入れて、味や香りを強調することもできる。

⑦ふつう三～四日間で漬け液から引き上げ、陶製かガラス製の容器に移す。残った漬け液は鍋でひと煮立ちさせ、冷ましてから貯蔵容器に入れ、密閉蓋をして冷蔵庫で保存する。

福神漬

醤油八〇〇ccを七〇℃に加熱して、水あめ一〇〇g、砂糖一五〇gを溶かし、冷ましてから食酢五〇ccを加える。

①保存漬けした野菜は均一に刻み、塩抜きをしてから、布袋に入れてしっかり搾り脱水する。脱水前の重さの約五分の一になるまで脱水する。

②調味液が冷めてから脱水した野菜を漬けないと、歯切れが悪くなる。

③食酢の代わりに赤梅酢を入れると風味が出る。

④搾った材料に調味液を注ぎ、炒りゴマを加えて漬け込む。毎日一回混ぜて、材料に早く調味液を吸収させる。ふつう五日間くらいで漬かる。調味液を吸収するまでは上層に野菜が浮くので、押し蓋と軽い重石をしておく。

⑤完全に吸収したら、小さな容器に移し替えて冷蔵庫内で保存する。

『家庭でつくるこだわり食品2』より

あっちの話こっちの話

麹の甘みがおいしい三五八漬

武部雅子

栃木県西那須町の小川八重子さんのところで、三五八漬をいただきました。名前の由来は、漬け床の塩三、麹五、ご飯八という割合からきています。

作り方はご飯を冷まして湯気が出なくなったら、塩と麹を混ぜて二～三か月おき、漬け床を作ります。そこへ季節の野菜を入れて一昼夜漬けたら、麹の甘みがおいしい三五八漬けの出来上がりです。　八重子さんは漬け床をビニール袋で混ぜて、そのまま保存するので、管理も楽だと言っていました。

漬け床は色が黄色くなってべったりとなるまで、半年ぐらいおいてから漬けると味がなじみ、麹の甘みが増してさらにおいしくなるそうです。八重子さんの家では夏に漬けたきゅうりが家族に評判で、お孫さんも丸ごと一本食べてしまったそうです。家族みんながおいしく食べられる漬物です。

二〇〇〇年二月号　あっちの話こっちの話

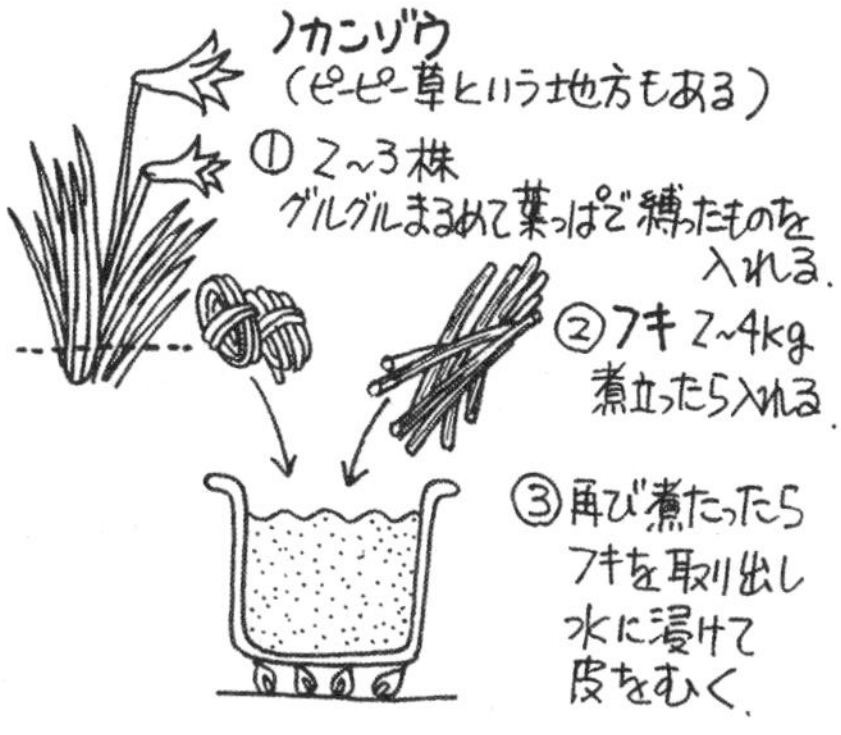
ノカンゾウ
(ピーピー草という地方もある)
①2～3株
グルグルまるめて葉っぱで縛ったものを入れる
②フキ2～4kg
煮立ったら入れる
③再び煮たったら
フキを取り出し
水に浸けて
皮をむく

ノカンゾウでフキのあく抜き

飯塚ひろみ

福島県三春町の渡辺れい子さんに、おいしくてきれいなフキの甘酢煮の作り方を教えてもらいました。

まずフキのあく抜きには、土手に生えているノカンゾウの葉を使います。たっぷり水を張った鍋にノカンゾウの葉を入れて煮立たせたら、そこへフキを入れて再び煮立たせるのです。ノカンゾウのおかげかあくも苦味もよく抜けて、水に浸けて皮をむくときも手が汚れないそうです。

フキの緑がきれいな甘酢煮作りのこつは、銅鍋を使うこと。まずは普通の鍋で、五cmくらいに切ったフキを砂糖と酢だけで煮ます。沸騰したら火を止め、煮汁だけをいったん銅鍋に移すのです。銅鍋を火にかけて数分後、フキの入った鍋に煮汁を戻して再び煮れば、きれいな緑色のフキの甘酢煮の出来上がり。このとき、煮汁を銅鍋で長く煮すぎると苦味が出てしまうので、目安に三本くらいフキを入れてみて、緑になるようだったら戻していいとのこと。

そのまま食べてももちろんおいしいですが、冷凍保存しておき、暑い夏に半解凍で食べても、冷たくてさっぱりした味で食べやすいそうです。

二〇〇七年四月号　あっちの話こっちの話

ワラビのあく抜きは籾殻くん炭で

林　琢磨

山菜にはあくがつきものですが、新潟県十日町市の宮沢静さんは籾殻くん炭であく抜きをしています。

鍋に、切ったワラビと木綿の袋に入れた籾殻くん炭を入れ、水からゆでます。お湯が煮立ったらすぐに火を止めて一晩おき、翌日もう一度煮て一～二日間おいておきます。煮汁を捨ててきれいな水に替え、もう一度煮こぼしたら冷まして出来上がりです。ワラビ一つかみに対してくん炭も軽く一つかみ。ポイントはあまり長く煮詰めないこと。色鮮やかに、シコシコの食感を残してあくが抜けますよ。

二〇〇九年四月号　あっちの話こっちの話

産地農家の食卓レシピ　山菜

菜花とぜんまいのナムル

千葉県南房総市　斎藤恵里子

子どものとき、近くに韓国の方がいて、お正月には教わったぜんまいのナムルを食べていました。春になると、よく山にぜんまいを採りに行き、あく抜きして乾燥させたものです。しかし、今はぜんまいの水煮がスーパーなどで手に入るので、調理も簡単。

ただ、水煮は結構値のはるものです。そこで、ぜんまいの量を減らして、うちにたくさんある菜花を混ぜてみてはどうかと思い、作ってみました。すると、ぜんまいの茶色っぽい色と菜花の緑が合わさって色合いがとてもきれいです。家庭でも食卓に出していますが、味もいいと好評です。

作るときのこつは、炒めたぜんまいが冷めてから菜花を混ぜることです。そうすると、菜花が変色しません。鮮やかな緑色のままです。

（二〇〇八年三月号）

菜花とぜんまいのナムル

＜材料＞
菜花　200g
ぜんまいの水煮　150g
鶏もも肉　100g
ゴマ油　大さじ1
炒り白ゴマ　大さじ1
A　醤油　小さじ2、酒　小さじ1
B　塩　小さじ0.5、こしょう　少々
C　ゴマ油　大さじ2、塩　小さじ1

＜作り方＞
① 菜花は塩を少し入れたたっぷりの熱湯でさっとゆで、すぐに冷水にとる。水気を切って5㎝に切る。
② ぜんまいを5㎝に切る。
③ 鶏肉を細かく切り、Aで下味を付ける。
④ 大さじ1のゴマ油で鶏肉を炒め、Bで味付けをする。
⑤ ④にぜんまいを加えて炒める。
⑥ ⑤をボウルに移し、冷ます。
⑦ ⑥に菜花を混ぜ、Cで味を調え、炒り白ゴマを振る。

ゴマ油と塩、コショウだけの味付けが、淡白な素材の味をひき立てる。菜花のほろ苦さが際立っておいしい。菜花のおかげでボリュームもでる（撮影・調理　小倉かよ）

炒めたぜんまいにサッと湯がいた菜花を加える。ぜんまいが冷めてからのほうが、色がきれい

簡単メンマ

青森県弘前市　仲野ハナ

　毎年、春になると関東にいる親戚にたけのこをたくさんいただきます。先っぽの軟らかい部分はおいしくいただきますが、根元の部分は硬く、そんなにたくさんも食べられないので、残ってしまうこともあります。そこで、乾燥させてみることにしました。

　私の実家は岩手の山奥で、そこではフキやわらびをあく抜きしたあと、天日に干して乾燥させていました。同じようにたけのこでも試してみました。干している最中、手で何度かもむのがコツです。お湯で戻したときに柔らかくなります。

　うちでは乾燥たけのこを戻して、ラーメンの具にしたり、豚汁に入れたり、こんにゃくやひじきと一緒に炒めたり、卵とじにしています。

　煮て味付けしたものは、お弁当に入れたりします。いつでも好きなときに食べられますし、冬は野菜が少ないので助かります。

（二〇〇九年四月号）

ざるに並べず、はじめからネットに入れて天日に干してみたが、それでもうまくいった

軟らかい頂部はすぐに食べ（うしろの料理）、下の硬い部分はメンマに（撮影・調理　小倉かよ）

簡単メンマ

　天気予報と相談しながら、干す日を決めて、とりかかる。

　長く切りすぎたかなと思いきや、干し上がると短いのにビックリ。塩抜きをきちんとすれば、おいしいメンマに仕上がる。酒のつまみに、お弁当の隅っこに少し入れるのもいい。

＜保存方法＞

① たけのこの節の部分（下の部分）を短冊切りにし、2～3分ゆでる。

② ①をざるなどに並べ、3時間ぐらい天日で干し、水分をとる。

③ ②に塩をちょっと多めにまぶして、手でもむ。

④ ③を2～3日干したままにし、毎日3回ぐらい手でもむ。もむことによって、戻したときに軟らかくなる。

⑤ カラカラに乾いたら、玉ねぎのネットに入れて、日陰につるしておく。随時使う。

＜料理方法＞

① 乾燥たけのこを、熱い湯に入れて戻す。

② 湯がぬるくなったら手でもむ。湯を捨て水を入れ、手もみを何回か繰り返し、塩を抜く。

③ ②をゴマ油で炒める。

④ ラーメンのたれを少し入れて煮て、酒、砂糖、唐辛子で味をととのえる。

⑤ 皿に盛って、ねぎの千切りをのせる。

山菜の下処理の方法

佐竹秀雄、矢住ハツノ、山田安子、岩城由子

山菜のあく抜き

ワラビ　ワラビは、下の硬いところを切り落とし、穂先は手でもんでつぼみを落としてから、ワラビの三倍くらい入る容器に入れておく。

あく抜きに使う液は、ワラビ一kgに対し、水一・五ℓ（約八カップ）、木灰約四〇g（半カップ）を入れてよくかきまわし、沈殿したら上澄み液を鍋に移し、煮立てて作る。

液が煮立っているうちに、あらかじめ容器に入れておいたワラビの上から注ぎ入れる。ワラビが浮き上がらないように押し蓋をして、軽く重石をのせ二〇時間くらいおく。

木灰の代わりに重曹を用いるときは、木灰を使うときと同量の水を煮立て、火からおろしてから重曹を約三g（小サジ一杯）溶かす。あとは木灰のときと同様に行なう。

煮立てた灰汁を使わないで、ワラビの上に直接木灰（ワラビ一kgに対しひと握りぐらい）を振り、その上から熱湯をワラビがかぶるくらいまで注ぎ、押し蓋をして軽い重石をのせて、冷めるまで二時間くらいおいてあく抜きする方法もある。

同様に重曹を用いるときは、小さじ一杯の重曹をワラビに振りかけ、熱湯を注ぐ。

もしワラビに苦味が残っているときは、さらに真水に入れてさらすとよい。急ぐときは、八〇℃くらいの熱湯にワラビを入れると苦味が早く抜ける。

いずれの方法も、灰や重曹の量が多すぎたり、長く浸けすぎるととろけてしまい、風味も失われるので注意する。あく抜き完了の目安は、ワラビの首の部分をつまんでみて柔らかくなったときとする。

ヤマウド　ヤマウドのあくは栽培ウドより強いので、切ったら水にさらしてあく抜きする。ただし、ヤマウドは皮を剥く必要はない。

ネマガリダケ・タケノコ　まず、穂切りといってタケノコの先端五～七cmを、中身に傷をつけないように包丁などで外皮をそぎ、外皮にたて一直線に切り目を入れる。これは皮を剥きやすくするためと、熱をよく通すためである。

ネマガリダケは、鍋に水をはり煮立たせ、その中に入れ約一〇分間ゆでる。ゆで上がったら冷水に入れ、冷まして皮を剥ぐ。

タケノコは、米のとぎ汁、または水量の一〇％の米ぬかを入れた液でふつう三〇分～一時間中火でゆでる。

フキ　鍋に入る長さに切り、水を煮立たせ、その中にフキを入れ七～八分間ゆでる。ゆで上がったら冷水に入れ、冷ましてから皮を剥ぐ。あくを抜くため「水さわし」といって、流水中に一晩浸ける。

山菜の乾燥（ゼンマイ）

ゼンマイは採取したらできるだけ早くゆでないと、根元の部分が硬くなってしまう。

①ゼンマイの綿を指先できれいにとる。

②鍋にゼンマイの約二倍量の水を入れ、加熱し、沸騰したらゼンマイを入れる。ゼンマイを入れると湯の温度が一時下がるが、再び沸騰したときに引き上げる。最初原料の色は緑色で、加熱がすすむと緑色が消え、やや黄褐色になる。このときがちょうどよいゆで加減である。

ゆで方が不十分だと干し上がりが黒くなってしまう。また、ゆですぎると軟らかくなり、もんだときにくずれてしまう。いずれもよくないのでゆでるときは過不足のないように注意する。

③ゆでたゼンマイをむしろやござなどに広げ、天日で乾燥する。乾燥中に組織を軟らかくするため両手でもんでやる。もみ方はその日の天候によっても違ってくるが、晴天の日を例にする。

④表面に付いている水がなくなったときに一回目のもみを行なう。五〇〇～六〇〇g集め、両手でかるく五～六回繰り返してもむ。もみ終わったら、またむしろの上に重ならないように広げておく。

⑤一回目が終わって約一時間すぎたら、二回目を行なう。もみ方は一回目と同じようにするが、多少力を入れてもむとよい。もみ終わったら広げておく。

⑥約一時間後に三回目を行なう。三回目は二回目より多少力を入れてもむ。三回目が終わったら一回分ずつ（三〇〇～四〇〇g程度）分けて広げ、乾燥する。

⑦約一時間後に四回目を行なう。四回目は分けた部分ごとにもむ。もみ終わったら分けた部分ごとに広げ、さらに約一時間乾燥する。

⑧五回目も四回目と同じように行ない、終わったら四回目と同様に広げて乾燥する。

⑨あとは天地返しをやって、翌日は分けずにまとめて干し上げる。

ゼンマイの乾燥法

①
材料
ワタをとる
②
採取したらすぐ
ボイル処理をする
③～④
天日乾燥
むしろ
むしろの上で500～600gずつ
両手で5～6回もむ
⑤～⑧
もむ
広げて乾かす
3回目が終わったら、1回分ずつ分けて
広げ、1時間おきに4回目、5回目のもみを
行なう
⑨
5回もんだら天地返しを
する
翌日まとめて干す
保存
乾燥剤
缶
ポリ袋

東北地方では、当日採取したものは夜に綿をとりすぐにゆでて、土間にむしろをしき、その上に広げて一晩おき、翌朝六時ごろ外に出す。午前中に四～五回もみ、午後は天地返しを二回くらいやって、翌日まとめて干し上げるのがふつうである。

もみ方がたりないと組織が硬く、食べてもまずい。よくもんで仕上げたものは、全体にしわが多くでき、食べても軟らかくおいしい。もどすときは、ゼンマイの九倍の水で中火で加熱し、九〇℃に達したら火を止め、一〇分くらい放置したあと液をすて、再び水をたっぷり加え加熱し、沸騰したらすぐに火を止め、翌日までそのままにしておく。

山菜の冷蔵

あくが少なく、軟らかい山菜は、ほとんど塩ゆでしてあくを抜く。

鍋に水をはり、食塩を水一ℓ当たり五g入れて煮立たせ、その中に山菜を根のほうから入れ、葉のほうはあとに入れて、五～七分間ゆで、冷水に入れて冷ます。

ゆですぎて風味をなくしたり、シャキッとした歯ざわりをなくさないようにするのがこつである。

ゆでないで湯通しするだけであく抜きできるものもあり、また、ゆでてもまだあくが残るばあいは、さらに水さらししなければならないなど、山菜のそれぞれの性質に応じて処理する。

こうしてゆでた山菜は、ポリエチレンの袋などに入れる。その中に五％くらいの食塩水（水一カップ当たり食塩小さじかるく一杯入れたもの）を作り注入する。袋の中に空気が残らないように口を輪ゴムでしばり、冷蔵庫などに貯蔵する。貯蔵期間は貯蔵温度により左右され、たとえば五℃前後で一〇～二〇日、一〇℃で七～一二日である。冷蔵庫のないときは冷暗所でもよい。

または、ゆでた山菜は小口に分けて冷凍する。冷凍は漬物で保存するばあいと比べて、色、風味が保てる利点がある。それと同時に塩抜きなどの手間がはぶける。いったん冷凍すると一年はもつ。もどし方は、自然解凍、ゆでる、レンジを使用するなどがある。

かたまりで冷凍すると解凍に手間と時間がかかるので、なるべくうすく平らにして、ポリ袋か、平たい容器に入れて、小口で冷凍することがポイントである。

塩漬けと塩加減

食品加工と塩加減は不可分の関係にある。

漬物の種類と食塩の量（材料1kg当たり）

漬物の種類	食塩の量（g）	加える食塩の濃度（％）	摘　要
即　席　漬	20～25	2～2.5	
一　夜　漬	30～35	3～3.5	
当座漬（2～3日）	40～50	4～5	
中期漬（7～15日）	50～70	5～7	
保存漬（1～2か月）	100～120	10～12	種類により漬け替える
長期漬（3～6か月）	150～200	15～20	漬け替える 1回目15％以上使用
長期漬（6か月以上）	200～250	20～25	〃
山菜の長期漬（6か月以上）	250～350	25～35	漬け替える 1回目20％以上使用

漬物を作るとき、まず考えなければならないことは、食用期、貯蔵期間、漬け込み季節、山菜の種類、使用目的などをはっきりさせ、食塩の使用量および漬け替え回数を決める。

家庭では、食塩の分量を手加減で決めていることが多くみられる。しかし、手加減ではいい加減なものになりやすいので、できるだけ正しく分量をはかって漬けることが大切である。

山菜類は、タンニン物質が多いため褐色変化を起こす酵素が強い。したがって、食塩の使用量は下漬けのときは一般の野菜より多く使用することがこつである。

塩抜きの仕方

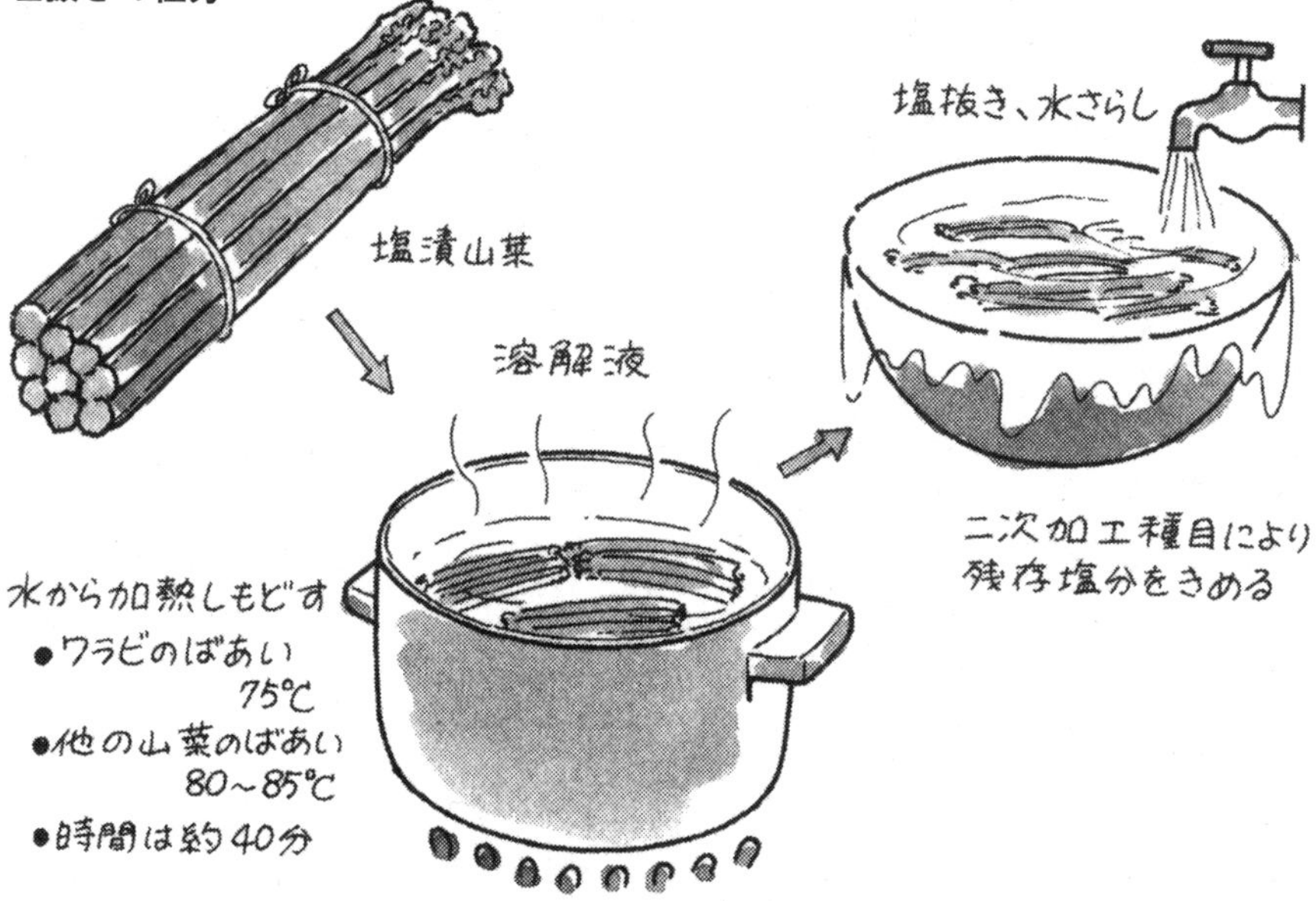
塩漬山菜
溶解液
塩抜き、水さらし
二次加工種目により
残存塩分をきめる
水から加熱しもどす
●ワラビのばあい
75℃
●他の山菜のばあい
80～85℃
●時間は約40分

塩味と塩分の見当のつけ方

塩　味	塩　分
塩味をわずかに感じる	1～2%
適度な塩味である	3～4%
塩味をやや強く感じる	6%前後
塩味を強く感じる	10～12%
塩味が強くて食べられない	15～20%

加熱して塩抜き

食塩で保存漬した山菜は、塩抜きしてから他の漬物や料理に使う。

まず塩漬けした山菜を取り出し、手早く水洗いして鍋に入れる。鍋に山菜の三倍量の水を入れ、これを徐々に加熱し、ワラビのばあいは七五℃、他の山菜類は八〇℃になるまで三〇～四〇分かけて加熱しもどす。もどしたら取り出して、流水中で余分な塩分とあくを抜く。

加熱しないで水だけで塩抜きすると、変色し、硬くなる。

塩抜きの程度は、その後の加工法によって異なる。目安としては、醤油漬二～五%、味噌漬八～一二%、粕漬一〇～二〇%、からし漬六～八%、甘酢漬四～六%、調理用二～四%である。

『家庭でつくるこだわり食品3』より

たけのこの水煮

小池芳子さん　小池手造り農産加工所

編集部

春のたけのこは、あとからあとから出てきて、鮮度が落ちるのが早いので、保存が難しい。伝統的な保存方法では塩漬にするが、独特なくさみが出る。色も変色する。煮物にしてもにおいが残る。おから漬にすれば、それほどくさみが出ない。

また、たけのこは冷凍保存が難しい。ゆでてから冷凍すると、繊維のコシがなくなって、たけのこらしい歯ごたえがなくなる。味付けご飯などに使うぶんにはいいが、煮物などには向かない。

当加工所では、新鮮なたけのこを水煮して、真空パックに詰めて保存している。

材料の準備

たけのこ　たけのこは風味が落ちるのが早いので、掘りたての新鮮なたけのこを使う。素材が新鮮なほど、色もよく、軟らかくできる。先端の穂先は軟らかいので水煮にはせず、刺身にしたり、三杯酢で和えたり、味噌汁に入れるとたけのこの風味を味わえる。

モウソウチクの場合は、あく抜きする必要があるが、ハチクやネマガリタケはあく抜きはいらない。

生石灰　生石灰は食品加工用を使う。薬局などで扱っている。

たけのこ水煮の手順

皮を剥ぐ　本当は、皮ごと煮るほうがうま味が逃げないからおいしい。ただ、皮付きのままだとかさばって鍋に入らないので、当加工所では皮を剥いでからゆでることも多い。新鮮な素材であれば、皮を剥いてゆでても、それほど味は落ちない。小さいものは丸ごと、大きいものは縦に二つに割る。

あく抜き　あく抜きするときは、生石灰を少し入れて、アルカリ水で三〇分ほど煮る。アルカリ水は繊維を軟らかくする効果がある。わらびのあく抜きにも、石灰を使うことが知られている。梅も、〇・二～〇・三％の割合で生石灰を入れた水に、一～二時間浸けると色がきれいになる。

伝統的なあく抜きの方法では、米ぬかと唐辛子を入れてゆでる。ただ、米ぬかを使うとどうしてもたけのこが汚れる。きちんと洗ったつもりでも、節の間に残る。米ぬかを使う場合は、あく取りがきれいに仕上げるポイントである。米ぬかでゆでると、煮汁にあくが出て黒っぽくなっている。そのまま湯に浸けておくとたけのこが汚れるので、いったんゆ

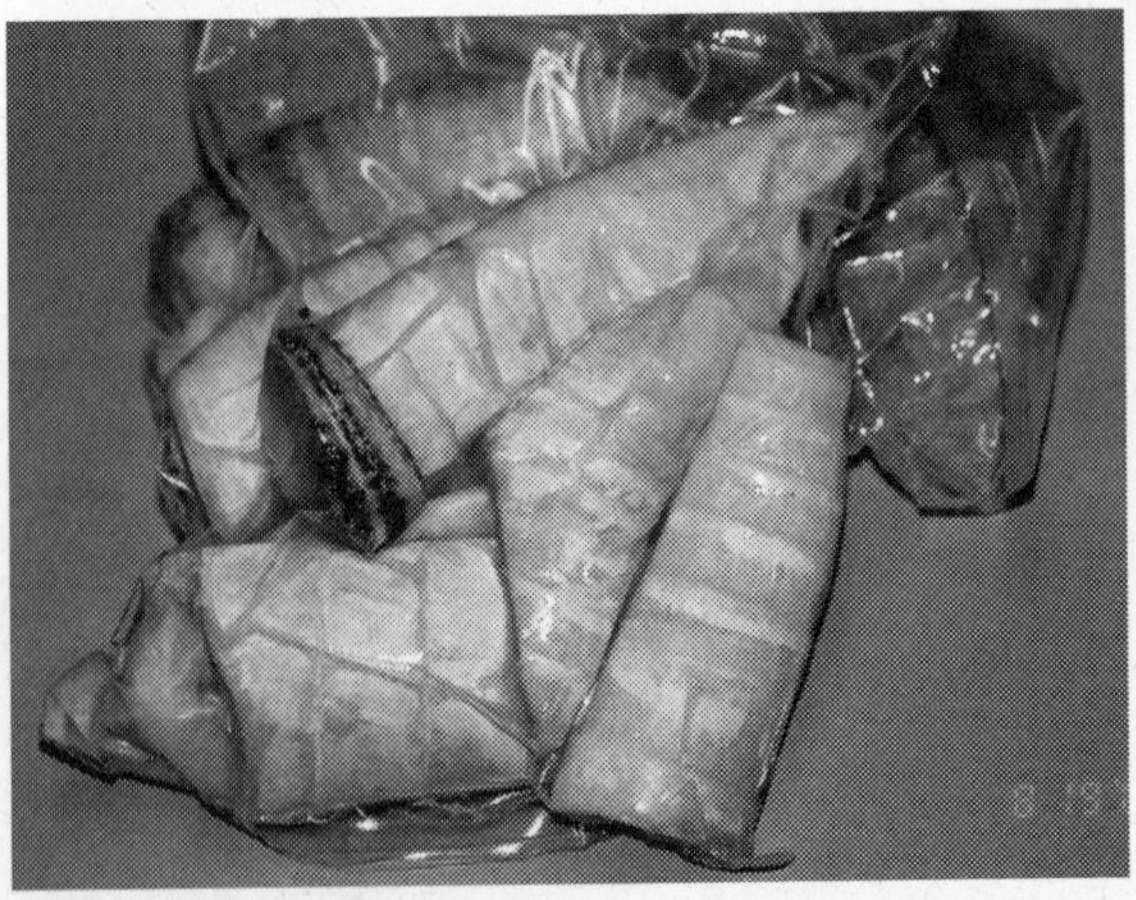

たけのこ水煮の真空パック

図１　たけのこ水煮の手順

《原料と配合，仕上がり量》
原料配合：タケノコ10kg，生石灰はタケノコ量の0.2〜0.3％（10kgなら20〜30g），食酢はタケノコ量の0.5％（10kgなら50g）
仕上がり量：250g入り真空パックで40個分

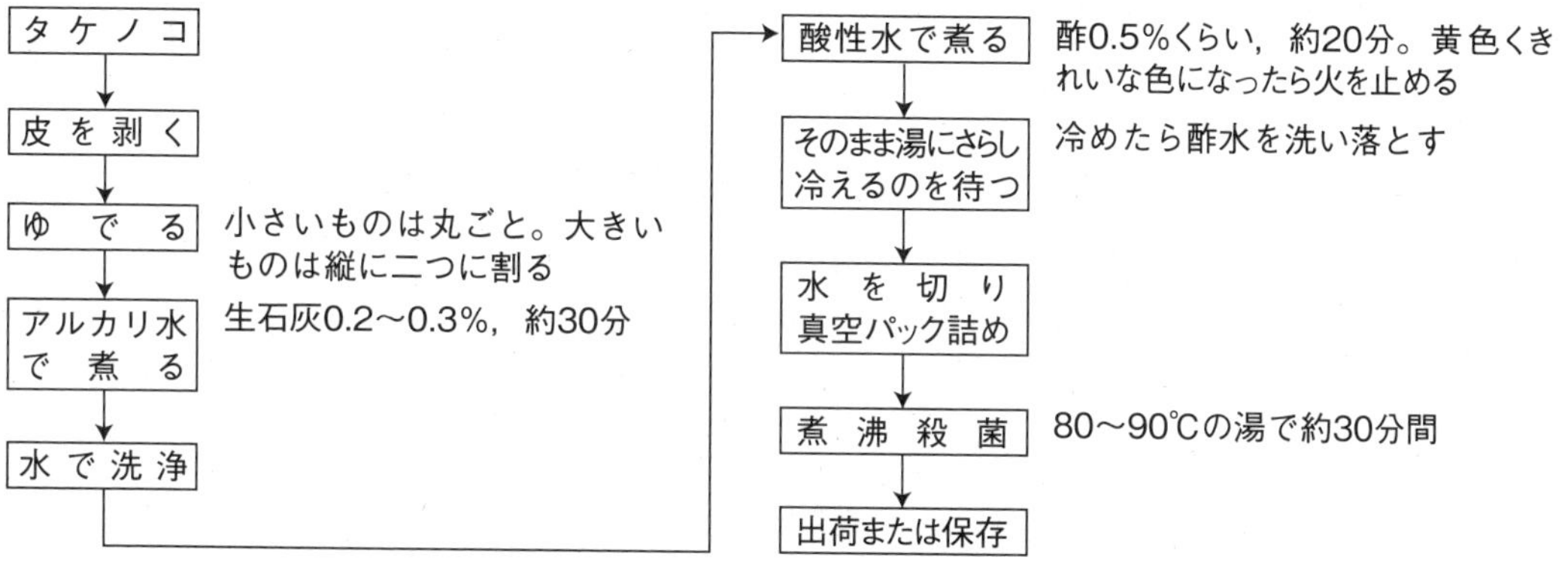
タケノコ
皮を剥く
ゆでる
小さいものは丸ごと。大きいものは縦に二つに割る
アルカリ水で煮る
生石灰0.2〜0.3％，約30分
水で洗浄
酸性水で煮る
酢0.5％くらい，約20分。黄色くきれいな色になったら火を止める
そのまま湯にさらし冷えるのを待つ
冷めたら酢水を洗い落とす
水を切り真空パック詰め
煮沸殺菌
80〜90℃の湯で約30分間
出荷または保存

で汁を捨て、新しい水を入れてからさらす。

酸性水で煮る　アルカリ水であく抜きしたあと、一度洗浄する。次に水に酢を加えて酸性の煮汁を作り、たけのこを二〇分ほど煮る。

たけのこは、繊維の中（導管など）に空気があって、そこから発酵しやすい。そこで煮汁を酸性にしておくと、保存性がよくなる。煮汁のpHが、四くらいになるように酢を加える。最低でもpH四・二は必要である。

ふつうの食酢ならば、水に対して〇・五％ぐらいの量であるが、品質を一定にするには、きちんとpH計で測らなければならない。この程度の酢であれば、煮物などにすれば、ほとんど酸味が残らず、たけのこの味や香りに影響がない。

酢は一番手軽で身近な防腐剤で、当加工所では、添加物の代わりに、多くの加工品に酢を使っている。酸っぱく感じない程度に使うのがこつ。

言うまでもないが、石灰と酢とは二段階に分けること。最初から一緒に入れては、アルカリと酸が反応して中和してしまうので、意味がない。アルカリであくを抜き、酸で殺菌するという順序で行なう。

冷却　湯に浸けたまま、冷めるのを待つ。冷めたらたけのこを水で流して、酢水を洗い落とす。

真空パック詰め　水分を切り真空パック詰めをする。真空パックは、高温に耐える材質のものを選ぶ。真空パックにしておけば袋をあけてすぐに食べられるから、これで一品料理にもなる。

真空パックに詰めるとき、煮汁を入れない。ただし、びん詰めなどで保存する場合は、酢の入った煮汁を一緒に入れておく。

煮沸殺菌　真空パックをしたあと、八〇〜九〇℃の湯で約三〇分ゆでて、殺菌処理をする。

その他の加工法　モウソウチクならかつお節で煮て土佐煮にする。変わったところでは味噌漬、甘く煮て砂糖をまぶした干し菓子もある。ふつうは切って捨てる根元の部分は、縦に裂いて油で炒めてきんぴらにする。ゆでただけでは硬いが、細く裂いて炒めると、ごぼうのように歯ごたえがあっておいしい。

※小池手造り農産加工所　長野県飯田市下久堅下虎岩五七八―八

食品加工総覧第五巻　惣菜　二〇〇五年

きのこの保存法

佐竹秀雄、矢住ハツノ、山田安子、岩城由子

干しきのこ

シイタケ、シメジ類、ナラタケ、ヒラタケ、マイタケなど、大部分のきのこは干しきのこにできる。乾燥によって風味を高めるとともに、長い保存にも耐えるという点からも合理的な保存法である。

①きのこの石づきやツボを取り除き、落ち葉や土などの汚れを丁寧に落とす。できるだけ水を使わず、布巾などで汚れを落としたほうがよい。肉の厚いきのこなど、その日に乾ききらないばあいは、裂いたり、薄切りにして干す。

②日当たりと風通しのよい場所に、ござやむしろ、波状トタンをしき、その上にきのこを重ならないように並べる。数回天地返しをするなどして、その日のうちにカラカラに干し上げる。あるいはストーブや囲炉裏のまわりにつるして乾かす。

③十分乾燥したら（指先の爪側ではじいてみて、カラカラと音がする）、ポリ袋か缶に入れ、乾燥剤も入れてしっかり口を密封する。ポリ袋のばあいは、空気をよく抜いて密封する。湿気の少ない冷暗所で、天井に近い場所がよい。

きのこの塩漬

アミタケ、イグチ類、サクラシメジ、ナラタケ、クリタケ、ヒラタケなどほとんどのきのこは塩漬保存できる。とってきたきのこは、その日のうちに早く処理する。

塩漬は、大量でも一度に処理でき、簡単で、きのこの味もあまり変わらない優れた保存法である。

①きのこの石づきやツボを取り除き、水で洗って、落ち葉や土などの汚れを丁寧に落とす。

②鍋にたっぷりの水を入れ、沸騰させてから、きのこを入れて軽くゆでる。きのこのゆで汁は捨てないで冷凍しておき、あとで塩漬きのこを利用するとき、解凍して利用すると、とりたてに近い風味を楽しむことができる。

きのこの塩漬

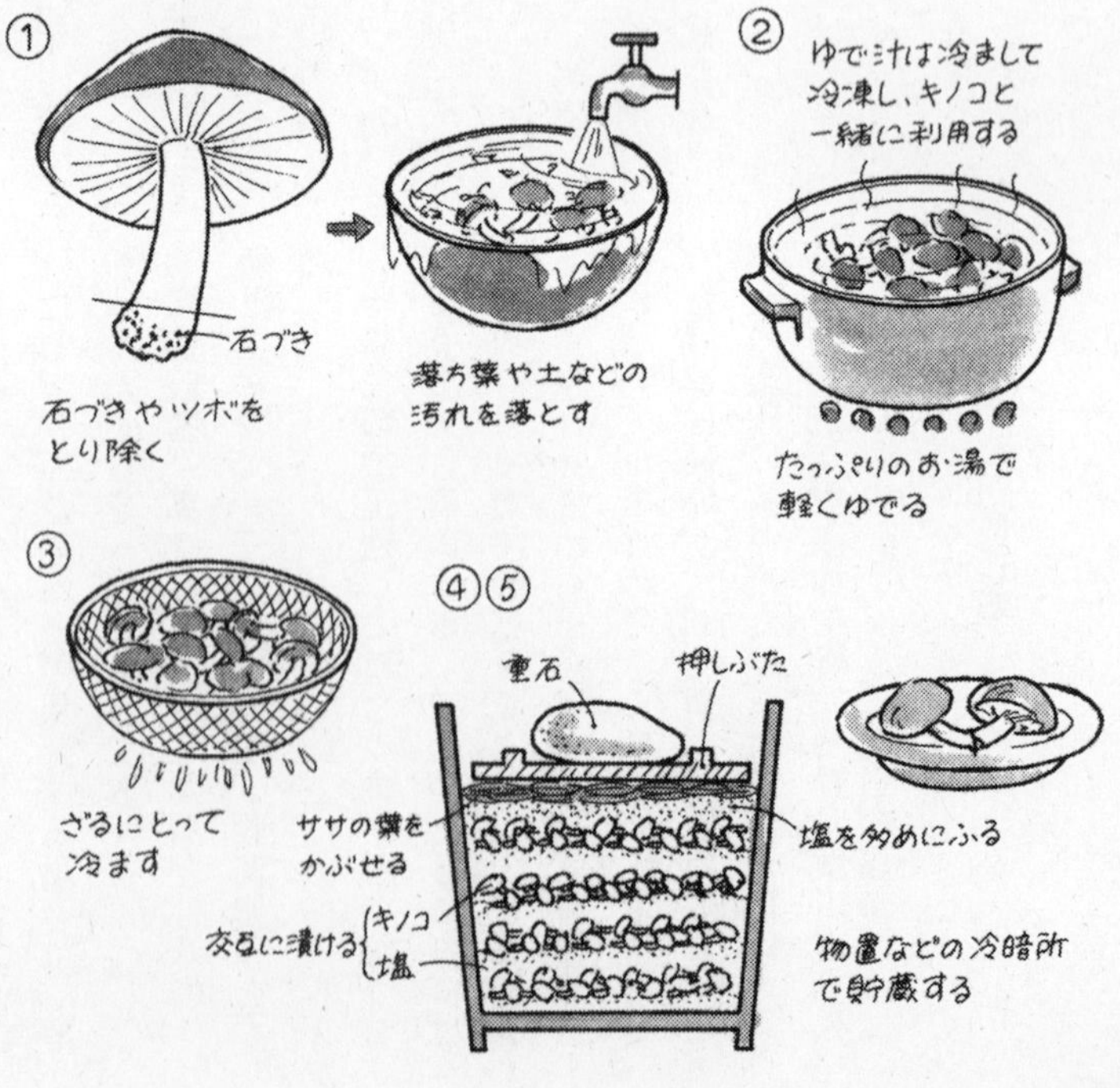
①
石づき
石づきやツボをとり除く
落ち葉や土などの汚れを落とす
②
ゆで汁は冷まして冷凍し、キノコと一緒に利用する
たっぷりのお湯で軽くゆでる
③
ざるにとって冷ます
④⑤
重石
押しぶた
ササの葉をかぶせる
塩を多めにふる
交互に漬ける
キノコ
塩
物置などの冷暗所で貯蔵する

きのこのびん詰

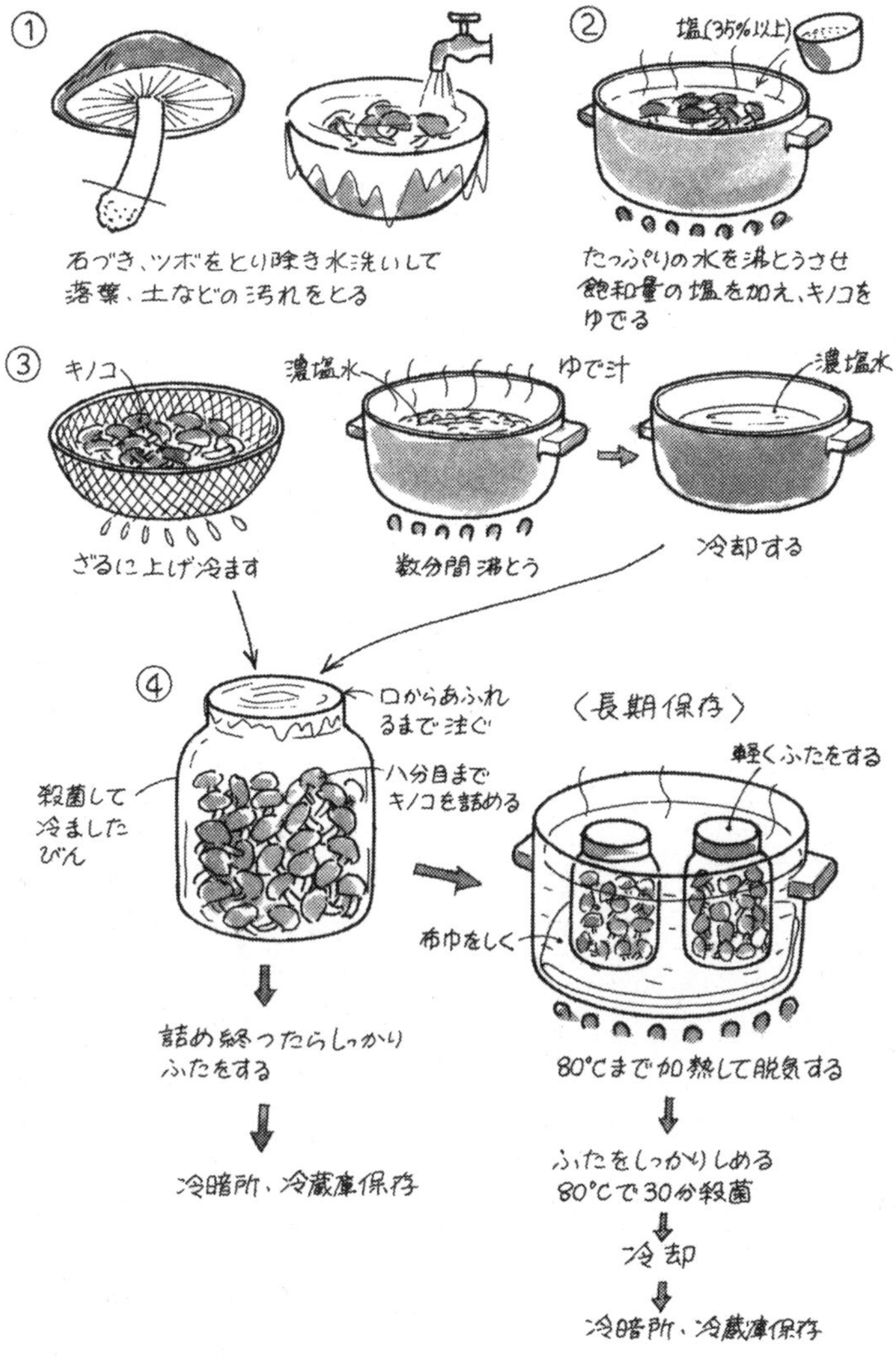
①
石づき、ツボをとり除き水洗いして
落葉、土などの汚れをとる
②
塩（35%以上）
たっぷりの水を沸とうさせ
飽和量の塩を加え、キノコを
ゆでる
③
キノコ
ざるに上げ冷ます
濃塩水
ゆで汁
数分間沸とう
濃塩水
冷却する
④
口からあふれるまで注ぐ
殺菌して冷ましたびん
八分目までキノコを詰める
詰め終ったらしっかりふたをする
冷暗所、冷蔵庫保存
〈長期保存〉
軽くふたをする
布巾をしく
80℃まで加熱して脱気する
ふたをしっかりしめる
80℃で30分殺菌
冷却
冷暗所、冷蔵庫保存

③ゆで上がったきのこを、ざるに取って水を切り、冷ましておく。

④きのこは腐りやすいので、塩は過飽和（二〇～三五％）の量以上を利用する。容器の底に塩をしき、その上にきのこをぎっしり詰めて並べ、また塩を振るというように、塩ときのこを交互に重ねて漬け込む。

⑤最後に塩をたっぷりと振りかけ、ササの葉（防腐効果がある）を置き、押し蓋をして、軽い重石をする。風通しのよい冷暗所（物置など）に置く。

⑥利用するときは、必要量を取り出し、流水に半日くらい浸けて塩抜きする。かじってみて、調理の仕方や好みによる塩かげんになるまで塩抜きする。流水に浸けないで、水にさらすばあいは数回水を取り替え、一日程度さらす。

きのこのびん詰（塩漬）

シメジ類、ハツタケ、ナラタケ類、アミタケ、マイタケ、ナメコなどほとんどのきのこはびん詰にできる。

①きのこの石づきやツボを取り除き、水で洗って落ち葉や土などの汚れを落とす。

②鍋にたっぷりの水を沸騰させ、塩を過飽和状態（三五％くらい）になるほどたっぷり入れ、きのこを軽くゆでる。

③ゆで上がったら火を止め、きのこをざるに上げて冷まし、ゆで汁はそのまま加熱して数分間沸騰させてから冷ましておく。

④殺菌して冷ましておいた保存びんに、冷ましたきのこを八分目まで詰め、その上から冷ましたゆで汁をあふれるまで注ぎ、しっかりと蓋をする。

⑤冷暗所や冷蔵庫で保存する。ときどき塩水が変色したり、きのこが変質したりしていないかチェックする。

⑥利用するときは、流水で半日くらい塩抜きして使う。かじってみて適当な塩かげんにまで塩抜きをする。

※煮くずれしないきのこは、③で冷まさずに、熱いうちに、殺菌した熱い保存びんにゆ

で汁とともに詰めて密封したほうが安全である。また、④でゆで汁を注入したあと軽く蓋をして、びんの肩まで水をはった鍋で八〇℃まで加熱して脱気し、しっかり蓋をする。その後八〇℃で三〇分殺菌して保存すると六か月以上は保存できる。

きのこのびん詰（酢漬）

①きのこの石づきを取り除き、水に一～三時間ひたし、水洗いを三～五回くり返して落ち葉や土をきれいに洗い落とす。

②ざるに取り、水をよく切る。

③水洗いしたびんに、きのこを詰める。

④水一ℓ当たり食酢（四・二％）二五gを入れた酢液を作る。きのこを詰めたびんに、酢液をびんの口一杯に注入する。

⑤びん詰を蒸し器に入れ、中心温度が九〇℃になるまで加熱する。

⑥びん詰を取り出し、温度が下がらないよう、厚手のゴム手袋をして手早く蓋をきつく締める。その際、注入液が少ないものには、④の酢液を沸騰させた熱い液を補給する。

⑦鍋に水を入れ、八五～九〇℃まで加熱し、底に布巾をしく。びん詰を鍋に入れてさらに加熱し、沸騰状態で六〇～九〇分殺菌する。

⑧殺菌が終わったら取り出し、蓋を下にして自然に冷却する。

⑨冷めたら、冷暗所に保存する。

※水一ℓに食酢（四・二％）二五gを入れた酢液できのこをボイルし、ざるに取って液を切り、びんに詰めて、ボイルした液を布巾でこして注入し、同じ要領で脱気、殺菌してもよい。

きのこの冷凍

ナラタケ、イグチ類、クリタケ、ナメコ、マイタケ、シメジ類、ヒラタケ、シイタケ、エノキタケなど、ほとんどのきのこは冷凍できる。

①なるべく新鮮なうちに、石づきやツボをとり除き、布巾などで落ち葉や土などを拭きとる。なるべく水は使わないようにする。

②ラップフィルムを広げ、その上にきのこを重ならないように並べ、さらにラップフィルムをかぶせて包む。一回の使用量に小分けして冷凍しておくと、使うとき便利である。

③包みを冷凍室に入れ、急速冷凍する。

④カチンカチンに凍ったきのこを一度冷凍室から取り出し、厚めのポリ袋（薄いばあいは二～三重に袋を重ねる）に入れ直し、空気を抜いて口を密封して冷凍室で保存する。

⑤利用するときは、冷蔵庫内で自然解凍す

きのこの冷凍

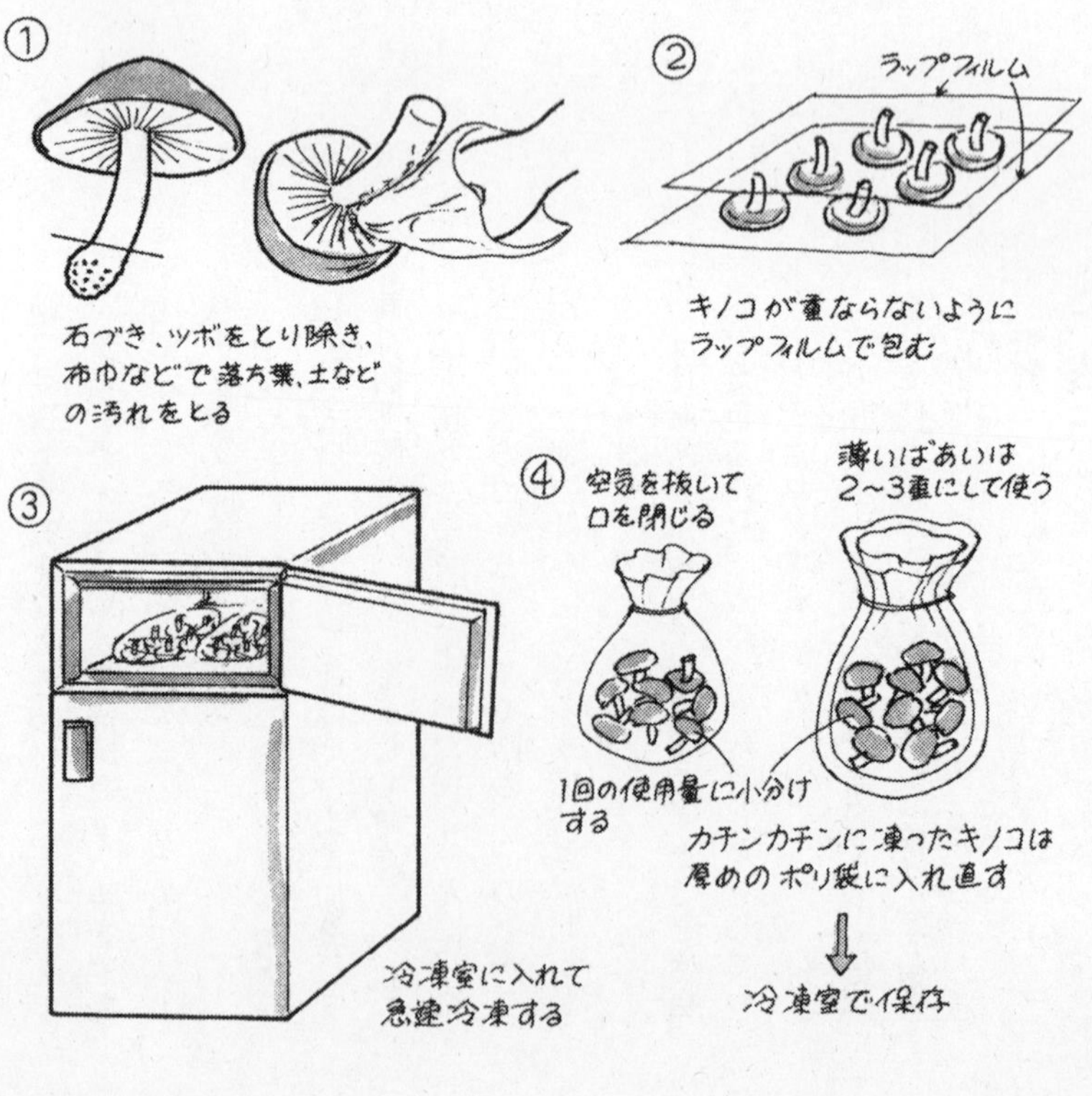

①
石づき、ツボをとり除き、
布巾などで落ち葉、土などの汚れをとる
②
ラップフィルム
キノコが重ならないように
ラップフィルムで包む
③
冷凍室に入れて
急速冷凍する
④
空気を抜いて
口を閉じる
薄いばあいは
2～3重にして使う
1回の使用量に小分けする
カチンカチンに凍ったキノコは
厚めのポリ袋に入れ直す
冷凍室で保存

るのが望ましい。水に浸けたり、ゆでてあるものは袋ごと熱湯に浸けるなどの方法もある。半解凍の状態のときに、表面をこすると汚れがかんたんに落ちる。

解凍したら生のきのこの料理方法で調理する。汚れのないものは、解凍しなくても、揚げものや煮もの、汁もの、炒めものなどの加熱するときには、凍ったままで利用できる。

※ぬめりのあるきのこで、汚れが落ちにくいばあいは、熱湯をかけるとぬめりがとれて汚れが落ちる。汚れについては、解凍の際にも落ちるので、あまり神経質になる必要はない。

※食味を楽しむきのこの場合は、さっとゆでてから冷凍してもよい。ゆで汁も冷凍保存しておき、一緒に利用する。香りを楽しむきのこのばあいは、ゆでると風味が抜けてしまうので、生のまま冷凍のほうがよい。

きのこの粕漬

①塩漬きのこを、水に浸けて塩味を強く感じる程度に塩抜きする。生のきのこは、熱湯でさっとゆでて冷水に取り、水けを切る。

②分量の材料をまぜて粕床を作る。

③容器に粕床をしき、きのこと粕床を交互に漬け込む。

④最上段に多めに粕床を置き、ラップフィルムでおおい、紙か布で密閉して、冷暗所に保存する。一か月ほどで食べられる。

きのこの粕漬

材料と配合割合

		シイタケ	シメジ
塩漬材料		1kg	500g
粕床	酒粕	800g	500g
	砂糖	100g	100g
	焼酎（35度）	150cc	—
	塩	20g	大さじ1
	みりん	8g	大さじ1.5

きのこの甘酢漬

①塩漬きのこを水に浸け、多少塩辛さを感じる程度に塩抜きする。

②漬け液の材料を鍋に入れ、七〇℃くらいまで加熱し、冷ましておく。煮立てしまうと酢の酸味が飛んでしまうので注意する。

③保存びんにきのこを詰め、上から漬け液をきのこがかぶる程度に注ぐ。

④きのこが浮かばないように押し蓋と軽い重石をして、上に紙か布のおおいをして冷暗所に保存する。五〜七日で食べられる。

きのこの甘酢漬

材料と配合割合

塩漬キノコ		500g
漬け液	酢	150g
	砂糖	100g
	水	100g

きのこの醤油漬

①塩漬きのこを水に浸け、塩味を感じない程度に塩抜きし、水けを切っておく。

②漬け液の材料を鍋に入れ、六〇℃になるまで加熱し、冷ます。

③きのこを保存びんに入れ、上から漬け液を注ぎ、きのこが浮かばないように押し蓋と軽い重石をして、冷暗所に保存する。四〜五日で食べられる。

『家庭でつくるこだわり食品3』より

きのこの醤油漬

材料と配合割合

塩漬キノコ		500g
漬け液	醤油	100g
	塩	15g
	酢	15g
	砂糖	15g

ところてん

『聞き書　日本の食生活全集』より

新潟県　頸城海岸の食

夏七月ころ採取したてんぐさは、まず乾燥し、天気のよい日に雨水にひたしてもどし、また干すという工程を二、三回くり返すとまっ白くなる。これをしろてんという。また、よし簀に広げて干したものをくろてんという。

ところてん　西頸城郡能生町（撮影　千葉　寛『聞き書　新潟の食事』）

筒石では、八月二十七日の水島磯辺神社の祭りに、ところてんでもてなすのが習わしである。

乾燥てんを水にもどし、一時間くらい煮て溶かす。それを袋でこして、そのしぼり汁を型に流して固める。これを細く切るか、てん突きで突いたものを酢醤油か生醤油で食べる。どこの家でも乾燥したてんぐさを大量に蓄え、酒のさかなや、ごはんのおかずなどのもてなし料理として、必ずつくる。

京都府　丹後海岸の食

てんぐさを日光に一時間ほど当てていららかせ（乾燥させ）、木槌でたたいて貝がらを落とす。これをざるに入れ、海水で何度ももみ洗いする。最後は真水で洗いあげて大釜に入れ、てんぐさの上に水を手首から一寸五分ほどになるように注ぎ、ぐつぐつと煮る。煮たってきたら、さかずき一杯の酢を入れ、煮汁がふきこぼれないようにする。一時間か一時間半ほどたったら、木杓子で煮汁をたらしてみる。糸を引くようになれば、桶に目の細かいざるをおいて煮汁をさがらかす（こす）。それを木綿のこし袋に入れてしぼり、液をいるわ（飯盆＝半切り桶）か、まつぶた（こうじぶた）に流しこんで固める。これを一番煮という。

ざるの煮汁がすっかりさがったてんぐさを、再び釜に入れ、一番煮と同じ要領で煮る。これを二番煮という。同じ方法で三番煮までつくる。

一晩ねかせると固まるので、これを細長く切り、酢醤油、からし酢醤油、酢醤油におろししょうがの薬味を加えたもので食べる。お盆や、夏の行事のときに食べるごちそうでもある。このあたりでは、すっころてんともいう。

ところてん　与謝郡伊根町（撮影　千葉　寛『聞き書　京都の食事』）

山口県　大島の食

四、五月にとったてんぐさはいったん干し

ておき、七月の土用のころに海水にさらす。三〜七回ていどさらしては干すのをくり返すうちに、はじめは赤緑だったのが、しだいに黄色みを帯びた白に変わっていく。よくさらしたものほど、ところてんに炊いたときに透きとおってきれいだが、その分磯の香りもなくなるので、ふつうは三回ていどでやめる。

海に近い家ではこのようにできるが、奥のもん（海から遠い家）は、たんびに（たびたび）は海に行けない。そこで雨の降るときにてんぐさを屋根に放り上げておいて、雨水でさらす。

ところてんは、水一升に乾燥したてんぐさ両手一杯、酢さかずき一杯を加えて、三〇分から一時間煮てこした液を型に入れて固め、ところてんつきでつく。酢醤油にからし、ねぎを添えて食べるとさっぱりした味なので、夏によくつくる。

一度こしたてんぐさに水を加えて煮ると、また液がとれる。砂糖を加えて寒天寄せをつくってやると子どもたちが喜ぶ。

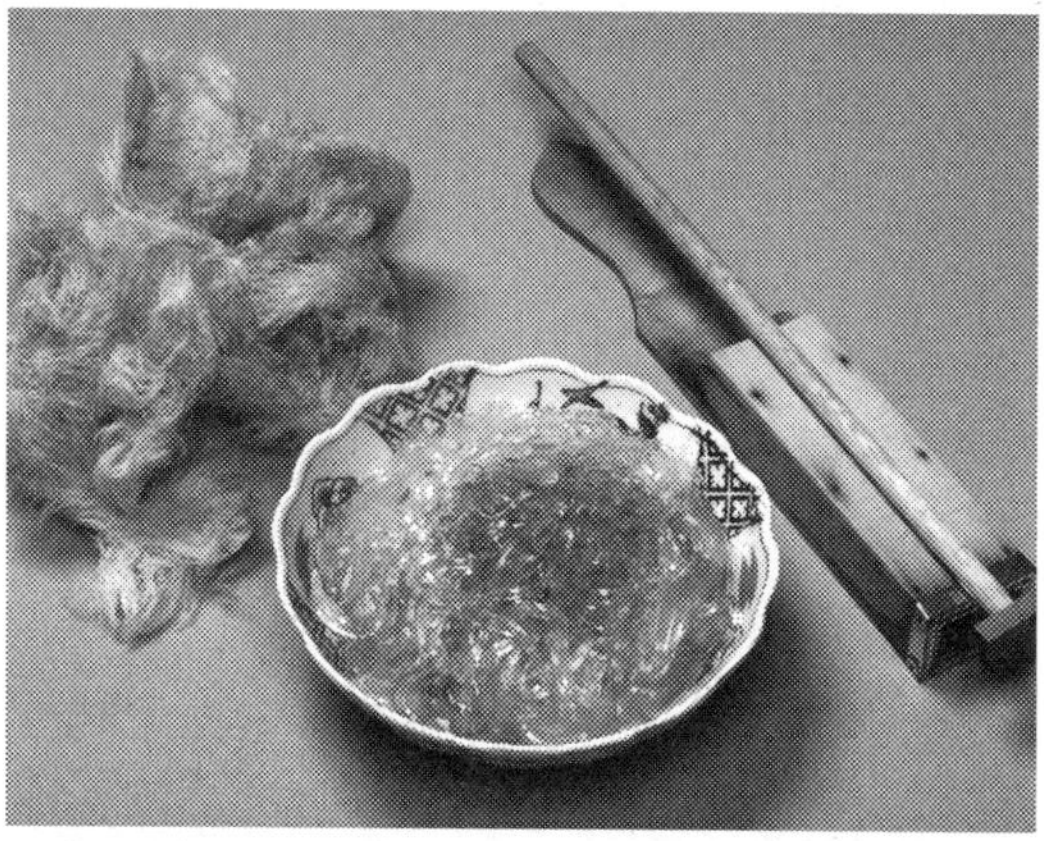

ところてん　大島郡久賀町（撮影　千葉　寛『聞き書　山口の食事』）

長崎県　対馬の食

てんぐさは四月から六月ころとるが、そのころ強い風が吹いて海草が浜に打ち上げられることが多い。このなかに、てんぐさもたくさん混じっているので、ひろって干してから貯蔵する。

お盆前後の暑いときが、ところてんの季節である。干して貯蔵したてんぐさは、槌で軽くたたいて石や貝殻を落とし、水につけて洗い、色がさめるまでさらしておく。

これを大釜で炊く。水二斗ぐらいに、てんぐさを一斗しょうけ（ざる）一杯入れ、半日近く煮ていると、やがて五、六升ぐらいに煮つまり、どろどろになる。これを、たかげ（小さいざる）に布を敷いてこし、半切り（浅い桶）に入れてそのままにしておけば、冷めて固まる。たかげに残ったどろみは、また水を加えて煮て、一回目と同じようにつくっていく。三回目までやることもあるが、ふつうは二回で終わる。固まったら大きく切って、まわりに水を入れておき、必要なだけ切り、すめをかけて食べる。

すめは、いりこやかつお節のだしを醤油で少しからめに味つけし、冷たい井戸水で冷やしておく。また、菜にする場合は、酢味噌をつけて食べる。

暑い夏の食べものとして涼感をさそうので、子どもから大人まで好んで食べる。

ところてん　下県郡厳原町（撮影　千葉　寛『聞き書　長崎の食事』）

海藻の加工法

佐多正行、矢住ハツノ

テングサ・紅藻類

ところてん・寒天　テングサ科の紅藻類は沿岸の比較的深い所でとれ、ところてん、寒天などの原料となる。紅藻類は、テングサ、ヒラクサ、オニクサ、オゴノリ、エゴノリ、イギス、キリンサイなどである。日本各地の沿岸に分布。三～九月が適期であるが、暖かいところでは二～八月ごろとなる。

紅紫色の草をいったん乾燥し、漂白したのを煮とかして固めたものがところてんであり、凍らせて乾燥すれば寒天になる。寒天は、ゼラチンの約一〇倍の強い凝固性をもち、製菓（洋かん、各種寒天の材料）、ヨーグルト、ジュースなどに添加するほか、細菌培養地、糊料などとして使用する。

ところてん、寒天

材料と配合割合

原藻（テングサ類60～80%、オゴノリ20～40%）	1kg
水	15ℓ
酸	適量

①原藻を水洗いし、分量の沸騰した湯の中に入れる。

②八五～一〇〇℃で一八時間以上煮て溶かす（酸を加えると時間が短くなる）。

③溶けたら熱いうちに布袋でこし、容器に流し入れ、一昼夜放置して凝固させる（これがところてん）。

④ところてんを昼間五～一〇℃、夜間マイナス三～マイナス一〇℃の戸外に出して凍結乾燥させる。昼夜の温度差による融解、凍結を七～一五日反復する。

ノリ

干しノリ　干しノリには黒ノリ、混ぜノリ、および青ノリの三種類があり、普通干しノリといえば、黒ノリと混ぜノリをさす。青ノリはほとんど佃煮用として利用される。十一月から翌年の二月ころまでが収穫の最盛期である。

原藻の採取から製品化までの全工程中に、海藻独特の味、香り、色素、鮮度が急速に落ちるので、作業は低温の場所で短時間に終わるように素早く行なわなければならない。

①採取した原藻は、海水で十分洗い、細かく裁断し、真水で洗って水を切る。

②ノリをすだれに薄くのばして、すき上げる。

③一～二日間天日乾燥する。

④適当な大きさに裁断する。二五g程度の原料ノリが、乾燥が終わったときには約三g

ところてん・寒天の作り方

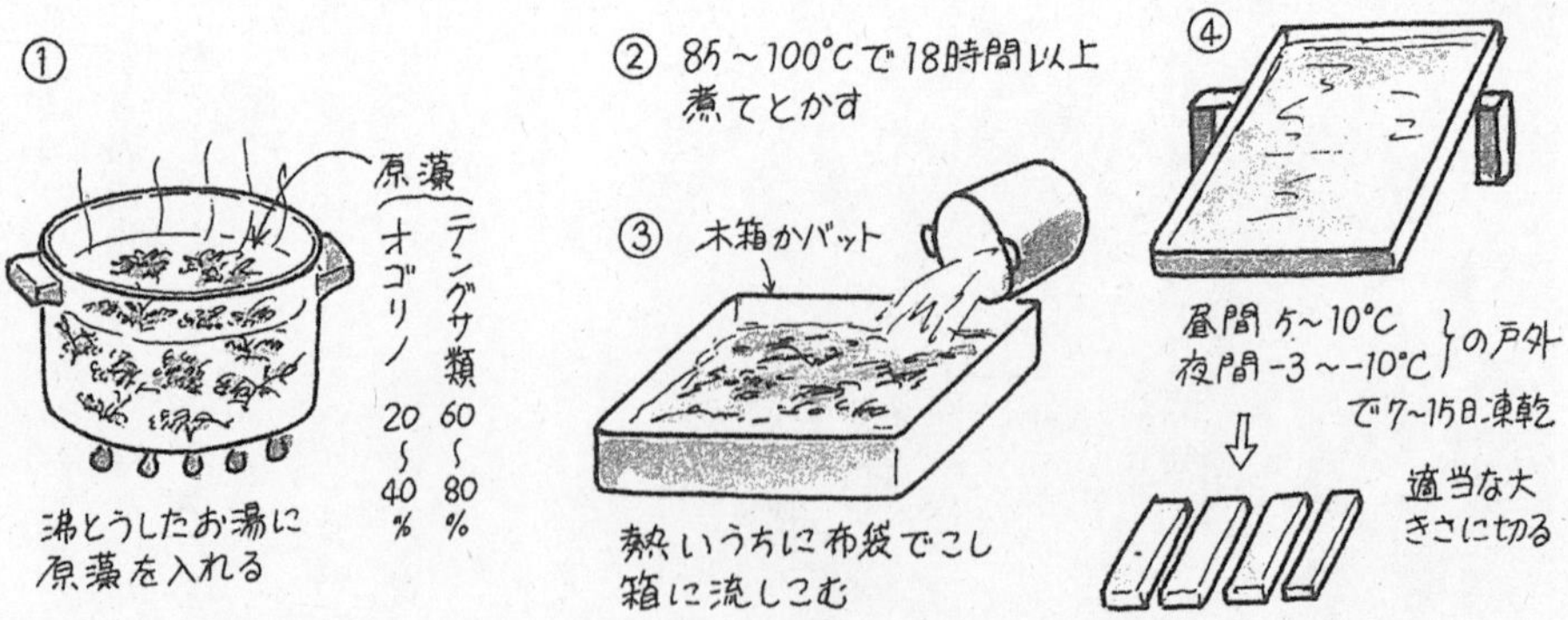
①
原藻
テングサ類 60～80%
オゴリノ 20～40%
沸とうしたお湯に原藻を入れる
② 85～100°Cで18時間以上煮てとかす
③ 木箱かバット
熱いうちに布袋でこし箱に流しこむ
④
昼間5～10°C
夜間-3～-10°C
の戸外で7～15日凍乾
適当な大きさに切る

になっている。

⑤缶に乾燥剤（シリカゲルや生石灰など）を入れて、きっちり蓋をしめて保存する。またポリ袋の入り口を二重にきっちりしめ、冷蔵庫内で保存する。冷蔵庫でも湿気をおびることがあるので、あまり過信してはならない。直射日光に当てても風味を失うことがあるので注意。

焼きノリ　焼きノリは干しノリの二次加工品である。干しノリを焼きすぎると、香ばしさがなくなるので、さっとあぶるようにする。

①おもて（つやのあるほう）を内側にして、二枚あわせてあぶる。

②一枚の場合は、おもてを内側にして二つ折りにしてあぶる。

③青緑色がでるまで、むらなくあぶる。

焼きノリ

材料と配合割合

生ノリ	300g
醤油	100cc
みりん	50cc
砂糖	60g

④ガスの火を使うときは、直火をさけ、セラミックつきの焼あみの上であぶる。できれば、炭火の遠火がよい。

味付ノリ　焼きノリを作るときに、醤油、砂糖、みりん、香辛料などを配合して、ノリの表面に塗ったものを、あぶって作り上げる。

佃煮　①材料をよく水洗いし、まな板の上で包丁でよくたたき、水切りをする。

②鍋に材料と調味料を入れ、中火でゆっくり煮詰める。常温でも一〇日ぐらいは保存できるが、冷蔵庫で保存し、香ばしいうちに食べるのがよい。

③長期保存するときは、殺菌したびんに密閉する。

干しノリを湿けらした場合、佃煮に利用してもよい。ノリの場合、甘い調味料を利用するより、塩分（塩、醤油）のほうが材料の味をよくひきたてる。佃煮の場合はとくに醤油の味つけが重要になる。

ヒジキ

原藻のヒジキは多年生の褐藻で、古くから食用とされている。北海道沿岸日高以南、太平洋沿岸、瀬戸内海、九州、日本海の南部沿岸に分布している。

寒い時期のものほど、軟らかくて風味がよい。十二～四月が適期。そのころ採取されたヒジキは三〇～一〇〇cmあり、その根を残してかまで刈り取る。原料としては、主枝（茎）が長く、大きいものが最上とされている。生のヒジキは硬くて渋味が強く、蒸して乾燥して食べる。

素干しヒジキ　採取した原藻をすぐにすだれやむしろに広げて天日で干し上げる。素干しヒジキは吸湿しやすいので、湿気がこない保管が必要。

煮干しヒジキ　①素干しヒジキを淡水で洗って塩抜きをする。

②水を替えながら三回洗う。次に水切りしてセイロに移し、入れ蓋をして六時間蒸し煮する（はしではさんで切れるくらいまで）。

③蒸し上がったら取り出しむしろに広げて晴天の日で二～三日、天日干しする。乾燥の途中、黒味を増すため蒸し煮の汁を二回ぐらいかける。

④十分に乾燥したものは茎だけの「長ヒジキ」と、小枝や短い茎の混じった「芽ヒジキ」に区分して貯蔵する。煮干しヒジキは吸湿性が少なく、乾燥もきいているので通常の保管でよい。

⑤食べるときは、通常煮干しヒジキが用いられる。水に三〇分ほど浸けてもどし、十分給水して柔らかくなったものを水切りして調理する。

ワカメ

ワカメは日本近海特産の海藻であるが、暖

流の影響を受ける沿岸で、九州から北海道までほとんどの場所に産する。最近では養殖技術の確立で、これまでとれなかったところでもとれている。採取時期は二〜三月。

干しワカメ ①ワカメを水洗いする。ワカメの表面に塩分が出るのを防ぐためと、塩分による乾燥のもどりを防ぐことが目的。

②砂礫上や縄、さお、かけ棒などを使って干し上げる。夕方取り込み、翌日干して完了。手に持って立ててみて、折れ曲がらない程度に乾燥させる。

湯ぬきワカメ ワカメを淡水で煮て、緑色に変わったらすくい上げ、すばやく冷水中に入れ、中軸をたてに割り陰干しする。

灰干しワカメ 生ワカメに灰をまぶし、天日乾燥し、夕方取り入れる。翌日また灰をまぶし、乾燥、収納する。これを四、五日間くり返す。製品は灰をまぶしたままであるが、真水で灰を洗い落とすと、あざやかな緑色になる。使用する灰はシダやカヤ類のものがよく、松葉や竹の灰などは付着性がないので不適当である。

糸ワカメ 灰干ししたものを、洗って灰を落としてから塩抜きする。このすじを抜き、葉の部分をさいて干したもの。煮物向き。

板ワカメ（のしワカメ） 漁期のはじめころの幼ワカメを利用したものが、よい製品となる。ワカメを干しすだれに張りつけるように、一枚ずつ広げて天日乾燥し、火であぶってさらに乾燥したもの。火であぶって食べる。

刻みワカメ 小さく刻んで乾燥したもので、そのまま炊き込みご飯や、みそ汁に利用できる。

すだれワカメ ワカメを淡水で洗い、塩分を除き、すだれの上で干したもの。紙のようにすいたものもある。

もみワカメ 中茎をとって葉を細くさき、乾燥の途中でワカメをもみながら乾し上げる。また、薄い板ワカメを火であぶってもみほぐしたものをいう場合もあり、これはご飯にかけて食べる。

塩蔵ワカメ ①原料の生ワカメに対して三〇％の塩を振り、一昼夜おく。

②水切りをしてから茎を取り除き、葉に三％程度の塩を混ぜて保存する。

③食べるときには水に浸して塩抜きをしてから用いる。茎は茎ワカメとして、佃煮、みそ漬、粕漬などに用いる。

ボイル塩蔵ワカメ 生ワカメの塩蔵より緑色が鮮明で利用しやすい。

①鍋に五％塩水を入れて沸騰させ、元茎をのけたワカメを入れる。

②中茎の色が緑色に変わったら（一分間くらい）湯から引き上げ、流水で十分冷やす。冷やし方が不十分なものは、余熱によって褐色に変色し、色と風味がわるくなるので時間をかけて行なうこと。

③ワカメの三〇〜四〇％の塩を加えて、十分混ぜ合わせてから一昼夜漬け込む。

④網やかごに入れて十分水切りをする。

⑤中茎の部分を切りとり、五％の塩とよく混合してから保存する。

コンブ

コンブにはマコンブ、ホソメコンブ、リシリコンブ、カジキコンブなどがあり、だしに利用したり、オボロコンブ、トロロコンブ、納豆コンブ、切りコンブなどに利用される。コンブは北海道の特産品である。着生の場所が異なると品質も異なる。品質、とくに呈味によって用途が著しく違う。採取時期は七〜八月ごろ。

乾燥コンブ ①コンブの根を切ったあと、重ならないように平行に並べて干すが、干場は陽当たり、風通しのよいところで、小石、砂利のあるところを選ぶ。または、むしろ、クマザサなどをしく。

②ある程度乾燥したら、コンブを移動させながら干し上げる（浜寄せ、手返し）。

③頭の調整。葉元を三日月型に切りとる。

この部分は頭コンブ、または根コンブといい、だしに用いる。

④乾燥したコンブは、直接空気にさらしておくと、湿りやすい。湿気をおびると白い粉が吹き出し、風味がわるくなる。ビニール袋や缶などに入れて保存する。しめりかけたコンブは、日光に当てて干すとよい。

塩蔵コンブ　マコンブの一年もの、および間引きコンブなどの利用法である。

①大釜に五%の塩水を沸騰させ、その中にコンブを入れる。

②緑色になったら取り上げ、ただちに流水中で冷却し、ざるに上げて十分に水切りする。

③コンブに三〇%以上の塩を加えて混ぜ合わせ、塩漬にする（二日間）。その後、水切りを十分に行なってから根元を揃える。大きめの保存容器に一段ごとに輪を作るように重ねて積み上げるか、あるいは折りたたむようにして入れ、押し蓋をして重石をかけておく。

④流水に浸して塩抜きし、煮しめやおでん、佃煮などに利用する。

コンブの佃煮　①布巾で拭くか、さっと水洗いして二cm角切り、または短冊、細切りにして水（醤油）にもどしておく。

②水にもどしたコンブと調味料を鍋に入れ、コンブがかぶる程度の水を入れて中火にかけ、煮立ってきたら火を弱め、調味液がなくなるまで煮詰めていく。

シイタケを加えて「椎茸昆布」、カツオ節を加えて「しぐれ昆布」などができるが、このばあい、砂糖を多く加える。だし汁をとったコンブも利用できるが、シイタケやカツオ節などで味を補うとよい。

圧力釜で煮ると短時間で軟らかくなるが、煮くずれないように注意する。長期保存には、醤油と酢だけで煮詰めるとよい。

潮吹きコンブ　コンブの佃煮が仕上る寸前に、全体の量の五%の塩を加えてからませる。

塩コンブ　コンブは砂を落とし、角切りにして醤油と水を加え、ときどきかき混ぜながら汁を煮詰めていく。醤油だけで煮詰めていくが、汁がなくなる前に塩を少々加える。塩辛さを抑えたいときは、醤油、塩を加減する。

酢コンブ　コンブを幅二cm、長さ七cmに切って調味料を加え、中火で煮上げる。

こぶ茶　リシリコンブ、ホソメコンブ、マコンブなど砂を除き、適当に切ったあと、火力乾燥し、粉砕機で微粉末にする。これに乾燥した食塩三〇%を加える。熱湯を加えて飲用としたり、吸物のだし、ふりかけの材料などに利用する。

『家庭でつくるこだわり食品1』より

コンブの佃煮

材料と配合割合

ミツイシコンブ、ナガコンブなどの乾燥品	100g
調味料	
醤油	400cc
みりん	100cc
砂糖	15g
酢	30cc

塩コンブ

材料と配合割合

肉の厚いコンブ	400g
醤油	2カップ
水	1カップ
塩	20g

酢コンブ

材料と配合割合

コンブ	200g
水	2カップ
酢	大さじ5杯
醤油	1カップ
砂糖	1/2カップ

本書は『別冊 現代農業』2010年1月号を単行本化したものです。
編集協力　本田進一郎

著者所属は、原則として執筆いただいた当時のままといたしました。

農家が教える
わが家の農産加工

2010年9月30日　第1刷発行
2015年3月10日　第4刷発行

農文協　編

発行所　一般社団法人　農山漁村文化協会
郵便番号 107-8668 東京都港区赤坂7丁目6-1
電 話 03(3585)1141(営業)　03(3585)1147(編集)
FAX 03(3585)3668　振替 00120-3-144478
URL http://www.ruralnet.or.jp/

ISBN978-4-540-10265-3　DTP製作／ニシ工芸㈱
〈検印廃止〉　印刷・製本／凸版印刷㈱

定価はカバーに表示
乱丁・落丁本はお取りかえいたします。